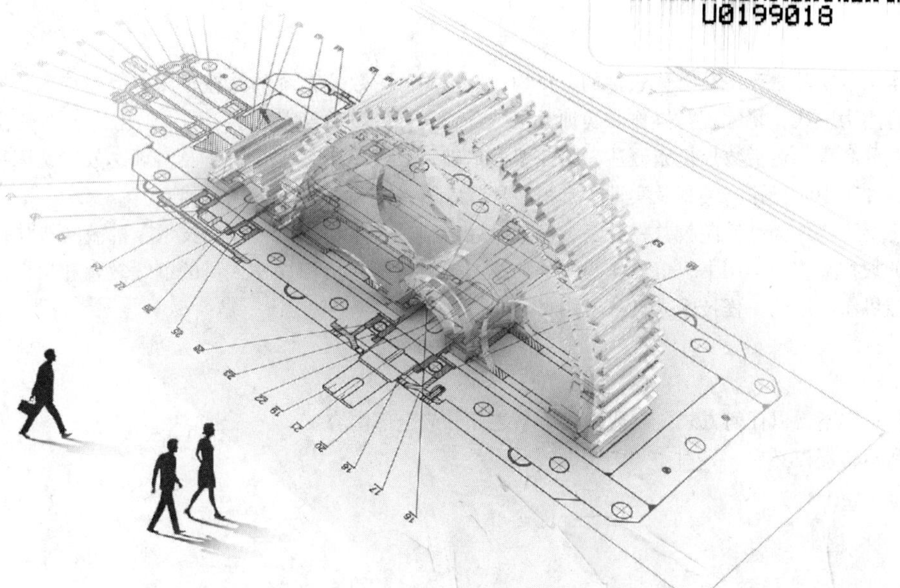

数控机床

编程、操作与加工实训

（第2版）

◎田　坤　聂广华　陈新亚　李纯彬　编著

電子工業出版社
Publishing House of Electronics Industry
北京 • BEIJING

内 容 简 介

本书以实际生产中具有代表性的FANUC和SIEMENS数控系统的数控车床、数控铣床、加工中心的编程与应用为主线，将编程与操作和实训紧密结合，集理论教学与实训于一体，强化教学的实用性和实践性。全书共分8章，包括数控机床概述，数控编程基础，数控车床编程、操作及实训，数控铣床编程、操作及实训，加工中心操作、编程及实训，宏程序及其应用。

本书可以作为高等院校数控技术、模具设计与制造技术、机电一体化技术、机械制造与自动化等相关专业的数控编程教学用书，也可作为从事数控加工的技术人员和操作人员的继续教育和培训用书，还可作为数控机床应用的工程技术人员参考用书。

图书在版编目（CIP）数据

数控机床编程、操作与加工实训/田坤等编著．—2版．—北京：电子工业出版社，2015.1
ISBN 978-7-121-25150-4

Ⅰ．①数… Ⅱ．①田… Ⅲ．①数控机床－程序设计－高等学校－教材 ②数控机床－操作－高等学校－教材 ③数控机床加工中心－高等学校－教材 Ⅳ．①TG659

中国版本图书馆CIP数据核字（2014）第295848号

责任编辑：张 剑（zhang@phei.com.cn）
印 刷：北京京师印务有限公司
装 订：北京京师印务有限公司
出版发行：电子工业出版社
北京市海淀区万寿路173信箱 邮编 100036
开 本：787×1 092 1/16 印张：16.75 字数：429千字
版 次：2008年3月第1版
2015年1月第2版
印 次：2021年1月第16次印刷
定 价：39.80元

凡所购买电子工业出版社图书有缺损问题，请向购买书店调换。若书店售缺，请与本社发行部联系，联系及邮购电话：（010）88254888。

质量投诉请发邮件至zlts@phei.com.cn，盗版侵权举报请发邮件至dbqq@phei.com.cn。

服务热线：（010）88258888。

前　言

目前，我国正处于从“世界制造大国”向“世界制造强国”转变的发展时期，许多企业都以先进的数控设备作为保证产品加工质量的重要技术措施，并且因此为企业带来了较大的经济效益。随着数控机床的广泛应用，数控技术在机械制造业中的地位与作用越来越重要，制造业对高素质、高技能数控技术人才的需求也更为迫切。

数控技术的实用性极强。数控技术人才一方面需要具有数控基础理论知识，另一方面还需要具有解决实际问题的能力。因此，如何处理好理论与实践的关系，注重实际应用能力的培养，是造就高素质、高技能数控技术专业人才的关键。本书的编写集理论教学与实训于一体，是工学结合和“教、学、做”一体化教材的有益尝试。

本书以“理论知识够用，教学内容实用，实训项目驱动”为宗旨，以实际生产中应用较为广泛的 FANUC 和 SIEMENS 数控系统的数控车床、数控铣床、加工中心为主线，对其编程和操作进行详细介绍，并将编程与操作实训紧密结合，强化教学的实用性和实践性。

本书精选了大量的典型案例，取材适当，内容丰富，理论联系实际。所有实训项目都经过实践检验，所给程序的程序段都进行了详细、清晰的注释说明。本书的结构符合读者的认知规律，采用模块化讲授方式，每章均是一个独立的功能模块，读者可根据具体需要进行组合或取舍。本书的讲解由浅入深，图文并茂，通俗易懂。

本书在编写中注重引入本学科前沿的最新知识，体现了数控加工编程技术的先进性。本书参考了国内外相关领域的书籍和资料，也融汇了编者长期的教学实践和研究心得，尤其是在数控技术专业教学改革中的经验与教训。

全书共分 8 章，其中第 1 章和第 2 章由田坤编写，第 3 章和第 4 章由陈新亚编写，第 5 章和第 6 章由李纯彬编写，第 7 章和第 8 章由聂广华编写，全书由田坤统稿。本书主要内容包括数控机床概述，数控编程基础，数控车床编程、操作及实训，数控铣床编程、操作及实训，加工中心操作、编程及实训，宏程序及其应用。

由于编者水平有限，书中难免有错误之处，恳请读者批评指正。

编　著　者

目　　录

第 1 章　数控机床概述 …… 1
1.1　数控机床的产生及发展 …… 1
1.2　数控机床的工作原理和组成 …… 2
1.2.1　数控机床的工作原理 …… 2
1.2.2　数控机床的组成 …… 2
1.3　数控机床的分类 …… 4
1.3.1　按加工工艺方法分类 …… 4
1.3.2　按控制运动方式分类 …… 4
1.3.3　按所用进给伺服系统的类型分类 …… 5
1.3.4　按所用数控装置类型分类 …… 6
1.3.5　按数控装置的功能水平分类 …… 7
1.4　数控机床的特点和应用范围 …… 7
1.5　数控机床的发展趋势 …… 9
习题 …… 11
第 2 章　数控编程基础 …… 12
2.1　数控编程概述 …… 12
2.2　数控编程规则 …… 14
2.2.1　数控机床坐标系 …… 14
2.2.2　数控编程代码 …… 17
2.2.3　数控加工程序的结构 …… 24
2.2.4　数控机床的最小设定单位 …… 26
2.3　数控加工工艺分析 …… 26
2.3.1　数控加工的合理性分析 …… 27
2.3.2　零件的工艺性分析 …… 27
2.3.3　确定数控加工的工艺过程 …… 27
2.3.4　选择走刀路线 …… 28
2.3.5　工件装夹方式的确定 …… 29
2.3.6　对刀点与换刀点的确定 …… 30
2.3.7　加工刀具的选择 …… 30
2.3.8　切削用量的确定 …… 31
2.3.9　程序编制中的误差控制 …… 32
2.4　数控编程中的数值计算 …… 32
2.4.1　直线和圆弧组成的零件轮廓的基点计算 …… 33
2.4.2　非圆曲线的节点计算 …… 34

2.4.3 列表曲线的数学处理方法 …… 37
2.4.4 空间曲面的加工 …… 39
2.5 计算机辅助数控编程 …… 41
习题 …… 43
第3章 数控车床编程（基于FANUC 0i系统） …… 44
3.1 数控车床的编程基础 …… 44
3.2 数控车床编程的基本指令 …… 48
3.2.1 FANUC 0i—T数控系统的指令表 …… 48
3.2.2 数控车床的F、S、T功能 …… 49
3.2.3 与工件坐标相关的指令 …… 50
3.2.4 返回参考点（G28）和返回参考点检查（G27） …… 51
3.2.5 与运动方式相关的G指令 …… 51
3.2.6 刀尖圆弧自动补偿功能 …… 57
3.3 数控车床编程的循环指令 …… 59
3.3.1 单一固定循环指令 …… 59
3.3.2 复合固定循环指令 …… 61
3.3.3 螺纹加工 …… 65
3.3.4 子程序 …… 70
习题 …… 72
第4章 数控车床的操作及实训 …… 74
4.1 数控车床的控制面板 …… 74
4.2 数控车床的基本操作 …… 78
4.2.1 机床的开启和停止 …… 78
4.2.2 手动操作机床 …… 79
4.2.3 自动运行 …… 80
4.2.4 程序的编辑 …… 81
4.2.5 刀具补偿值的输入 …… 82
4.2.6 工件原点偏移值的输入 …… 83
4.2.7 图形模拟 …… 84
4.2.8 对刀 …… 84
4.3 数控车床编程实例 …… 88
4.3.1 轴类零件的加工 …… 88
4.3.2 套筒类零件的加工 …… 91
4.3.3 盘类零件的加工 …… 96
习题 …… 99
第5章 数控铣床编程 …… 101
5.1 数控铣床概述 …… 101
5.2 数控铣床编程基础 …… 102
5.3 数控铣床编程（SIEMENS802D） …… 104
5.3.1 SIEMENS802D的NC编程基本结构 …… 104

5.3.2 SIEMENS SINUMERIK 802D 数控系统编程指令 …… 105
5.3.3 基本指令和运动指令 …… 107
5.3.4 坐标变换指令 …… 113
5.3.5 刀具及刀具补偿指令 …… 117
5.3.6 主轴和进给指令 …… 120
5.3.7 子程序 …… 120
5.3.8 固定循环 …… 121
习题 …… 134
第6章 数控铣床操作及实训 …… 137
6.1 数控铣床操作 …… 137
6.1.1 数控控制面板 …… 137
6.1.2 开机和回参考点 …… 138
6.1.3 JOG（手动）运行方式 …… 139
6.1.4 MDA 手动输入方式 …… 140
6.1.5 程序输入 …… 141
6.1.6 模拟图形 …… 143
6.1.7 输入刀具参数及刀具补偿 …… 143
6.1.8 零点偏置 …… 145
6.1.9 NC 自动加工 …… 147
6.2 数控铣切削加工实训 …… 148
6.2.1 数控铣床的对刀操作 …… 148
6.2.2 孔的加工 …… 151
6.2.3 轮廓加工 …… 154
6.2.4 挖槽加工 …… 156
6.2.5 综合加工 …… 159
习题 …… 164
第7章 加工中心操作、编程及实训 …… 168
7.1 加工中心基本操作及实训 …… 168
7.1.1 加工中心的自动换刀装置 …… 168
7.1.2 加工中心的换刀指令 …… 169
7.1.3 加工中心操作面板 …… 170
7.1.4 基本操作实训 …… 173
7.2 加工中心对刀操作及实训 …… 176
7.2.1 机床坐标系与工件坐标系 …… 176
7.2.2 与对刀有关的操作实训 …… 178
7.2.3 对刀实训 …… 178
7.3 基础指令、子程序及矩形槽实训 …… 183
7.3.1 基础指令 …… 183
7.3.2 子程序 M98、M99 …… 187
7.3.3 矩形槽实训 …… 187

7.4 圆弧插补及圆弧槽实训 …… 191
7.4.1 圆弧插补指令 G02、G03 …… 191
7.4.2 用 G02、G03 指令实现空间螺旋线进给 …… 193
7.4.3 圆弧槽实训 …… 193
7.5 刀具半径补偿及轮廓实训 …… 195
7.5.1 刀具半径补偿 …… 195
7.5.2 用程序输入补偿值指令 G10 …… 197
7.5.3 轮廓实训 …… 198
7.6 刀具长度补偿、钻孔循环及实训 …… 201
7.6.1 刀具长度补偿 …… 201
7.6.2 固定循环 …… 201
7.6.3 钻孔类循环控制指令 …… 203
7.6.4 钻孔实训 …… 204
7.7 攻螺纹、镗孔循环及实训 …… 208
7.7.1 攻螺纹、镗孔循环 …… 208
7.7.2 固定循环指令表 …… 211
7.7.3 攻螺纹、镗孔及铣孔实训 …… 211
7.8 简化编程指令及实训 …… 214
7.8.1 比例缩放指令 G50、G51 …… 214
7.8.2 坐标系旋转指令 G68、G69 …… 215
7.8.3 可编程镜像指令 G50.1、G51.1 …… 216
7.8.4 简化编程实训 …… 216
7.9 综合实训 …… 220
7.9.1 综合实训一 …… 220
7.9.2 综合实训二 …… 222
习题 …… 228
第8章 宏程序及其应用 …… 230
8.1 FANUC 0i 系统 B 类宏程序基础知识 …… 230
8.1.1 宏程序的概念 …… 230
8.1.2 变量 …… 231
8.1.3 算术和逻辑运算 …… 234
8.1.4 控制语句 …… 235
8.1.5 宏程序调用 …… 237
8.1.6 宏程序语句的处理 …… 239
8.1.7 宏程序的使用限制 …… 240
8.2 FANUC 0i 系统 B 类宏程序应用 …… 240
8.2.1 椭圆轮廓的铣削加工 …… 241
8.2.2 方程曲线轮廓的数控车削精加工 …… 243
8.2.3 方程曲线轮廓的数控车削粗、精加工 …… 244
8.2.4 螺纹铣削加工 …… 246

8.2.5 外球面粗、精加工 …… 247
8.2.6 内椭圆球面粗、精加工 …… 249
8.3 SIEMENS 数控系统参数编程与应用 …… 252
8.3.1 参数 R …… 252
8.3.2 程序跳转 …… 253
8.3.3 凹球面参数编程应用实例 …… 254
8.3.4 凹圆柱面参数编程应用实例 …… 256
8.3.5 过渡斜面参数编程应用实例 …… 257

第1章　数控机床概述

1.1　数控机床的产生及发展

1. 数控机床的产生

随着科学技术的发展，机械产品的结构日趋复杂，其精度日趋提高，性能不断改善，因此对制造机械产品的生产设备——机床，必然会相应地提出高效率、高精度和高自动化的要求。

在机械产品中，单件与小批量产品占到70%～80%。由于这类产品生产批量小、品种多，而且当产品改型时，机床与工艺设备均需做较大的调整，因此这类产品的生产不仅对机床提出了“三高”要求，而且还要求机床应具有较强的适应产品变化的能力。这类产品的零件一般都采用通用机床来加工，而通用机床的自动化程度不高，基本上是由人工操作来完成的，难以提高生产效率和保证产品质量。特别是一些由曲线、曲面组成的复杂零件，只能借助划线和样板采用手工操作的方法来加工，或者利用靠模和仿形机床来加工，其加工精度和生产效率都受到很大的限制。要实现这类产品生产的自动化，已成为机械制造业中长期未能解决的难题。

数控机床就是为了解决单件、小批量，特别是高精度、复杂型面零件加工的自动化要求而产生的。1952年，美国PARSONS公司与麻省理工学院（MIT）合作研制了第一台三坐标直线插补连续控制的立式数控铣床，它综合应用了电子计算机、自动控制、伺服驱动、精密检测与新型机械结构等多方面的技术成果，是一种新型的机床，可用于加工复杂曲面零件。该铣床的研制成功是机械制造行业中的一次技术革命，使机械制造业的发展进入了一个崭新的阶段。

2. 数控机床的发展

从第一台数控机床问世到现在的半个多世纪中，数控机床的品种得以不断发展，几乎所有的机床都实现了数控化。1956年，日本富士通公司研制成功数控转塔式冲床，美国帕克工具公司研制成功数控转塔钻床；1958年，美国K&T公司研制出带自动刀具交换装置的加工中心（Machining Center，MC），1978年以后，加工中心迅速发展，各种加工中心相继问世。在20世纪60年代末期，出现了由一台计算机直接管理和控制一群数控机床的计算机群控系统，即直接数控系统（Direct Numerical Control，DNC）。1967年出现了由多台数控机床连接而成的可调加工系统，这就是最初的柔性制造系统（Flexible Manufacturing System，FMS）。目前已经出现了包括生产决策、产品设计及制造和管理等全过程均由计算机集成管理和控制的计算机集成制造系统（Computer Integrated Manufacturing System，CIMS），以实现生产自动化。

数控机床的应用领域已从航空工业部门逐步扩大到汽车、造船、机床、建筑等机械制造行业，出现了金属成型类数控机床，如数控折弯机、数控弯管机；特种加工数控机床，如数控线切割机、数控火焰切割机、数控激光切割机床等；其他还有数控绘图机、数控三坐标测量机等。

综上所述，数控机床已经成为组成现代机械制造生产系统，实现设计（CAD）、制造（CAM）、检验（CAT）和生产管理等全部生产过程自动化的基本设备。

3. 数控机床的概念

数控机床就是采用数字信息控制的机床。具体地讲，凡是用代码化的数字信息将刀具移动轨迹的信息记录在程序介质上，然后送入数控系统，经过译码、运算，从而控制机床刀具与工件的相对运动，加工出所需工件的一类机床即为数控机床。

数控技术（Numerical Control，NC）是指用数字信号构成的控制程序对某个对象进行控制的一门技术。它所控制的一般是位移、角度、速度等机械量，也可以是温度、压力、流量等物理量。这些量的大小不仅是可以被测量的，而且还可以经A/D转换用数字信号来表示。

1.2 数控机床的工作原理和组成

1.2.1 数控机床的工作原理

数控机床加工零件的步骤如下所述。

（1）根据被加工零件的图样与工艺规程，用规定的代码和程序格式编写加工程序。

（2）将所编写的程序指令输入机床数控装置。

（3）数控装置将程序代码进行译码、运算后，向机床各个坐标的伺服机构和辅助控制装置发出信号，以驱动机床的各运动部件，并控制所需要的辅助动作，最后加工出合格的零件。

1.2.2 数控机床的组成

数控机床的组成如图1-1所示。

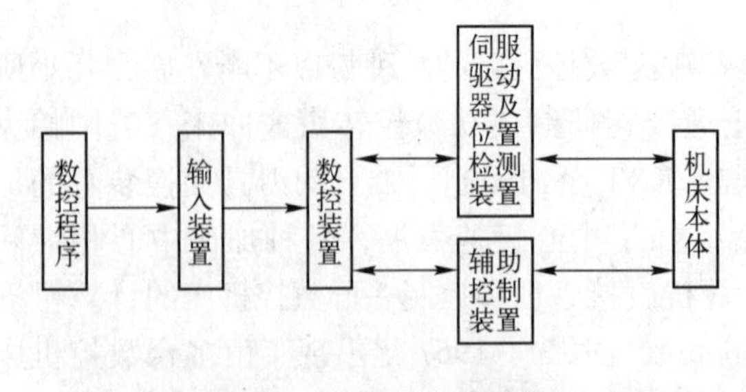

图1-1 数控机床的组成

1. 数控程序

数控程序是数控机床自动加工零件的工作指令的集合。通过对零件进行工艺分析，得到零件的所有运动、尺寸、工艺参数等加工信息，然后用标准的由文字、数字和符号组成的数控代码，按规定的方法和格式编制零件加工的数控程序。

编制程序的工作可由人工进行，或者在数控机床外部用自动编程计算机系统来完成，比较先进的数控机床可以在它的数控装置上直接编程。

数控程序存放在便于输入到数控装置的一种存储载体上，它可以是穿孔纸带、磁卡、磁盘等。采用哪一种存储载体，取决于数控装置的设计类型。

2. 输入装置

输入装置的作用是将程序载体上的数控代码变成相应的电信号，并将其传送并存入数控装置内。根据程序存储介质的不同，输入装置可以是光电阅读机、录放机或磁盘驱动器。有些数控机床不用任何程序存储载体，而是将数控程序的内容通过数控装置上的键盘，用手工方式（MDI 方式）输入，或者将数控程序由编程计算机用通信方式传送到数控装置中。

3. 数控装置

数控装置是数控机床的核心，它接受输入装置送来的电信号，经过数控装置的系统软件或逻辑电路进行编译、运算和逻辑处理后，输出各种信号和指令来控制机床的各个部分完成规定的、有序的动作。在这些控制信号中，最基本的信号是由插补运算决定的各坐标轴（即做进给运动的各执行部件）的进给位移量、进给方向和速度的指令，经伺服驱动系统驱动执行部件做进给运动。其他信号还有主运动部件的变速换向和启/停信号；选择和交换刀具的刀具指令信号；控制冷却、润滑的启/停，工件和机床部件的松开、夹紧及分度工作台的转位等辅助指令信号。

4. 伺服驱动系统及位置检测装置

伺服驱动系统由伺服驱动电路和伺服驱动装置（电动机）组成，并与机床上的执行部件和机械传动部件组成数控机床的进给系统。它根据数控装置发来的速度和位移指令控制执行部件的进给速度、方向和位移。每个做进给运动的执行部件都配有一套伺服驱动系统。

伺服驱动系统有开环、半闭环和闭环之分。在半闭环和闭环伺服驱动系统中，使用位置检测装置间接或直接测量执行部件的实际进给位移，然后与指令位移进行比较，最后按闭环控制原理将其差值转换放大后控制执行部件的进给运动。

5. 辅助控制装置

辅助控制装置的主要作用是接收数控装置输出的主运动换向、变速、启/停、刀具的选择和变换，以及其他辅助装置动作等指令信号，经必要的编译、逻辑判别和运算，再经功率放大后直接驱动相应的电器，带动机床机械部件和液压气动等辅助装置完成指令规定的动作。此外，机床上的限位开关等开关信号经它处理后，送数控装置进行处理。可编程控制器（PLC）已广泛作为数控机床的辅助控制装置。

6. 机床本体

数控机床本体由主运动部件、进给运动执行部件、床身和工作台，以及辅助运动部件、液压气动系统、润滑系统、冷却装置等组成。对于加工中心类的数控机床，还有存放刀具的刀库、交换刀具的机械手等部件。数控机床的组成与普通机床相似，但其传动结构要求更为简单，在精度、刚度、抗震性等方面的要求更高，而且其传动和变速系统便于实现自动化控制。

1.3 数控机床的分类

数控机床的种类很多，可以根据其加工工艺、控制原理、功能和组成等角度进行分类。

1.3.1 按加工工艺方法分类

1. 普通数控机床

为了不同的工艺需要，与传统的通用机床一样，普通数控机床分为数控车床、铣床、钻床、镗床及磨床等，而且每一类又有很多品种，如数控铣床就有立铣、卧铣、工具铣及龙门铣等，这类机床的工艺性能与通用机床相似，所不同的是它能自动地加工出精度更高、形状更复杂的零件。

2. 数控加工中心

数控加工中心是带有刀库和自动换刀装置的数控机床。典型的数控加工中心有镗铣加工中心和车削加工中心。

数控加工中心又称为多工序数控机床。在加工中心上，可以使零件一次装夹后，进行多种工艺、多道工序的集中连续加工，这就大大减少了机床台数。由于减少了装卸工件、更换和调整刀具的辅助时间，从而提高了机床效率；同时由于减少了多次安装造成的定位误差，从而提高了各加工面之间的位置精度，因此，近年来数控加工中心得以迅速发展。

3. 多坐标数控机床

有些复杂形状的零件，即使用三坐标的数控机床还是无法加工，如螺旋桨、飞机机翼曲面等，这就需要3个以上坐标的合成运动才能加工出所需的曲面形状。于是出现了多坐标联动的数控机床，其特点是数控装置能同时控制的轴数较多，机床结构也较复杂。坐标轴数的多少取决于加工零件的复杂程序和工艺要求，现在常用的有四、五、六坐标联动的数控机床。

4. 数控特种加工机床

数控特种加工机床包括数控电火花加工机床、数控线切割机床、数控激光切割机床等。

1.3.2 按控制运动方式分类

1. 点位控制数控机床

点位控制数控机床仅控制运动部件从一点移动到另一点的准确定位，在移动过程中不进行加工，对两点间的移动速度和运动轨迹没有严格要求，可以沿多个坐标同时移动，也可以沿各个坐标先后移动。为了减少移动时间和提高终点位置的定位精度，一般先快速移动，当接近终点位置时，再减速缓慢靠近终点，以保证定位精度。

采用点位控制的机床有数控钻床、数控坐标镗床、数控冲床和数控测量机等。

2. 直线控制数控机床

直线控制数控机床不仅要控制点的准确定位，而且要控制刀具（或工作台）以一定的速度沿与坐标轴平行的方向进行切削加工。机床应具有主轴转速的选择与控制、切削速度与刀具的选择及循环进给加工等辅助功能。这种机床常用于简易数控车床、数控镗铣床等。

3. 轮廓控制数控机床

轮廓控制数控机床能够对两个或两个以上运动坐标的位移及速度进行连续相关的控制，使合成的平面或空间的运动轨迹能满足零件轮廓的要求。其数控装置一般要求具有直线和圆弧插补功能、主轴转速控制功能及较齐全的辅助功能。这类机床常用于加工曲面、凸轮及叶片等复杂形状的零件。

轮廓控制数控机床有数控铣床、车床、磨床和加工中心等。

1.3.3　按所用进给伺服系统的类型分类

1. 开环数控机床

开环数控机床采用开环进给伺服系统。开环控制系统没有位置检测元件，伺服驱动部件通常为反应式步进电动机或混合式伺服步进电动机，如图 1-2 所示。数控系统每发出一个进给指令脉冲，经驱动电路功率放大后，驱动步进电动机旋转一个角度，再经传动机构带动工作台移动。这类系统信息流是单向的，即进给脉冲发出去后，实际移动值不再反馈回来，所以称为开环控制。

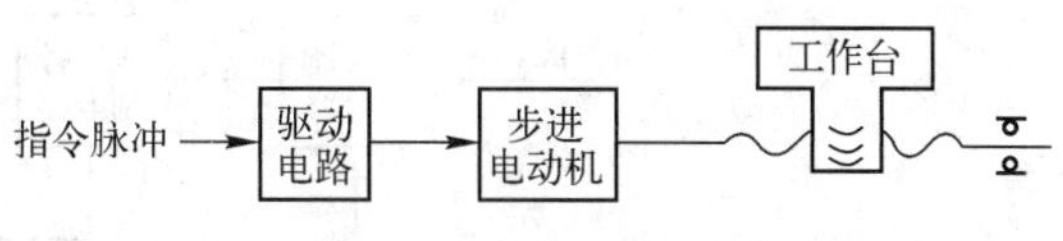

图 1-2　开环控制系统

开环控制系统的优点是结构较简单、成本较低、技术容易掌握。但是，由于受步进电动机的步距精度和传动机构的传动精度的影响，难以实现高精度的位置控制，进给速度也受步进电动机工作频率的限制。因此开环数控机床一般适用于中、小型控制系统的经济型数控机床，特别适用于旧机床改造的简易数控机床。

2. 闭环数控机床

闭环数控机床的进给伺服系统是按闭环控制原理工作的。闭环控制系统如图 1-3 所示。这类控制系统带有直线位移检测装置，直接对工作台的实际位移量进行检测。伺服驱动部件通常采用直流伺服电动机和交流伺服电动机。图中的 A 为速度测量元件，C 为位置测量元件。当位移指令值发送到位置比较电路时，若工作台没有移动，则没有反馈量，指令值使得伺服电动机转动，通过 A 将速度反馈信号送到速度控制电路，通过 C 将工作台实际位移量反馈回去，在位置比较电路中与位移指令值进行比较，用比较后得出的差值进行位置控制，直到差值为零时为止。这类控制系统，因为把机床工作台纳入了控制环节，所以称为闭环控制系统。该系统的优点是可以消除包括工作台传动链在内的传动误差，因而定位精度高。其缺点是由于工作台惯性大，对机床结构的刚性、传动部件的间隙及导轨副的灵敏性等都提出了严格的要求，否则会对系统稳定性带来不利的影响。同时，调试和维修都较困难，系统复杂，成本高，一般适用于精度要求高的数控机床，如数控精密镗铣床。

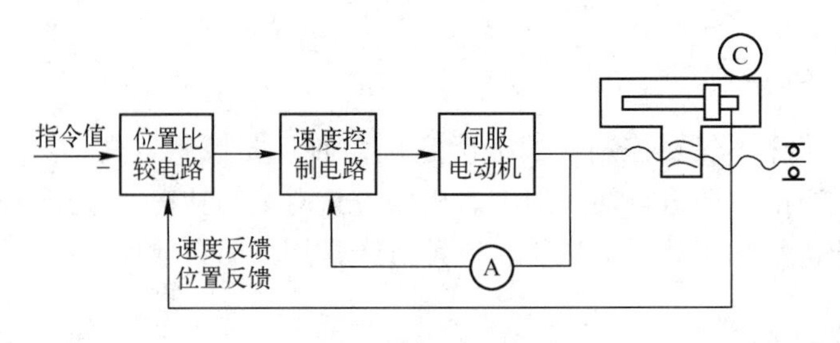

图1-3　闭环控制系统

3. 半闭环数控机床

半闭环控制系统如图1-4所示。这类控制系统与闭环控制系统的区别在于它采用了角位移检测元件，检测反馈信号不是来自工作台，而是来自与电动机相联系的角位移检测元件B。通过测速发电机A和光电编码盘（或旋转变压器）B间接检测出伺服电动机的转角，进而推算出工作台的实际位移量，将此值与指令值进行比较，用其差值来实现控制。从图1-4中可以看出，由于工作台没有包括在控制回路中，因而称之为半闭环控制。这类控制系统的伺服驱动部件通常采用宽调速直流伺服电动机，目前已将角位移检测元件与电动机设计成一个整体，系统结构简单、调试方便。半闭环控制系统的性能介于开环控制系统与闭环控制系统之间，其精度没有闭环控制系统高，调试却比闭环控制系统方便，因而得到广泛应用。

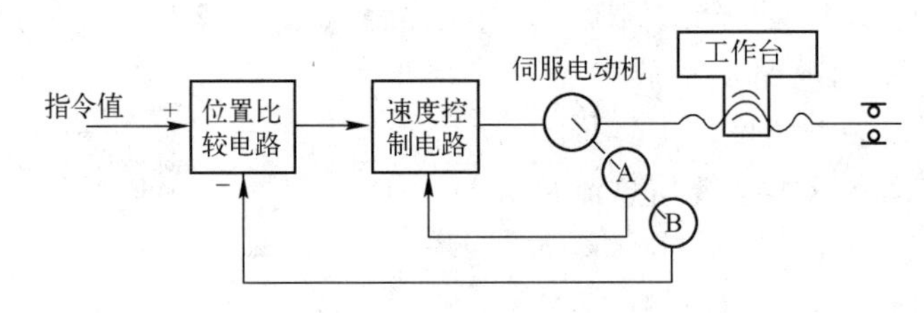

图1-4　半闭环控制系统

1.3.4　按所用数控装置类型分类

1）硬件式数控机床　硬件式数控机床（NC机床）使用硬件式数控装置，它的输入、插补运算和控制功能都由专用的固定组合逻辑电路来实现，不同功能的机床，其组合逻辑电路也不相同。改变或增/减控制、运算功能时，需要改变数控装置的硬件电路。因此其通用性、灵活性差，制造周期长，成本高。20世纪70年代初期以前的数控机床基本上都属于这种类型。现代数控机床已不再采用硬件式数控系统。

2）软件式数控机床　这类机床使用计算机数控装置（CNC）。这种数控装置的硬件电路是由小型或微型计算机再加上通用或专用的大规模集成电路制成的。数控机床的主要功能几乎全部由系统软件来实现，所以不同功能的机床其系统软件也不同，而修改或增/减系统功能时，不需改变硬件电路，只需改变系统软件即可，因此它具有较高的灵活性。同时，由于硬件电路基本是通用的，这就有利于大量生产，提高质量和可靠性，缩短制造周期和降低成本。20世纪70年代中期以后，随着微电子技术的发展和微型计算机的出现，以及集成电路的集成度不断提高，计算机数控装置才得到不断的发展和提高，目前几乎所有的数控机床都采用了计算机数控装置。

1.3.5　按数控装置的功能水平分类

按数控装置的功能水平通常把数控机床分为低、中、高档 3 类。这种分类方式在我国用得较多。低、中、高 3 档的界限是相对的，不同时期的划分标准也不尽不同。就目前的发展水平来看，可以根据表 1-1 中所列的一些功能及指标，将各种类型的数控产品分为低、中、高档 3 类。其中，高、中档一般称为全功能数控或标准型数控。在我国还有经济型数控的提法。经济型数控属于低档数控，是指由单板机、单片机和步进电动机组成的数控系统，以及其他功能简单、价格低的数控系统。经济型数控装置主要用于车床、线切割机床及旧机床改造等。

表 1-1　不同档次数控功能及指标表

功　能	低　档	中　档	高　档
系统分辨率/μm	10	1	0.1
进给速度/（m/min）	8～15	15～24	24～100
伺服进给类型	开环及步进电动机	半闭环及直/交流伺服	闭环及直/交流伺服
联动轴数	2～3 轴	2～4 轴	5 轴或 5 轴以上
通信功能	无	RS—232C 或 DNC	RS—232C、DNC、MAP
显示功能	数码管显示	CRT：图形、人机对话	CRT：二维图形、自诊断
内装 PLC	无	有	强功能内装 PLC
主 CPU	8 位 CPU	16 位或 32 位 CPU	32 位或 64 位 CPU

1.4　数控机床的特点和应用范围

1. 数控机床的特点

【加工精度高】 数控机床是按数字形式给出的指令进行加工的。目前数控机床的脉冲当量普遍达到了 0.001mm，而且进给传动链的反向间隙与丝杠螺距误差等均可由数控装置进行补偿，因此数控机床能达到很高的加工精度。对于中、小型数控机床，定位精度普遍可达到 0.03mm，重复定位精度为 0.01mm。此外，数控机床传动系统与机床结构都具有很高的刚度和热稳定性，制造精度高，数控机床的自动加工方式避免了人为干扰因素，同一批零件的尺寸一致性好，产品合格率高，加工质量十分稳定。

【对加工对象的适应性强】 在数控机床上改变加工零件时，只需重新编制（更换）程序，就能实现对新的零件的加工，这就为复杂结构的单件、小批量生产及试制新产品提供了极大的便利。对那些普通手工操作的一般机床很难加工或无法加工的精密复杂零件，数控机床也能实现自动加工。

【自动化程度高，劳动强度低】 数控机床对零件的加工是按事先编好的程序自动完成的，操作者除了安放穿孔带或操作键盘、装卸工件、关键工序的中间检测及观察机床运行外，不需要进行繁杂的重复性手工操作，劳动强度与紧张程度均可大为减轻，加上数控机床一般都具有较好的安全防护、自动排屑、自动冷却和自动润滑装置，操作者的劳动条件也大为改善。

【生产效率高】零件加工所需的时间主要包括机动时间和辅助时间两部分。数控机床主轴的转速和进给量的变化范围比普通机床的大，因此数控机床的每一道工序都可选用最有利的切削用量。由于数控机床的结构刚性好，因此允许进行大切削量的强力切削，这就提高了数控机床的切削效率，节省了机动时间。数控机床的移动部件的空行程运动速度快，工件装夹时间短，辅助时间比一般机床的少。

数控机床更换被加工零件时，几乎不需要重新调整机床，因此节省了零件安装调整时间。数控机床加工质量稳定，一般只做首件检验和工序间关键尺寸的抽样检验，因此节省了停机检验时间。在加工中心上进行加工时，一台机床实现了多道工序的连续加工，生产效率的提高更为明显。

【良好的经济效益】数控机床虽然设备昂贵，加工时分摊到每个零件上的设备折旧费高，但在单件、小批量生产情况下，使用数控机床加工可节省划线工时，减少调整、加工和检验时间，节省了直接生产费用；使用数控机床加工零件一般不需制作专用工装夹具，节省了工艺装备费用；数控机床加工精度稳定，减少了废品率，使生产成本进一步降低。此外，数控机床可实现一机多用，节省厂房面积、节省建厂投资。因此，使用数控机床仍可获得良好的经济效益。

【有利于现代化管理】采用数控机床加工，能准确地计算出零件加工工时和费用，并有效地简化了检验工装夹具、半成品的管理工作，这些特点都有利于现代化的生产管理。

数控机床使用数字信息与标准代码输入，最适宜于数字计算机联网，成为计算机辅助设计、制造及管理一体化的基础。

2. 数控机床的应用范围

数控机床具有一般机床所不具备的诸多优点，数控机床的应用范围正在不断扩大，但它并不能完全代替普通机床，也还不能以最经济的方式解决机械加工中的所有问题。

数控机床最适合加工具有以下特点的零件。

☺ 多品种、中小批量生产的零件。

☺ 形状结构比较复杂的零件。

☺ 需要频繁改型的零件。

☺ 价值昂贵、不允许报废的关键零件。

☺ 设计制造周期短的急需零件。

☺ 批量较大、精度要求较高的零件。

根据国外数控机床的应用实践，数控加工的适用范围可用图1-5粗略表示。

图1-5（a）所示为随零件复杂程度和生产批量的不同，3种机床的应用范围的变化。当零件不太复杂且生产批量又较小时，宜采用通用机床；当生产批量很大时，宜采用专用机床；而随着零件复杂程度的提高，数控机床越来越显得适用。目前，随着数控机床的普及，应用范围正由BCD线向EFG线复杂性较低的范围扩大。

图1-5（b）所示为通用机床、专用机床和数控机床零件加工批量与生产成本的关系。从图中可以看出，在多品种、中小批量生产情况下，采用数控机床总费用更为合理。

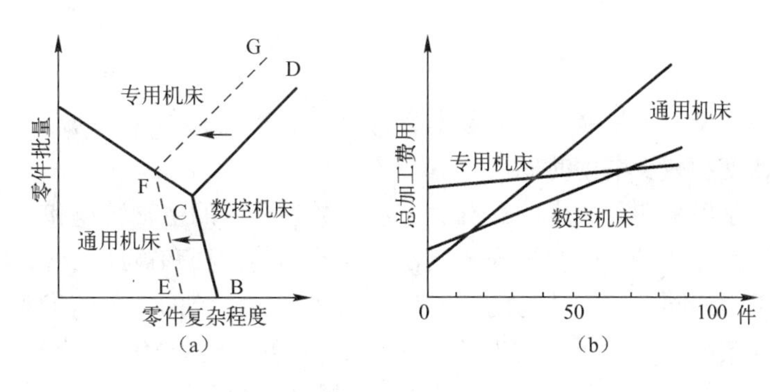

图 1-5　数控机床的加工范围

1.5　数控机床的发展趋势

目前，数控机床已朝着高柔性化、高精度化、高速度化、复合化、制造系统自动化方向发展。

1. 高柔性化

柔性是数控机床最主要的特点，也是体现在数控机床的各种发展趋势中的主导方向。

柔性是指机床适应加工对象变化的能力。对于传统的自动化设备和生产线，由于它们是机械或刚性连接和控制的，因此当被加工对象发生变化时，调整困难，甚至是不可能的，有时只得全部更新、更换。数控机床的出现，开创了柔性自动化加工的新纪元，对于加工对象的变化已具有很强的适应能力。目前，在进一步提高单机柔性化的同时，正努力向单元柔性化和系统柔性化方向发展，体现系统柔性化的 FMC 和 FMS 的发展迅速。

近些年来，不仅中、小批量的生产方式在努力提高柔性化能力，而且在大批量生产方式中，也积极向柔性化方向转变，如出现了 PLC 控制的可调组合机床、数控多轴加工中心、换刀换箱式加工中心、数控三坐标动力单元等具有柔性的高效加工设备和介于传统自动线与 FMS 之间的柔性自动线（FTL）。

2. 高精度化

高精度化一直是数控机床技术发展追求的目标。数控机床的精度包括机床制造的几何精度和机床使用的加工精度两个方面。从 1950 年至 2000 年的 50 年内，普通精度加工由 0.3mm 提升至 0.003mm，精密加工由 3μm 提升至 0.03μm，超精密加工则由 0.3μm 提升至 0.003μm，机床的加工精度提高了两个数量级（平均每 8 年提高约 1 倍）。

提高数控机床的加工精度，一般是通过减小数控系统误差，提高数控机床基础大件结构特性和热稳定性，采用补偿技术和辅助措施来实现的。在减小 CNC 系统误差方面，通常采用提高数控系统分辨率，使 CNC 控制单元精细化，提高位置检测精度，以及在位置伺服系统中为改善伺服系统的响应特性，采用前馈与非线性控制等方法。在采用补偿技术方面，采用齿隙补偿、丝杆螺母误差补偿及热变形误差补偿技术等。通过上述措施，机床的加工精度有了很大提高。

3. 高速度化

提高生产率是机床技术发展追求的基本目标之一。实现这个目标的最主要、最直接的方法就是提高切削速度和减少辅助时间。

提高主轴转速是提高切削速度的最有效方法。数控机床的主轴转速和功率的大幅度提高为高速切削提供了良好的条件。在不同的年代，随着切削方法和被加工材料的不同，高速切削的界限数值也不尽相同。通常认为的高速切削的速度比传统的切削速度和进给速度高出5～8倍。例如，在实际生产中车、铣45号钢，1950年的速度为80～100m/min，而2000年就已经达到了500～600m/min，50年内切削速度提高了约5倍。

对现有数控机床的使用情况统计显示，数控机床有效切削时间与全部工时之比（机床利用率）仅为25%～35%，其余的65%～75%均消耗在机床调整、程序运行检查、空行程、起/制动空运转、工件上/下料和装夹等辅助时间及待加工时间（由于技术准备和调度不及时引起的非工作时间）与故障停机时间上。因此，需通过提高各轴快速移动速度和加速度、主轴变速的角加速度、刀具（工件）自动交换速度，改善数控系统的操作方便性和监控功能，以及加强信息管理才有可能全面压缩辅助时间和待加工时间，使数控机床的利用率达到60%～80%。

表1-2列出了中型立、卧式加工中心的主要工作参数的发展过程，显示了数控机床向全面高速化发展的趋势。

表1-2　中型立、卧式加工中心的主要工作参数的发展过程

速度指标	20世纪80年代	90年代前期	90年代后期	21世纪初	2010年
主轴最高转速/(r/min)	4000～6000	8000～12000	12000～18000	18000～24000	30000～42000
静止至最高转速的启动时间/s	3	2	1.5	1.0～1.2	≤1
最高进给速度/(mm/min)	5000～10000	10000～20000	20000～30000	30000～50000	40000～60000
快移速度/(m/min)	12～24	20～32	40～80	60～120	80～160
加（减）速度	0.3g	0.5g	1.0～1.2g	1.5～2.0g	≥3g
直接换刀时间（刀-刀）/s	6～8	4.5～6.0	4～5	3～4	2～3
机械手换刀时间（刀-刀）/s	3.5～5.0	2～3	1.5～2.0	0.8～1.2	0.6～1.0

注：中型加工中心规格为工作台宽度400～630mm，主轴锥孔ISO40或HSK63，材料切除率≥200cm^3/min（45#钢），刀具最大质量≤10kg。

4. 复合化

复合化包括工序复合化和功能复合化两个方面。数控机床的发展也模糊了粗、精加工工序的概念。加工中心（包括车削中心、磨削中心、电加工中心等）的出现，又把车、铣、镗、钻等类的工序集中到一台机床上来完成，打破了传统的工序界限和分开加工的工艺规程。一台具有自动换刀装置、自动交换工作台和自动转换立/卧主轴头的镗铣加工中心，不仅一次装夹便可以完成镗、铣、钻、铰、攻螺纹和检验等工序，而且还可以完成箱体件5个面的粗、精加工的全部工序。

复合化机床的含义是在一台机床上实现或尽可能完成从毛坯至成品的全部加工。复合机床根据其结构特点可分为以下两类。

【功能复合型】 功能复合型机床为跨加工类别的复合机床，包括不同加工方法和工艺的复合，如车铣中心，车、铣、镗型多用途制造中心，激光铣削加工机床，车、镗、铣、磨复合机床，冲孔、成型与激光切割复合机床，金属烧结与镜面切削复合机床，等离子加工与冲压复合机床等。

【工序复合型】 工序复合型机床应用切具（铣头）自动交换装置、主轴立/卧式转换头、双摆铣头、多主轴头和多回转刀架等配置，增加工件在一次安装下的加工工序数，如多面多轴联动加工的复合机床和主/副双主轴车削中心等。

增加数控机床的复合加工功能将进一步提高其工序集中度，不仅可以减少多工序加工零件的上/下料时间，而且更主要的是可避免零件在不同机床上进行工序转换而增加的工序间输送和等待时间，复合数控机床具有良好的工艺适应性，避免了在制品的储存和传输等环节，提高了加工效率。

5. 制造系统自动化

自 20 世纪 80 年代中期以来，以数控机床为主体的加工自动化已从“点”（单台数控机床）发展到“线”的自动化（FMS、FTL）和“面”的自动化（柔性制造车间），并结合信息管理系统的自动化，逐步形成整个工厂“体”的自动化。在国外，已出现 FA（自动化工厂）和 CIM（计算机集成制造）工厂的雏形实体。尽管由于这种高自动化的技术还不够完备，投资过大，回收期较长，但数控机床的高自动化及向 FMC、FMS 系统集成方向发展的趋势仍是机械制造业发展的主流。

制造系统的自动化除了进一步提高其自动编程、自动换刀、自动上/下料、自动加工等自动化程度外，在自动检测、自动监控、自动诊断、自动对刀、自动传输、自动调度、自动管理等方面也得到进一步发展，同时也提高了其标准化和进线的适应能力，达到“无人化”管理正常生产的目标。

习题

（1）数控机床有何特点？适应于加工哪种类型的零件？
（2）数控机床由哪几个部分组成？各部分的基本功能是什么？
（3）说明 NC 与 CNC 的区别，以及 CNC 数控系统的主要优点。
（4）什么是点位控制、直线控制、轮廓控制？三者有何区别？
（5）数控机床伺服系统分为哪几类？各有何特点？
（6）数控系统的档次是如何划分的？什么是经济型数控机床？
（7）数控机床技术的发展趋势是什么？

第2章　数控编程基础

2.1　数控编程概述

1. 数控编程的概念

数控加工是指在数控机床上进行零件加工的一种工艺方法。在数控机床上加工零件时，首先应根据零件图样，按规定的代码及程序格式，将加工零件的全部工艺过程、工艺参数、位移数据和方向，以及操作步骤等信息，以数字的形式记录在控制介质（如穿孔带）上，然后输入到数控装置。数控装置再将输入的信息进行运算处理后，转换成驱动伺服机构来控制机床的各种动作，最后自动地加工出零件来。图2-1所示为数控机床加工零件过程示意图。

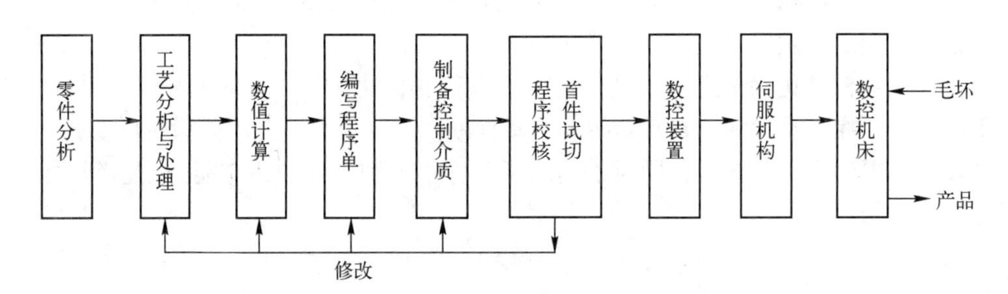

图2-1　数控机床加工零件过程示意图

上述这种从零件图样到制成控制介质的过程称为数控加工的程序编制，简称数控编程。使用数控机床加工零件时，程序编制是一项重要的工作。迅速、正确而经济地完成程序编制工作，是有效地利用数控机床的具有决定意义的一环。

2. 数控编程的内容和步骤

一般来说，数控编程的主要内容包括分析零件图样、确定加工工艺过程、数值计算、编写零件的加工程序单、制备控制介质、校对检查数控程序和首件试切。

【零件分析】所谓零件分析，是指分析零件的材料、形状、尺寸、精度、毛坯形状和热处理要求等，以便确定该零件是否适合在数控机床上加工，或者适合在哪种类型的数控机床上加工（只有那些属于批量小、形状复杂、精度要求高及生产周期要求短的零件才最适合数控加工），同时还要明确加工的内容和要求。

【工艺分析与处理】工艺分析与处理是指在对零件图样做出全面分析的前提下，确定零件的加工方法（如采用的工装夹具、装夹定位方法等）、加工路线（如对刀点、换刀点、进给路线）及切削用量等工艺参数（如进给速度、主轴转速、切削宽度和切削深度等）。制定数控加工工艺时，除考虑数控机床使用的合理性及经济性外，还必须考虑所用夹具应便于安装，便于协调工件和机床坐标系的尺寸关系，对刀点应选在容易找正并在加工过程中便于检查的位置，进给路线应尽量短，并使数值计算容易，加工安全可靠等因素。

【数值计算】数值计算是指根据零件图样和确定的加工路线，计算出刀具中心的运动轨迹。一般的数控装置具有直线插补和圆弧插补的功能。因此，对于加工中心由圆弧与直线组成的简单的平面零件，只需计算出零件轮廓的相邻几何元素的交点或切点的坐标值，从而得出各几何元素的起点、终点和圆弧的坐标值。如果数控装置无刀具补偿功能，还应计算刀具运动的中心轨迹。对于非圆曲线，需要用直线段或圆弧段来逼近，在满足加工精度的条件下，计算出曲线各节点的坐标值。

【编写零件的加工程序单】根据加工路线计算出刀具运动轨迹坐标值和已确定的切削用量及辅助动作，依据数控装置规定使用的指令代码及程序段格式，逐段编写出零件的加工程序单。

【制备控制介质】零件加工的程序单编写好后，需要制作成控制介质，以便将加工信息输入到数控装置中，控制介质多采用穿孔纸带。将程序单上的程序按数控装置要求的代码（ISO代码或EIA代码）由穿孔机制成穿孔纸带。穿孔纸带上的程序代码通过光电阅读机输入到数控装置，从而控制数控机床工作。

【程序校核及首件试切】程序单和所制作的穿孔纸带必须经过校核和试切削后才能使用。一般的方法是将控制介质上的内容直接输入到数控系统中进行机床的空运转检查，即在机床上用笔代替刀具、坐标纸代替工件进行空运转绘图，检查机床运动轨迹与动作的正确性。在具有图形显示屏幕的数控机床上，用显示走刀轨迹或模拟刀具和工件的切削过程的方法进行检查更为方便。但这些方法只能检查运动是否正确，不能查出由于刀具调整不当或编程计算不准确而造成工件误差的大小，因此必须用首件试切的方法进行实际切削检查，当发现错误时，应修改程序单或采取尺寸补偿等措施，直到加工出满足要求的零件为止。随着计算机技术的不断发展，也可以采用先进的数控加工仿真系统对数控程序进行校核。

3. 数控程序的编制方法

数控程序的编制方法一般分为手工编程和自动编程两种。

【手工编程】从零件图样分析、工艺处理、数值计算、编写程序单、制备控制介质直到程序校核等步骤均由人工完成的数控编程，称为手工编程。手工编程要求编程人员不仅要熟悉数控代码及编程规则，而且还必须具备机械加工工艺知识和数值计算的能力。手工编程适合于点加工或几何形状不太复杂的零件，以及程序编制坐标计算较为简单、程序段不多、程序编制易于实现的场合。这时手工编程显得既经济又及时。

【自动编程】自动编程时，编程人员只需根据零件图样的要求，按照某自动编程系统的规定，编写一个零件源程序，送入编程计算机，由计算机自动进行程序编制，编程系统能自动打印出程序单和制备控制介质。自动编程减轻了编程人员的劳动强度，缩短了编程时间；减少了差错，使编程工作更简便，同时解决了手工编程无法解决的许多复杂零件的编程难题。工件表面形状越复杂，工艺过程越烦琐，自动编程的优势就越明显。

2.2 数控编程规则

2.2.1 数控机床坐标系

在GB/T 19660—2005《工业自动化系统与集成　机床数值控制坐标系和运动命名》中规定了数控机床坐标系及其运动方向，这样就给数控系统和数控机床的设计、使用、维修和程序编制带来了极大的便利。

1. 数控机床坐标系的规定原则

1）右手直角坐标系　标准的坐标系为右手直角坐标系，它规定了*X*、*Y*、*Z*三个坐标轴的关系，如图2-2所示。右手的拇指、食指和中指分别代表*X*、*Y*、*Z*三个坐标轴，三个手指互相垂直，所指方向分别为*X*、*Y*、*Z*轴的正方向。围绕*X*、*Y*、*Z*各轴的回转运动分别用*A*、*B*、*C*表示，其正向用右手螺旋定则确定。与+*X*、+*Y*、+*Z*等相反的方向用带“′”的+*X*′、+*Y*′、+*Z*′等表示。

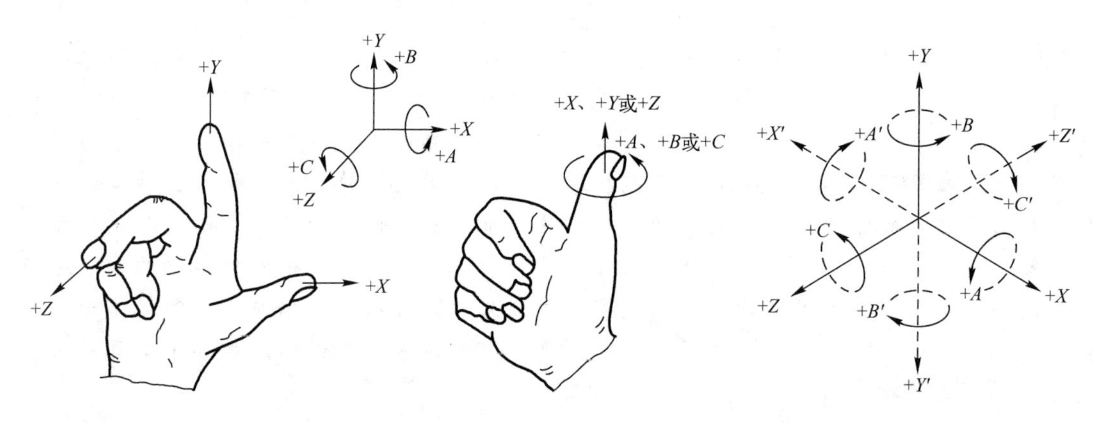

图2-2　右手直角坐标系

2）刀具运动坐标与工件运动坐标　数控机床的坐标系是机床运动部件进给运动的坐标系。由于进给运动可以是刀具相对于工件的运动（车床），也可以是工件相对于刀具的运动（铣床），所以统一规定有字母不带“′”的坐标表示刀具相对于“静止”工件而运动的刀具运动坐标；带“′”的坐标表示工件相对于“静止”刀具而运动的工件运动坐标。

3）运动的正方向　运动的正方向是使刀具与工件之间距离增大的方向。

2. 坐标轴确定的方法及步骤

1）Z轴　一般取产生切削的刀的主轴轴线为*Z*轴，取刀具远离工件的方向为正向（+*Z*），如图2-3和图2-4所示。

当机床有多个主轴时，选垂直于工件装卡面的主轴为*Z*轴；当机床没有主轴时（如数控龙门刨床），用与装卡工件的工作台面垂直的直线为*Z*轴；若用*Z*轴方向进给运动部件作为工作台，则用*Z*′表示，其正向与*Z*轴相反。

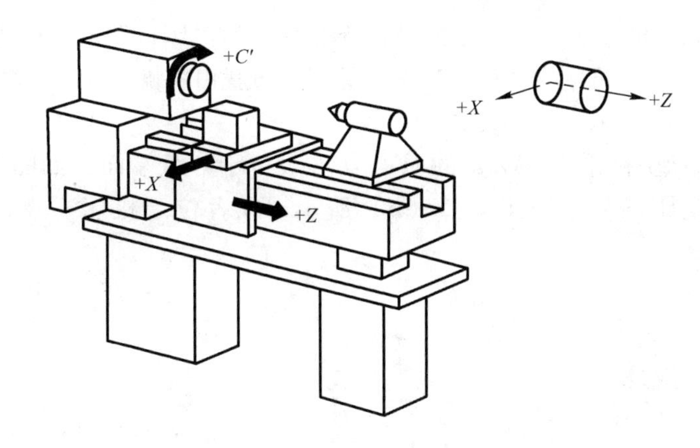

图 2-3　数控车床坐标系

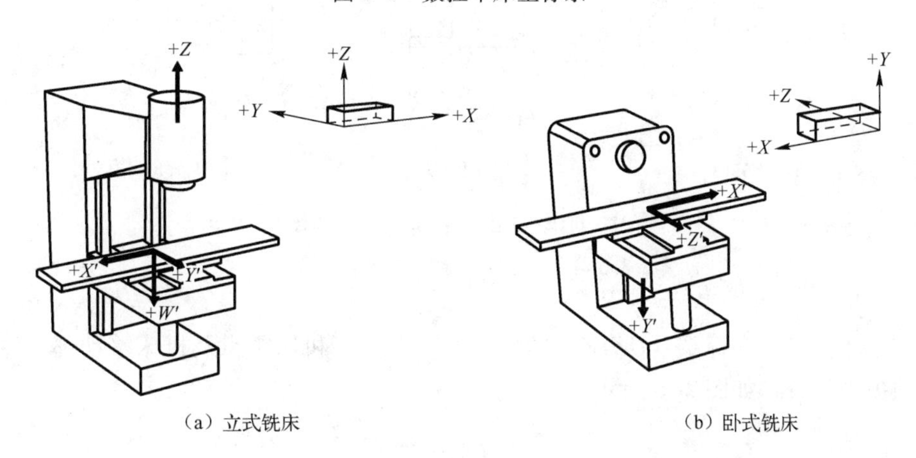

（a）立式铣床　　（b）卧式铣床

图 2-4　数控铣床坐标系

2）*X* 轴　*X* 轴一般位于平行于工件装卡面的水平面内。对于工件做回转切削运动的机床（如车床、磨床），在水平面内取垂直于工件回转轴线（*Z* 轴）的方向为 *X* 轴，刀具远离工件的方向为正向，如图 2-3 所示。

对于刀具做回转切削运动的机床（如铣床、镗床），当 *Z* 轴竖直（立式）时，人面对主轴，向右为正 *X* 方向，图 2-4（a）所示；当 *Z* 轴水平（卧式）时，则向左为正 *X* 方向，如图 2-4（b）所示。

对于无主轴的机床（如刨床），则以切削方向为 *X* 正向。若 *X* 方向进给运动部件是工作台，则用 *X′*表示，其正向与 *X* 正向相反。

3）*Y* 轴　根据已确定的 *X*、*Z* 轴，按右手直角坐标系来确定。同样，*Y* 与 *Y′*的正向相反。

4）*A*、*B*、*C* 轴　此 3 轴为回转进给运动坐标。根据已确定的 *X*、*Y*、*Z* 轴，用右手螺旋法则来确定，如图 2-4 所示。

5）附加坐标轴　若机床除 *X*、*Y*、*Z*（第 1 组）的直线运动外，还有平行于它们的坐标运动，则分别命名为 *U*、*V*、*W*（第 2 组）；若还有第 3 组运动，则分别命名为 *P*、*Q*、*R*。若除 *A*、*B*、*C*（第 1 组）回转运动外，还有其他回转运动，则命名为 *D*、*E* 等。

3. 数控机床的两种坐标系

数控机床坐标系包括机床坐标系和工件坐标系两种。

1）机床坐标系 机床坐标系又称为机械坐标系，是机床运动部件的进给运动坐标系，其坐标轴及方向按国家标准规定执行。坐标系原点的位置由各机床生产厂来设定，称为机床原点（或零点）。

数控车床的机床坐标系（OXZ）的原点 O 一般位于卡盘端面，如图2-5（a）所示；或者离爪端面一定距离处，如图2-5（b）所示；或者位于机床零点，如图2-5（c）所示。

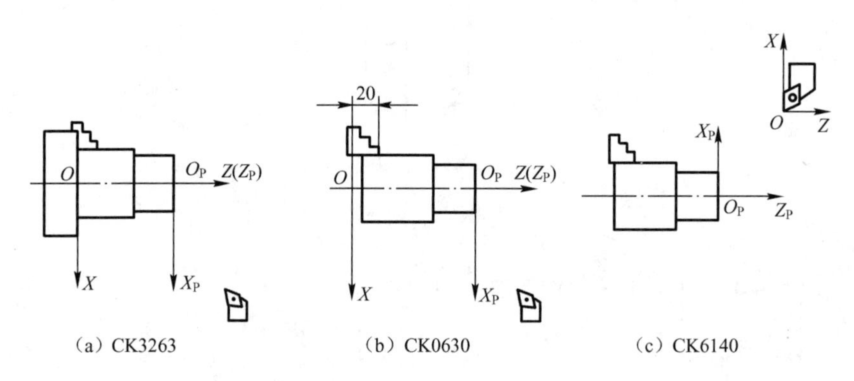

（a）CK3263　（b）CK0630　（c）CK6140

XOZ—机床坐标系；$X_PO_PZ_P$—工件坐标系

图2-5　数控车床的两种坐标系

数控铣床的机床坐标系（$OXYZ$）的原点 O 一般位于机床零点及机床移动部件沿其坐标轴正向的极限位置，如图2-6所示。

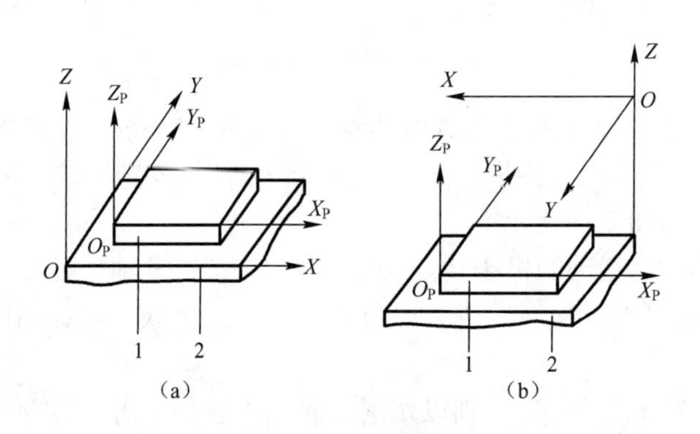

（a）　（b）

1—工件；2—工作台

图2-6　数控铣床的两种坐标系

2）工件坐标系 工件坐标系又称编程坐标系，供编程用。为使编程人员在不知道是“刀具移近工件”还是“工件移近刀具”的情况下就可以根据图样确定机床加工过程，规定工件坐标系是“刀具相对于工件而运动”的刀具运动坐标系，参见图2-5中的 $X_PO_PZ_P$ 及图2-6中的 $X_PY_PO_PZ_P$。

工件坐标系的原点 O_P 也称为工件零点或编程零点，其位置由编程者来设定，一般设在工件的设计工艺基准处，便于尺寸计算。

4. 绝对坐标与相对坐标

运动轨迹的终点坐标相对于起点计量的坐标系称为相对坐标系或增量坐标系。所有坐标点的坐标值均从某一固定坐标原点计量的坐标系称为绝对坐标系。

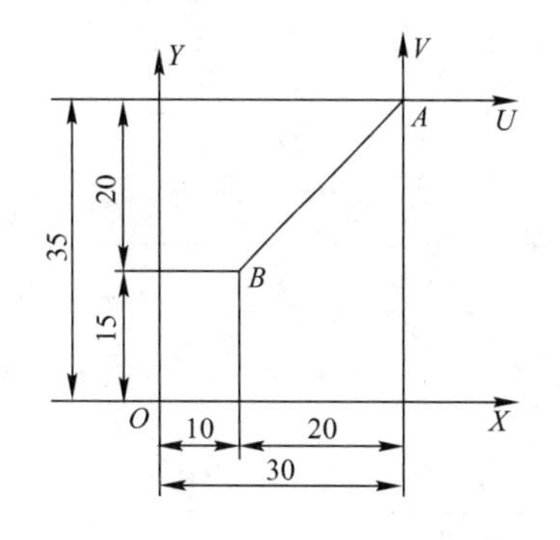

图 2-7　绝对坐标与相对坐标

如图 2-7 所示，若用绝对坐标表示 A、B 两点，则有

$$X_A = 30,\quad Y_A = 35,\quad X_B = 10,\quad Y_B = 15$$

若以相对坐标表示，则 B 点的坐标是在以 A 点为原点建立起来的坐标系内计量的，此时终点 B 的相对坐标为 $X_B = -20$，$Y_B = -20$，其中负号表示 B 点在 X、Y 轴的负方向。

在编程时，可以依据具体机床的坐标系，并根据编程方便（如根据图样尺寸的标注方式）及加工精度要求选用坐标类型。

2.2.2　数控编程代码

1. 穿孔带及其代码

记录数控加工程序的控制介质早期都用穿孔纸带。因为穿孔纸带代码清晰地反映了数字、文字和符号，最终都变成了二进制的数字码指令。穿孔纸带是一种机械式的代码孔，不易受环境影响，便于长期保存，且存储的程序量很大，因此在某些情况下仍有应用价值。

常用的标准纸带有五单位（每排五列孔）和八单位（每排八列孔）两种。根据孔道上有孔、无孔的不同组合，可以表示出各种各样的代码。五单位穿孔纸带多用于数控线切割机床；八单位穿孔纸带常用于数控机床，其尺寸规格如图 2-8 所示。

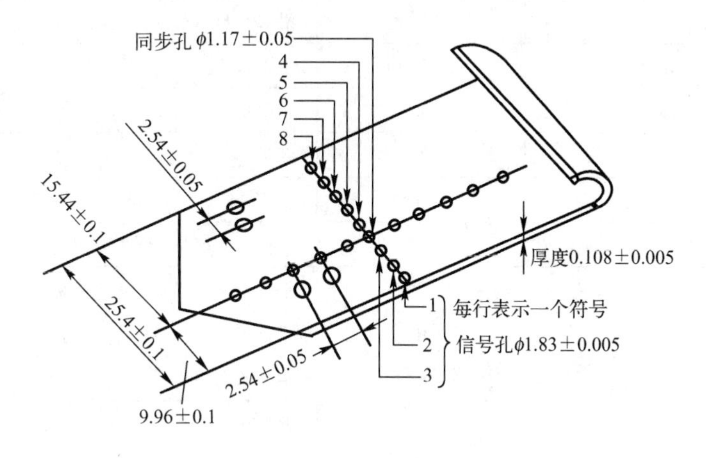

图 2-8　八单位标准穿孔纸带尺寸规格

国际上通用的八单位数控穿孔纸带有 ISO（国际标准化协会）和 EIA（美国电子工业协会）代码，我国的 JB3050—82 与其等效。ISO 编码表及 EIA 编码表分别见表 2-1 和表 2-2。

表2-1　数控机床用ISO编码表

代码孔									代码序号	定义
8	7	6	5	4		3	2	1		
		○	○		○				0	数字0
○		○	○		○			○	1	数字1
○		○	○		○		○		2	数字2
		○	○		○		○	○	3	数字3
○		○	○		○	○			4	数字4
		○	○		○	○		○	5	数字5
		○	○		○	○	○		6	数字6
○		○	○		○	○	○	○	7	数字7
○		○	○	○	○				8	数字8
		○	○	○	○			○	9	数字9
	○				○			○	A	绕着*X*坐标轴的角度
	○				○		○		B	绕着*Y*坐标轴的角度
○	○				○		○	○	C	绕着*Z*坐标轴的角度
	○				○	○			D	特殊坐标的角度尺寸，或第三进给速度功能
○	○				○	○		○	E	特殊坐标的角度尺寸，或第二进给速度功能
○	○				○	○	○		F	进给速度功能
	○				○	○	○	○	G	准备功能
	○			○	○				H	永不指定（可作特殊用途）
○	○			○	○			○	I	沿*X*坐标圆弧起点对圆心值
○	○			○	○		○		J	沿*Y*坐标圆弧起点对圆心值
	○			○	○		○	○	K	沿*Z*坐标圆弧起点对圆心值
○	○			○	○	○			L	永不指定
	○			○	○	○		○	M	辅助功能
	○			○	○	○	○		N	序号
○	○			○	○	○	○	○	O	不用
	○		○		○				P	平行于*X*坐标轴的第3坐标
○	○		○		○			○	Q	平行于*Y*坐标轴的第3坐标
○	○		○		○		○		R	平行于*Z*坐标轴的第3坐标
	○		○		○		○	○	S	主轴速度功能
○	○		○		○	○			T	刀具功能
	○		○		○	○		○	U	平行于*X*坐标轴的第2坐标
	○		○		○	○	○		V	平行于*Y*坐标轴的第2坐标
○	○		○		○	○	○	○	W	平行于*Z*坐标轴的第2坐标
○	○		○	○	○				X	*X*方向上的主运动

表 2-2　数控机床用 EIA 编码表

代码孔									代码序号	定义
8	7	6	5	4		3	2	1		
		○			○				0	数字 0
					○			○	1	数字 1
					○		○		2	数字 2
			○		○		○	○	3	数字 3
					○	○			4	数字 4
			○		○	○		○	5	数字 5
			○		○	○	○		6	数字 6
					○	○	○	○	7	数字 7
				○	○				8	数字 8
			○	○	○			○	9	数字 9
	○	○			○			○	A	绕着 X 坐标轴的角度
	○	○			○		○		B	绕着 Y 坐标轴的角度
	○	○	○		○		○	○	C	绕着 Z 坐标轴的角度
	○	○			○	○			D	第三进给速度机能
	○	○	○		○	○		○	E	第二进给速度机能
	○	○	○		○	○	○		F	进给速度机能
	○	○			○	○	○	○	G	准备功能
	○	○		○	○				H	输入（或引入）
	○	○	○	○	○			○	I	不用
	○		○		○			○	J	未被指定
	○		○		○		○		K	未被指定
	○				○		○	○	L	不用
	○		○		○	○			M	辅助功能
	○				○	○		○	N	序号
	○				○	○	○		O	不用
	○		○		○	○	○	○	P	平行于 X 坐标轴的第 3 坐标
	○		○	○	○				Q	平行于 Y 坐标轴的第 3 坐标
	○			○	○			○	R	平行于 Z 坐标轴的第 3 坐标
	○	○	○		○		○		S	主轴速度机能
	○	○			○		○	○	T	刀具机能
		○	○	○	○	○			U	平行于 X 坐标轴的第 2 坐标
		○			○	○		○	V	平行于 Y 坐标轴的第 2 坐标
		○			○	○	○		W	平行于 Z 坐标轴的第 2 坐标
		○	○		○	○	○	○	X	X 方向上的主运动坐标
		○	○	○	○				Y	Y 方向上的主运动坐标
		○		○	○			○	Z	Z 方向上的主运动坐标

续表

代码孔									代码序号	定　义
8	7	6	5	4		3	2	1		
	○	○		○	○		○	○	.	小数点（句号）
	○	○	○		○				+	加
	○				○				-	减
	○			○	○	○			*	乘
		○	○		○			○	/	省略/除
		○	○	○	○		○	○	,	逗号
			○		○		○	○	=	等号
		○		○	○	○			(	括号开
	○	○	○	○	○	○			)	括号闭
	○		○	○	○		○	○	$	单元符号
		○	○		○			○	:	选择（或计划）倒带停止
				○	○		○	○	STOP（ER）	纸带倒带停止
		○	○	○	○	○	○		TAB	制表（或分隔符）
○					○				CR	程序段结束
	○	○	○	○	○	○	○	○	DELETE	注销
			○		○				SPACE	空格

代码中有数字码（0 ～ 9）、文字码（A ～ Z）和符号码。这些代码根据每排孔的个数及其位置的不同予以区别。第 3 列和第 4 列之间的连续小孔中的导孔（又称同步孔）作为每行大孔的定位基准，并产生读带的同步控制信号。

EIA 代码和 ISO 代码的主要区别在于，EIA 代码每行为奇数孔，其第 5 列为补奇列；ISO 代码各行为偶数孔，其第 8 列为补偶列。补奇列或补偶列的作用都是鉴别纸带的穿孔是否有错。因为一般其中的一个孔未穿孔或未完全穿孔的可能性较大，而至少穿两个孔的可能性极小。

孔码有一定的规律性。所有数字码在第 5 列和第 6 列有孔；字母码在第 7 列有孔。这些规律对数控系统判别代码符号的逻辑设计带来很大方便。

早期的数控机床上大都采用 EIA 码，目前国际上大都采用 ISO 码。我国规定新设计的数控产品一律采用 ISO 代码，但也可以二者兼用。

2. 数控编程中的指令代码

在数控编程中，我国和国际上都广泛使用 G 指令代码、M 指令代码及 F、S、T 指令来描述加工工艺过程和数控机床的运动特征。国际上采用的是 ISO 1056：1975《数控机床　穿孔带程序段格式中的准备功能 G 和辅助功能 M 的代码》，我国制定了 JB/T 3208—1999《数控机床　穿孔带程序段格式中的准备功能 G 和辅助功能 M 的代码》。

1）准备功能 G 指令　准备功能 G 指令用来规定刀具和工件的相对运动轨迹（即规定插补功能）、机床坐标系、坐标平面、刀具补偿、坐标偏置等多种加工操作。JB/T 3208—1999 标准中规定：G 指令由字母 G 及其后面的两位数字组成，从 G00 到 G99 共 100 种代码，见表 2-3。

表 2-3　准备功能 G 代码（JB 3208—1999）

代　码 （1）	功能保持到被取消或被同样字母表示的程序指令所代替 （2）	功能仅在所出现的程序段内有使用 （3）	功　能 （4）
G00	a		点定位
G01	a		直线插补
G02	a		顺时针方向圆弧插补
G03	a		逆时针方向圆弧插补
G04		*	暂停
G05	#	#	不指定
G06	a		抛物线插补
G07	#	#	不指定
G08		*	加速
G09		*	减速
G10～G16	#	#	不指定
G17	c		XY 平面选择
G18	c		ZX 平面选择
G19	c		YZ 平面选择
G20～G32	#	#	不指定
G33	a		螺纹切削，等螺距
G34	a		螺纹切削，增螺距
G35	a		螺纹切削，减螺距
G36～G39	#	#	永不指定
G40	d		刀具补偿/刀具偏置注销
G41	d		刀具补偿－左
G42	d		刀具补偿－右
G43	#（d）	#	刀具偏置－正
G44	#（d）	#	刀具偏置－负
G45	#（d）	#	刀具偏置＋/＋
G46	#（d）	#	刀具偏置＋/－
G47	#（d）	#	刀具偏置－/－
G48	#（d）	#	刀具偏置－/＋
G49	#（d）	#	刀具偏置 0/＋
G50	#（d）	#	刀具偏置 0/－
G51	#（d）	#	刀具偏置＋/0
G52	#（d）	#	刀具偏置－/0
G53	f		直线偏移，注销
G54	f		直线偏移 X

续表

代　码 （1）	功能保持到被取消或被同样字母表示的程序指令所代替 （2）	功能仅在所出现的程序段内有使用 （3）	功　能 （4）
G55	f		直线偏移 Y
G56	f		直线偏移 Z
G57	f		直线偏移 XY
G58	f		直线偏移 XZ
G59	f		直线偏移 YZ
G60	h		准确定位 1（精）
G61	h		准确定位 2（中）
G62	h		快速定位（粗）
G63		*	攻丝
G64～G67	#	#	不指定
G68	#(d)	#	刀具偏置，内角
G69	#(d)	#	刀具偏置，外角
G70～G79	#	#	不指定
G80	e		固定循环注销
G81～G89	e		固定循环
G90	j		绝对尺寸
G91	j		增量尺寸
G92		*	预置寄存
G93	k		时间倒数，进给率
G94	k		每分钟进给
G95	k		主轴每转进给
G96	l		恒线速度
G97	l		每分钟转数（主轴）
G98～G99	#	#	不指定

注：① #号：如果选作特殊用途，必须在程序格式说明中说明。

② 如果在直线切削控制中没有刀具补偿，则 G43～G52 可指定为其他用途。

③ 括号中的字母 d 表示可以被同栏中没有括号的字母 d 所注销或代替，也可被有括号的字母 d 所注销或代替。

④ G45～G52 的功能可用于机床上任意两个预定的坐标。

⑤ 控制机上没有 G53～G59、G63 功能时，可以指定为其他用途。

近年来，数控技术发展很快，许多制造厂采用的数控系统不同，对标准中的代码进行了功能上的延伸，或者做了进一步的定义。因此，编程时绝对不能死套标准，必须仔细阅读具体机床的编程指南。

2）辅助功能的指令　辅助功能指令也有 100 种（M00 ～ M99），见表 2-4。

表 2-4　辅助功能 M 代码（JB 3208—1999）

代　码 （1）	功能开始时间		功能保持到被注销或被适当程序指令代替 （4）	功能仅在所出现的程序段内有作用 （5）	功　能 （6）
	与程序段指令运动同时开始 （2）	在程序段指令运动完成后开始 （3）			
M00		*		*	程序停止
M01		*		*	计划停止
M02		*		*	程序结束
M03	*		*		主轴顺时针方向
M04	*		*		主轴逆时针方向
M05		*	*		主轴停止
M06	#	#		*	换刀
M07	*		*		2 号冷却液开
M08	*		*		1 号冷却液开
M09		*	*		冷却液关
M10	#	#	*		夹紧
M11	#	#	*		松开
M12	#	#	#	#	不指定
M13	*		*		主轴顺时针方向，冷却液开
M14	*		*		主轴逆时针方向，冷却液开
M15	*			*	正运动
M16	*			*	负运动
M17～M18	#	#	#	#	不指定
M19		*	*		主轴定向停止
M20～M29	#	#	#	#	永不指定
M30		*		*	纸带结束
M31	#	#		*	互锁旁路
M32～M35	#	#	#	#	不指定
M36	*		*		进给范围 1
M37	*		*		进给范围 2
M38	*		*		主轴速度范围 1
M39	*		*		主轴速度范围 2
M40～M45	#	#	#	#	若有需要，可作为齿轮换挡，此外不指定
M46～M47	#	#	#	#	不指定
M48		*	*		注销 M49
M49	*		*		进给率修正旁路
M50	*		*		3 号冷却液开
M51	*		*		4 号冷却液开
M52～M54	#	#	#	#	不指定

续表

代　码 (1)	功能开始时间		功能保持到被注销或被适当程序指令代替 (4)	功能仅在所出现的程序段内有作用 (5)	功　能 (6)
	与程序段指令运动同时开始 (2)	在程序段指令运动完成后开始 (3)			
M55	*		*		刀具直线位移，位置1
M56	*		*		刀具直线位移，位置2
M57～M59	#	#	#	#	不指定
M60		*		*	更换工件
M61	*		*		工件直线位移，位置1
M62	*		*		工件直线位移，位置2
M63～M70	#	#	#	#	不指定
M71	*		*		工件角度位移，位置1
M72	*		*		工件角度位移，位置2
M73～M89	#	#	#	#	不指定
M90～M99	#	#	#	#	永不指定

注：① #号：如果选作特殊用途，必须在程序说明中说明。
② M90～M99可指定为特殊用途。

各生产厂家在使用M代码时，与标准定义出入不大。有些生产厂家定义了附加的辅助功能，如在车削中心上控制主轴分度、定位等。G代码和M代码的含义及格式将在后续章节中结合具体机床详细介绍。

2.2.3　数控加工程序的结构

1. 程序的组成

一个完整的零件加工程序由若干个程序段组成；一个程序段又由若干个代码字组成；每个代码字则由文字（地址符）和数字（有些数字还带有符号）组成。这些字母、数字、符号统称为字符。示例如下：

```
%1000
N01 G90 G00 X30 Y40 LF
N02 G01 X80 Y100 F100 S150 T11 M03 LF
⋮          ⋮
N10 G00 X-30 Y-40 M02 EM
```

这是一个完整的零件加工程序，它由10个程序段组成，每个程序段以序号“N××”开头，以“LF”作为结束符，也有些数控系统的程序段没有结束符。

整个程序开始于程序号%1000。每个完整的程序必须指定一个编号，供在数控装置存储器的程序目录中查找、调用，以便区别于其他程序。程序号由地址符和编号数字组成。不同数控系统的程序号地址符不同，如FANUC 0M系统用“O”，SMK 8M系统则用“%”等，整个程序用“EM”结束，也有一些系统不用“EM”结束程序。

每个程序段中由若干个代码字组成，如第 2 个程序段有 8 个代码字，一个程序段表示一个完整的加工工步或动作。

一个程序的最大长度取决于数控系统中零件程序存储区的最大容量，如日本的 FANUC 7M 系统零件主程序存储区的最大容量为 4KB。也可以根据用户需要扩大存储区的容量。对于一个程序段的字符数，某些数控系统规定了一定的限度，如规定字符数不大于 90 个，若超过了规定的数量便要分成两个程序段来书写。

2. 程序段格式

所谓程序段格式，是指一个程序段中字的书写方式和排列顺序，以及每个程序段的长度限制和规定。不同的数控系统往往有不同的程序段格式，若格式不符合规定，数控系统便不能接受该程序。

程序段由代码字组成，代码字由地址符（用英文字母表示），以及正、负号和数字组成，约定正号省略不写。每个程序段前冠以程序段号，程序段号的地址符都用“N”表示。

例如：

```
N30 G01 Z10 Y－15 F100
```

程序段格式有 3 种，即固定程序段格式、使用分隔符的程序段格式和使用地址符的可变程序段格式。前两种已很少使用，目前广泛采用使用地址符的可变程序段格式。在这种格式中，代码字的排列顺序没有严格的要求，代码字的数目及代码字的长度都是可以变化的，不需要的代码字及与上段相同的模态代码字可以不写，其特点是程序简单，可读性强，易于检查。

3. 主程序和子程序

在一个加工程序中，如果有多个一连串的程序段完全相同（即零件有多处的几何形状和尺寸完全相同，或者顺序加工相同的工件），就可以将这些重复的程序段单独抽出来按一定的格式做成子程序，并存入子程序存储器中。子程序以外的程序段为主程序。在执行主程序的过程中，如果需要，可以调用子程序，并可以多次重复调用。某些数控系统在子程序执行过程中还可以调用其他的子程序，即所谓“多层嵌套”，从而大大简化了编程工作，缩短了程序长度，节约了程序存储器的容量。主程序与子程序的关系如下：

```
00011；主程序
N01……
N02…

⋮
N11 调用子程序 1
⋮
N28 调用子程序 8
⋮
N100 M02
1:N01……；子程序 1
⋮
```

N20…M17

……

N01……；子程序8

⋮

N15…M17

子程序的格式除有子程序名外，还要有代码字M17作为子程序结束并返回主程序的指令，子程序的其余部分的编写方式与主程序的完全相同。

4. 常用地址符及其含义

常用地址符及其含义见表2–5。注意，不同的系统所用的地址符及其定义不尽相同。

表2–5 常用地址符及其含义

机 能	地 址 符	说 明
程序号	O或P或%	程序编号地址
程序段号	N	程序段顺序编号地址
坐标字	X，Y，Z；U，V，W；P，Q，R； A，B，C；D，E； R， I，J，K	直线坐标轴 旋转坐标轴 圆弧半径 圆弧中心坐标
准备功能	G	指令动作方式
辅助功能	M，B	开关功能，多由PLC实现
补偿值	H或D	补偿值地址
暂停	P或X	暂停时间
重复次数	L或H	子程序或循环程序等的循环次数
切削用量	S或V F	主轴转数或切削速度 进给量或进给速度
刀具号	T	刀库中刀具编号

2.2.4 数控机床的最小设定单位

当数控机床的数控系统发出一个脉冲指令时，经伺服系统的转换、放大、反馈后，推动机床的工件（或刀具）实际移动的最小位移量称为数控机床的最小设定单位，又称为最小指令增量或脉冲当量，一般为0.01～0.0001mm，视具体数控机床而定。

2.3 数控加工工艺分析

数控编程工作中的工艺设计是十分重要的环节，它关系到所编制的零件加工程序的正确性与合理性。由于数控加工过程是在加工程序的控制下自动进行的，因此对加工程序的正确性与合理性要求极高，不能有丝毫差错。正因如此，在编写程序前，编程人员必须对加工过程、工艺路线、刀具、切削用量等进行正确、合理的确定和选择。

虽然数控机床与普通机床的工艺处理基本相同，但又各有其特点。一般来说，数控加工的工序内容要比普通机床加工内容复杂。从编程来看，数控加工程序的编制要比普通机床编制工艺过程更复杂。有些本来可由操作者灵活掌握、随时调整的事情，在数控加工中都变成了必须事先选定和安排好的事情，这样才能保证加工的正确性。数控编程中的工艺处理主要包括数控加工的合理性分析，零件的工艺性分析，工艺过程和工艺路线的确定，零件安装方法的确定，选择刀具和确定切削用量等。

2.3.1　数控加工的合理性分析

数控加工的合理性分析包括哪些零件适合于数控机床的加工，以及适合于在哪一类机床上加工。

通常，合理性分析考虑的因素是零件的技术要求能否得到保证，对提高生产率是否有利，经济上是否合算。一般来说，对于零件的复杂程度高、精度要求高、多品种和小批量的生产，采用数控加工会获得较高的经济效益。

在数控机床较多的工厂，要根据机床性能的不同和对零件要求的不同，对数控加工零件进行分类。不同类别的零件应分配在不同类型的数控机床上进行加工，以获得较高的生产效率和经济效益。数控车床适合于加工形状比较复杂的轴类零件和由复杂曲线回转形成的模具内型腔；立式加工中心适合于加工箱体、箱盖、平面凸轮、样板、形状复杂的平面，以及模具的内、外型腔等；卧式加工中心适合于加工复杂的箱体类零件、泵体、阀体、壳体等；多坐标联动的卧式加工中心可以加工各种复杂的曲线、曲面、叶轮、模具等。

2.3.2　零件的工艺性分析

零件的工艺性涉及的问题较多，在“机械制造工艺”等相关课程中均有专门介绍。这里主要从编程角度对编程的可能性与方便性进行分析。

一般来说，编程方便与否常常用来衡量零件数控加工工艺性的好坏。为了方便编程，首先，零件图样上的尺寸标注应便于计算，符合编程的可能性与方便性的原则。其次，零件的内、外形状应尽量采用统一的几何类型或尺寸。这样不仅能够减少换刀次数，还有可能应用零件轮廓加工的专用程序。由于工件圆角的大小决定着刀具直径的大小，所以很容易看出工艺的好坏，主要的数控加工零件应采用规范化设计结构及尺寸。

有些数控机床具有镜像加工的功能。因此，对于对称性的零件，只需编制其半边的程序即可；对于具有多个相同几何形状的工件，只需编制其中一个几何形状的加工程序即可。

2.3.3　确定数控加工的工艺过程

在确定数控加工的工艺过程中应注意以下 3 个问题。

1. 工序的划分

根据数控加工的特点，数控加工工序的划分一般按以下方法进行。

（1）刀具集中分序法是指按所用刀具划分工序，即用同一把刀加工完零件上所有可以完成的部位，然后再换其他刀进行后续加工的方法。这样可以减少换刀次数，压缩空行程时间，减少不必要的定位误差。

（2）粗、精加工分序法是指对单个零件要先进行粗加工、半精加工，最后进行精加工，或者对一批零件先全部进行粗加工、半精加工，最后再进行精加工的方法。粗、精加工之间，最好隔一段时间再进行，以便粗加工的零件得以充分地进行时效处理，从而提高零件的加工精度。

（3）加工部位分序法是指一般先加工平面、定位面，后加工孔；先加工简单的几何形状，再加工复杂的几何形状；先加工精度要求较低的部位，再加工精度要求较高的部位的方法。

在划分工序时，一定应视零件的结构与工艺性、机床的功能、零件数控加工内容的多少、安装次数及生产组织等情况灵活掌握。零件加工采用工序集中或分散的原则，要根据实际需要和生产条件来定。

2. 加工顺序的安排

加工顺序的安排应该考虑零件的结构和毛坯状况，以及定位安装与夹紧的需要，重点是保证定位夹紧时工件的刚性和加工精度。加工顺序安排一般应按下列原则进行。

（1）上道工序的加工不能影响下道工序的定位与夹紧，中间穿插有通用机床加工工序的也要综合考虑。

（2）先进行内型、内腔加工工序，后进行外形加工工序。

（3）以相同定位、夹紧方式或同一把刀具加工的工序，最好连续进行，以减少重复定位的次数、换刀次数与挪动压紧元件的次数。

（4）在同一次安装中进行的多道工序，应先安排对工件刚性破坏较小的工序。

3. 数控加工工序与普通工序的衔接

数控加工工艺过程并不是指从毛坯到成品的整个过程。由于数控加工工序经常穿插于零件加工的整个工艺过程中间，因此在制定数控加工工艺过程时，一定要使之与整个工艺过程协调、吻合。

2.3.4 选择走刀路线

走刀路线是指数控加工过程中刀具相对于工件的运动轨迹和方向。每道工序加工路线的确定都是非常重要的，因为它与零件的加工精度和表面质量密切相关。确定走刀路线的一般原则如下所述。

（1）保证零件的加工精度和表面粗糙度。

（2）方便数值计算，减少编程工作量。

（3）缩短走刀路线，减少进/退刀时间和其他辅助时间。

（4）尽量减少程序数量，减少占用存储空间。

所确定的加工路线应保证零件的加工精度和表面粗糙度的要求。例如，在铣床上进行加工时，因刀具的运动轨迹和方向不同，可能是顺铣或逆铣，不同的加工路线所得到的零件表面的质量也不同。在铣削平面外轮廓零件时，应避免刀具沿零件外轮廓的法向切入工件，而应沿着外轮廓曲线延长线的切向切入，以避免在切入处产生刀具的刻痕，保证零件轮廓光滑。在切出工件时，应避免在工件的轮廓处直接抬刀，要沿着零件轮廓延伸线的切线逐渐切离工件，如图2-9所示。

为了减少编程的程序段，缩短纸带，减少重刀时间，提高生产率，在确定工艺路线时，应尽量使进给路线最短。最短进给路线设计如图2-10所示，按习惯先加工均匀分布于同一圆周上的一圈孔后，再加工另一圈孔（如图 2–10（a）所示）。但对点位控制的数控机床来说，这不是最好的进给路线，应按图 2–10（b）所示的进给路线进行加工，使其各孔间距的总和最小，这样可以节省定位时间约 50%。为了减少编程工作量，还应使数值计算更为简单。

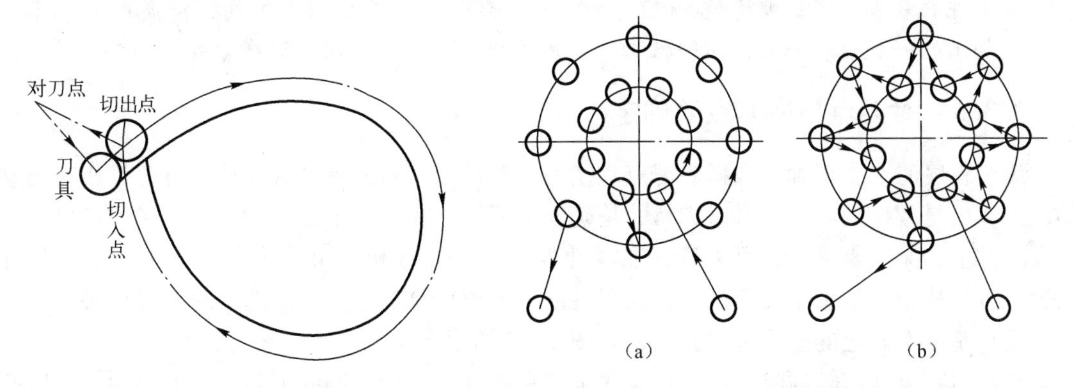

图 2–9 刀具切入和切出时的轨迹

图 2–10 最短进给路线设计

此外，为了提高加工精度和降低表面粗糙度，在铣削封闭的内轮廓时，因为刀具切入、切出不允许外延，所以刀具的切入点和切出点应尽量选在轮廓曲线两几何元素的交点处，如图 2–9 所示。

图 2–11（a）所示为采用行切法加工内轮廓的进给路线，加工时不留死角，在减少每次进给重叠量的情况下，进给路线较短，但两次进给都留有残余高度，影响表面粗糙度。图 2–11（b）所示为采用环切法加工的进给路线，加工时表面粗糙度较小，但刀位计算略为复杂，进给路线也较行切法长。图 2–11（c）所示为采用行切法加工的进给路线，加工的最后再沿轮廓切削一周，使轮廓表面光整。

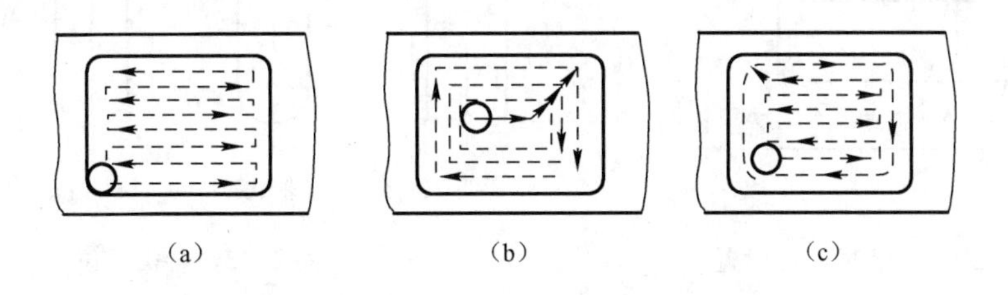

图 2–11 封闭内轮廓加工进给路线比较

在轮廓铣削过程中要避免停顿，因为加工过程中工艺系统处于弹性变形状态下的平衡，停顿会引起切削力的突然变化，使得在停顿处的轮廓表面留下刀痕。当零件加工量较大时，可采用多次进给逐渐切削的方法，最后留少量的精加工裕量（一般为 0.2 ～ 0.5mm）。

2.3.5 工件装夹方式的确定

在数控机床上加工工件时，工序集中，往往在一次装夹中就能完成全部工序。因此，对工件的定位、夹紧要注意以下 4 个方面。

☺ 尽量采用组合夹具和标准化通用夹具。当工件批量较大、精度要求较高时，可以设计专用夹具，但其结构应尽量简单。

☺ 工件定位、夹紧部位应不妨碍各部位的加工、刀具更换及重要部位的测量。尤其要避免刀具与工件、刀具与夹具相撞现象的发生。

☺ 夹紧力应力求通过靠近主要支撑点或在支撑点所组成的三角形内。应力求靠近切削部位，并在刚性较好处。尽量不要在被加工孔径的上方，以减小零件变形。

☺ 工件的装夹、定位要考虑到重复安装的一致性，以减少对刀时间，提高同一批零件加工的一致性。一般，同一批工件采用同一定位基准和同一装夹方式。

2.3.6 对刀点与换刀点的确定

编制程序时，要正确地选择对刀点和换刀点的位置。对刀点是数控加工时刀具相对运动的起点，也是程序的起点。对刀的目的是确定编程原点在机床坐标中的位置。对刀点可以选择在零件上的某一点上，也可以选择在零件外（如夹具或机床上）的某一点上，应选择在机床上容易找正，加工中便于检查，编程时便于数值计算的地方。所选择的对刀点必须与零件的定位基准有一定的坐标尺寸关系，如图2–12所示。

当对刀精度要求较高时，对刀点应尽量选在零件的设计基准或工艺基准上。例如，以孔定位的零件，选孔的中心作为对刀点较合适。在利用相对坐标系编程的数控机床上，对刀点可选在零件中心孔上或垂直平面的交线上。在利用绝对坐标系编程的数控机床上，对刀点可选在机床坐标系的原点或距原点为确定值的点上。在安装零件时，零件坐标系与机床坐标系要有确定的尺寸关系。对刀时，应使对刀点与刀位点重合。刀位点是指确定刀具位置的基准点。各类刀位点如图2–13所示。

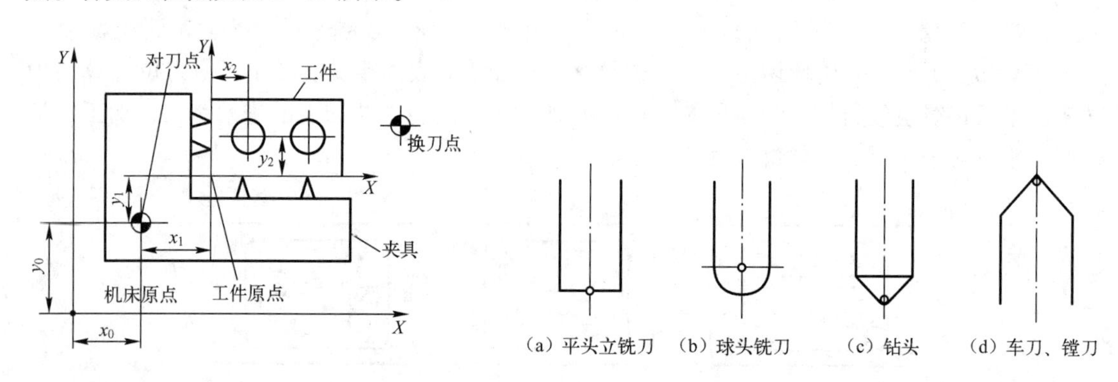

图2–12 对刀点、换刀点设置

图2–13 各类刀位点

带有多刀加工的数控机床，在加工过程中若需换刀，编程时还要设置一个换刀点。换刀点是转换刀位置的基准点。换刀点应选在零件的外部，以避免加工过程中换刀时划伤工件或夹具，如图2–12所示。

2.3.7 加工刀具的选择

正确选择刀具是数控加工工艺中的重要内容。选择刀具时，通常应考虑工件材料、加工型面类型、机床的切削用量、刀具的耐用度、刚性及热处理等因素。

编制程序时，经常需要预先规定好刀具的结构尺寸和调整尺寸，特别是带有自动换刀的数控机床，在将刀具安装到机床上前，应根据编程时确定的参数，在机床外的预调整装置中调整到所需要的尺寸。

在用立铣刀切削平面零件外部轮廓时，铣刀半径 $r_刀$ 应小于零件外部轮廓的最小曲率半

径 $R_{\min}$，一般 $r_{刀}=(0.8\sim0.9)R_{\min}$；零件的加工高度 $H\leqslant(1/4\sim1/6)r_{刀}$；为使刀具有足够的刚性，粗加工内轮廓时，铣刀的最大直径为

$$D=\frac{2\left(\delta_1\sin\frac{\theta}{2}\delta_2\right)}{1-\sin\frac{\theta}{2}}+D_1$$

式中，D_1 为轮廓最小圆角直径；δ_1 为圆角邻边夹角等分线上的精加工裕量；δ_2 为精加工裕量；θ 为圆角两邻边的最小夹角，如图 2-14 所示。

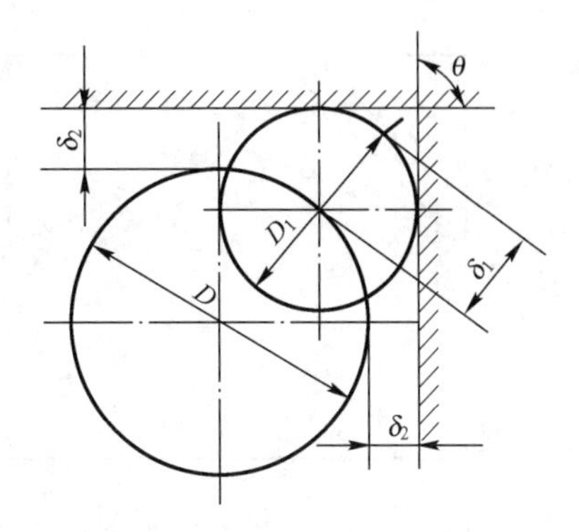

图 2-14　粗加工立铣刀直径计算法

对于立体型面和变斜角轮廓的外形，常采用球头铣刀、环形刀、鼓形刀、锥形刀和盘铣刀。

2.3.8　切削用量的确定

切削用量包括主轴转速、切削深度、切削宽度及进给速度等。不同的加工方法需要选用不同的数值，具体数值应根据说明书和使用手册并结合经验来确定。

切削用量应保证零件加工精度和表面粗糙度；充分发挥刀具切削性能，保证合理的刀具耐用度；充分发挥机床的性能；最大限度地提高生产率，降低成本。

一般切削深度应根据机床、刀具和工件的刚度来选取。在刚度允许的条件下，应尽可能取最大值或使切削深度等于零件的加工裕量，以减少进给次数，提高加工效率。为提高加工零件的表面质量，可留少量精加工裕量，再进行一次精加工。

主轴转速应根据工件材料和直径及允许的切削速度来选择。主轴转速与切削速度的关系为：

$$v=\pi D_n/1000$$

式中，v 为切削速度（m/min）；n 为主轴转速（r/min），编程时用代码 S 表示；D_n 为工件直径或刀具直径（mm）。

进给速度通常根据零件加工精度和表面粗糙度的要求来选定。精加工时，进给量一般按表面粗糙度的要求来选择。表面粗糙度较小时，应选较小的进给量。在用硬质合金刀具高速切削钢件时，进给量不能过小，因为小于一定的限度后，实际表面粗糙度反而增大，这是由于圆弧刃有一定的切削厚度所致。进给速度在编程时给出的方式有多种，有的在程序中直接给出进给速度 F（mm/min）；有的在程序中给出进给率数 FRN（Feed Rata Number）。

直线插补的 FRN（1/min）为

$$\text{FRN}=F/L$$

式中，F 为刀具进给速度（mm/min）；L 为程序段的加工长度（mm）。

L 也表示刀具沿工件所走的有效距离。计算 FRN 时，L 为 Δx 与 Δy 的矢量和，即 $L=\sqrt{\Delta x^2+\Delta y^2}$，在多坐标系的数控机床上，这点应特别注意。

圆弧插补的 FRN（1/min）为

$$\text{FRN}=F/R$$

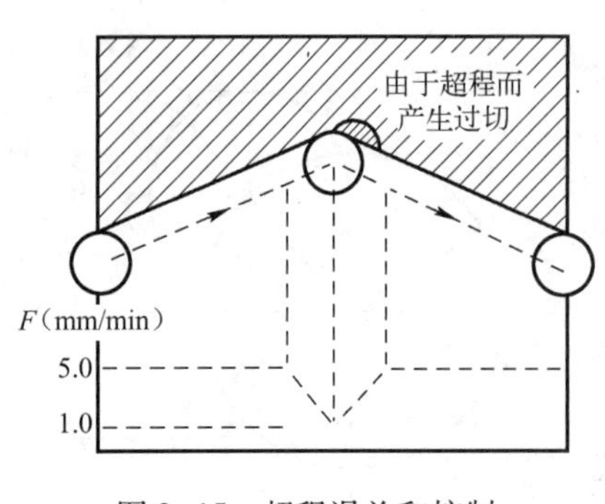

图2-15　超程误差和控制

式中，R 为插补圆弧的半径（mm）。

在轮廓加工中选择进给速度时，应注意由于惯性作用，在轮廓拐角处会出现“超程”的现象。当拐角较大、进给速度较高时，应采取在接近拐角处适当降速，在拐角后再逐渐升速的办法来保证加工精度，如图2-15所示。另外还应注意，在轮廓加工中，当刀具改变运动方向时，由于运动的滞后，还会产生“欠程”现象，导致“欠程误差”。

2.3.9　程序编制中的误差控制

程序编制中的误差控制主要由下述3部分组成。

1）逼近误差　逼近误差是用近似计算方法逼近零件轮廓时所产生的误差，也称为一次逼近误差。生产中经常需要仿制已有零件的备件，但又无法考证零件外形的准确数学表达式，这时只能实测一组离散点的坐标值，用样条曲线或曲面拟合后编程。用近似方程所表示的形状与原始零件之间有误差，一般情况下很难确定这个误差的大小。

2）插补误差　插补误差是指用直线或圆弧段逼近零件轮廓曲线时所产生的理论曲线与插补加工出的线段之间的误差。减少这一误差的最简单的方法是加密插补点，但这样会增加插补运算量。

3）圆整化误差　圆整化误差是指将工件尺寸换算成机床的脉冲当量时，由于圆整化所产生的误差。数控机床的最小位移量是一个脉冲当量，小于一个脉冲的数据不能简单地用四舍五入的方法来处理，而应采用累计进位法以避免产生累计误差。

在点位数控加工中，程编误差只包含一项圆整化误差，而在轮廓加工中，程编误差主要由插补误差组成。按零件的分布形式划分，插补误差有3种：在零件轮廓的外侧；在零件轮廓的内侧；在零件轮廓的两侧，具体的选用取决于零件图纸的要求。

零件图上给出的公差允许分配给编程误差的只占一小部分，还有很多其他误差，如控制系统误差、拖动系统误差、零件系统误差、对刀误差、刀具磨损误差和工件变形误差等。其中，拖动系统误差和定位系统误差经常是加工误差的主要来源，因此编程误差一般应控制在零件公差的10%～20%以内。

2.4　数控编程中的数值计算

数控编程中的数值计算是指根据工件的图样要求，按照已确定的加工路线和允许的编程误差，计算出数控系统所需输入的数据。对于带有自动刀具补偿功能的数控装置来说，通常要计算出零件轮廓上一些点的坐标值。数值计算的内容包括以下4个方面。

1）基点坐标的计算　零件的轮廓曲线一般由许多不同的几何元素组成，如直线、圆弧、二次曲线等。通常把各个几何元素间的连接点称为基点，如两条直线的交点、直线与圆弧的切点或交点、圆弧与圆弧的切点或交点、圆弧与二次曲线的切点和交点等。大多数零件的轮廓由直线和圆弧段组成，这类零件的基点计算较简单，用零件图上已知数值就可以计算出基点坐标，若不能，可用联立方程式求解方法求出基点坐标。

2）节点坐标的计算　CNC 系统具有直线和圆弧插补功能，有的还具有抛物线插补功能。当加工中由双曲线、椭圆等组成平面轮廓时，就需要用许多直线或圆弧段逼近其轮廓。这种人为分割的线段，其相邻两线段的交点称为节点。编程时需要计算出各线段长度和节点的坐标值。

3）刀具中心轨迹的计算　全功能的 CNC 系统具有刀具补偿功能。编程时，只要计算出零件轮廓上的基点或节点坐标，并给出有关刀具补偿指令及其相关数据，数控装置便可自动进行刀具偏移计算，计算出所需的刀具中心轨迹坐标，从而控制刀具的运动。

有的经济型数控系统没有刀具补偿功能，此时一定要按刀具中心轨迹坐标数据编制加工程序，对刀具中心轨迹进行计算。

4）辅助计算　辅助计算的目的是为编制特定数控机床加工程序准备数据。不同的数控系统，其辅助计算内容和步骤也不尽相同。

【增量计算】采用增量坐标系（相对坐标系）编程时，输入的数据为增量值。对于直线段要计算出直线终点相对于起点的坐标增量值；对于圆弧段，一种是要计算出圆弧终点相对于起点的坐标增量值和圆弧的圆心相对于圆弧起点的坐标增量值，另一种是要分别计算出圆弧起点和终点相对于圆心的坐标增量值。采用绝对坐标系编程时，一般不需要计算增量值，对于直线段可直接给出其终点坐标值；对于圆弧段，可直接给出圆弧终点坐标值及圆心相对于圆弧起点的坐标值。

【脉冲数计算】进行数值计算时，采用的单位是毫米和度，其数据带有小数点。对于开环 CNC 系统，要求输入的数据是以脉冲为计量单位的整数，故应将计算出的坐标数据除以脉冲当量，即脉冲数计算。对于闭环（或半闭环）CNC 系统，应直接输入带小数点的十进制数。

【辅助程序段的数值计算】由对刀点到切入点的切入程序，由零件切削终点返回到对刀点的切出程序，以及无尖角过渡功能数控系统的尖角过渡程序均属辅助程序段，对此均需计算出辅助程序段所需的数据。

2.4.1　直线和圆弧组成的零件轮廓的基点计算

平面零件轮廓的曲线多数是由直线和圆弧组成的，而大多数数控机床的数控装置都具有直线和圆弧的插补功能、刀具半径补偿功能，所以只需计算出零件轮廓的基点坐标即可，这使编程工作大大简化。

由直线和圆弧组成的零件轮廓的数值计算比较简单。计算基点时，首先选定零件坐标系的原点，然后列出各直线和圆弧的数学方程，然后求出相邻几何元素的交点和切点即可。

对于所有直线，均可转化为一次方程的一般形式，即

$$Ax+By+C=0$$

对于所有的圆弧，均可转化为圆的标准方程形式，即

$$(x-\xi)^2+(y-\eta)^2=R^2$$

式中，ξ、η 为圆弧的圆心坐标；R 为圆弧半径。

求解上述相关的联立方程，即可求出有关的交点或切点的坐标值。

当数控装置具有刀具补偿功能时，需要计算出刀位点轨迹上的基点坐标。这时，可根据零件的轮廓和刀具半径 $r_{刀}$，先求出刀位点的轨迹，即零件轮廓的等距线。

对于所有直线的等距线方程，可转化为

$$Ax+By+C=\pm r_{刀}\sqrt{A^2+B^2}$$

对于所有圆的等距方程，可转化为

$$(x-\zeta)^2+(y-\eta)^2=(R\pm r_{刀})^2$$

求解上述相关的等距线联立方程，即可求出刀位点轨迹的基点坐标。

2.4.2 非圆曲线的节点计算

平面轮廓曲线除直线和圆弧外，还有椭圆、双曲线、抛物线、一般二次曲线、阿基米德螺线等以方程式给出的非圆曲线，这类曲线无法直接用直线和圆弧的插补加工出来，而常用直线或圆弧逼近的数学方法来处理。这时，需要计算出相邻两个逼近直线或圆弧的节点坐标。

1. 直线逼近零件轮廓曲线时的节点计算

用直线逼近零件轮廓曲线的常用方法有等间距法、等步长法和等误差法（变步长法）。

1）等间距法直线逼近的节点计算　这种计算方法较为简单，其特点是使每个程序段的某一个坐标增量相等，然后根据曲线的表达式求出另一个坐标值，从而得到节点的坐标。在直角坐标系中，可使相邻节点间的 x 坐标增量或 y 坐标增量相等；在极坐标系中，可使相邻节点间的转角坐标增量或径向坐标增量相等，其计算方法如图2-16所示。由起点开始，每次增加一个坐标增量 Δx 得到 x_1，将 x_1 代入轮廓曲线方程 $y=f(x)$，即可求出 A_1 点的 y_1 坐标值。（x_1，y_1）即为逼近线段的终点坐标值。如此反复，可求出一系列节点坐标值。根据这些坐标值即可进行编程。

这种方法的关键是确定间距值。该值应保证曲线 $y=f(x)$ 和相邻两个节点间的法向距离小于允许的程序编制误差，即 $\delta\leqslant\delta_{允}$。在实际生产中，常根据加工精度要求凭经验选取间距值，如取 $\Delta x=0.1\text{mm}$，然后验算误差的最大值是否小于 $\delta_{允}$。

求得逼近某一段的方程 $Ax+By+C=0$ 和与之平行法向距离为 δ 的直线方程 $Ax+By=C\pm\delta\sqrt{A^2+B^2}$，再求解联立方程：

$$\begin{cases}Ax+By=C\pm\sqrt{A^2+B^2}\\ y=f(x)\end{cases}$$

在满足相切的条件下求得 δ，使 $\delta\leqslant\delta_{允}$。一般取 $\delta_{允}$ 为零件公差的10%～20%。

2）等步长法直线逼近的节点计算　等步长法是在用直线逼近时，使每个程序段加工的长度相等，如图2-17所示。由于轮廓曲线各处的曲率不等，因此各程序段的插补误差 δ 不等。因此，在编程时必须使产生的最大插补误差小于允许的插补误差，以满足加工精度的要求。用直线进行逼近时，一般认为误差的方向是在曲线的法向方向上计量的，同时误差的最大值产生在曲线的曲率最小处。这种算法的步骤如下所述。

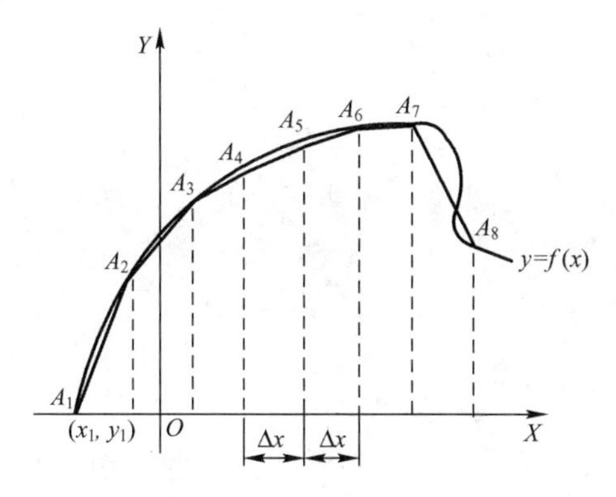

图 2-16　等间距直线逼近法求节点

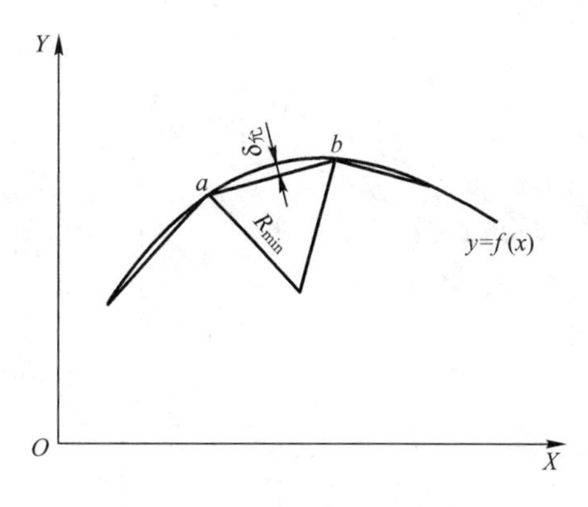

图 2-17　等步长法求节点

（1）由原始方程 $y=f(x)$ 求出曲线的曲率半径 R。对于直角坐标系：

$$R=\frac{\left[1+\left(\frac{\mathrm{d}y}{\mathrm{d}x}\right)^2\right]^{3/2}}{\mathrm{d}^2y/\mathrm{d}x^2}$$

对于极坐标系：

$$R=\frac{\left[\rho^2+\left(\frac{\mathrm{d}\rho}{\mathrm{d}\theta}\right)^2\right]^{3/2}}{\rho^2+2\left(\frac{\mathrm{d}\rho}{\mathrm{d}\theta}\right)^2+\rho\frac{\mathrm{d}^2\rho}{\mathrm{d}\theta^2}}$$

（2）求最小曲率半径 $R_{\min}$。令

$$\frac{\mathrm{d}R}{\mathrm{d}x}=0$$

或

$$\frac{\mathrm{d}R}{\mathrm{d}\theta}=0$$

以此可求出 x 坐标值或 θ 值，将其代入曲率半径方程中，即可求得 $R_{\min}$。

（3）确定程序段加工长度。以 $R_{\min}$ 为半径作曲率圆，如图 2-17 所示。在给定的允许插补误差 $\delta_{允}$ 下的弦长 $\overline{ab}$ 为

$$(\overline{ab})^2=4[R_{\min}^2-(R_{\min}-\delta_{允})^2]$$

$$\overline{ab}\approx 2\sqrt{2R_{\min}\delta_{允}}$$

（4）求节点。从曲线起点处开始，并以此为圆心，以弦长 $\overline{ab}$ 为半径作圆，并求出该圆与曲线 $y=f(x)$ 的交点，该交点即为曲线上的第 1 个插补节点；再以求出的节点为圆心，以 $\overline{ab}$ 为半径作圆，可得第 2 个节点；如此下去，可逐步求得各节点的坐标值。

等步长法的计算过程较为简便，常用于曲率变化不大的曲线节点的计算，但对于曲率变化较大的非圆曲线，程序段数目往往过多。

3）等误差法（变步长法）直线逼进的节点计算　等误差法的特点是使零件轮廓曲线上各逼近线段的插补误差 δ 相等，并且不大于 $\delta_{允}$。

这种方法所确定的各逼近线段的长度是不相等的，如图 2-18 所示。其计算节点过程如下所述。

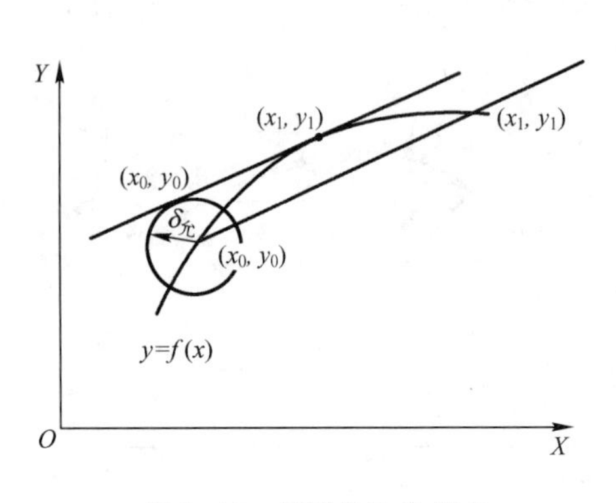

图 2-18　等误差法求节点

（1）以起点（x_0，y_0）为圆心，$\delta_允$为半径作圆，则圆的方程为

$$(x-x_0)^2+(y-y_0)^2=\delta_允^2$$

（2）求圆与轮廓曲线公切线的斜率 k。设公切线方程为

$$y=kx+b$$

式中，$k=(y_1-y_0)/(x_1-x_0)$。欲求 k，需解联立方程：

$$\begin{cases} y_1-y_0=f'(x_1)(x_1-x_0) & \text{曲线切线方程} \\ (x-x_0)^2+(y-y_0)^2=\delta^2 & \text{圆方程} \\ y_1-y_0=F'(x_0)(x_1-x_0) & \text{圆切线方程} \\ f'(x_1)=y_1 & \text{曲线方程} \end{cases}$$

式中，$F(x)$表示圆的方程。

（3）求第一个节点。过点（x_0，y_0），作斜率为 k 的直线，直线方程为

$$y-y_0=k(x-x_0)$$

求出 $y=f(x)$与 $y=k(x-x_0)+y_0$的交点，即为第一个节点。

（4）以（x_1，y_1）点开始重复上述计算过程，得出其余各节点。

上述方法中，以等误差法的程序段数目最少，但计算较烦琐。

2. 圆弧逼近零件轮廓时的节点计算

除采用直线逼近外，零件轮廓曲线还可以采用逐段的圆弧来逼近。当轮廓曲线可以用数学方程表示时，即可用彼此相交的圆弧来逼近轮廓曲线，并使逼近误差不大于 $\delta_允$。下面主要介绍圆弧分割法及三点作图法。

1）圆弧分割法　圆弧分割法应用在曲线 $y=f(x)$ 为单调的情形。若非单调曲线，可以在拐点处将曲线分段，使每段曲线为单调曲线，如图 2-19 所示。其计算方法如下所述。

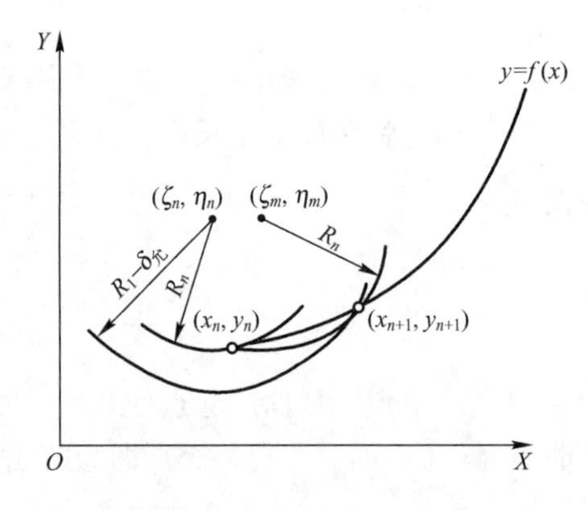

图 2-19　圆弧分割法求节点

（1）求轮廓曲线 $y=f(x)$起点（x_n，y_n）的曲率圆，其半径为

$$R_n=\frac{[1+(y'|_{x=x_n})^2]^{3/2}}{|y''|_{x=x_n}|}$$

圆心坐标为

$$\begin{cases} \zeta_n=x_n-y'|_{x=x_n}\dfrac{1+(y'|_{x=x_n})^2}{y''|_{x=x_n}} \\ \eta_n=y_n+\dfrac{1+(y'|_{x=x_n})^2}{y''|_{x=x_n}} \end{cases}$$

（2）求以（ζ_n，η_n）为圆心，以（$R_n\pm\delta_允$）为半径的圆与 $y=f(x)$的交点。解联立方程：

$$\begin{cases}(x-\zeta_n)2+(y-\eta_n)2=(R_n\pm\delta_{允})^2\\ y=f(x)\end{cases}$$

式中，当轮廓曲线的曲率递减时，取（$R_n+\delta_{允}$）为半径；当轮廓曲线的曲率递增时，取（$R_n-\delta_{允}$）为半径。

由联立方程解得的（x，y）值，即为圆弧与 $y=f(x)$ 的交点（x_{n+1}，y_{n+1}）。重复上述计算，可依次求得分割轮廓曲线的各节点的坐标值。

（3）求 $y=f(x)$ 上两个相邻节点间逼近圆弧的圆心。

所求两个节点间的逼近圆弧是以（x_n，y_n）为始点，以（x_{n+1}，y_{n+1}）为终点，以 R_n 为半径的圆弧。为求此圆弧圆心的坐标，可分别以（x_n，y_n）和（x_{n+1}，y_{n+1}）为圆心，以 R_n 为半径作两个圆弧，两个圆弧的交点即为所求圆心的坐标，即解联立方程：

$$\begin{cases}(x-x_n)^2+(y-y_n)^2=R_n^2\\ (x-x_{n+1})^2+(y-y_{n+1})^2=R_n^2\end{cases}$$

解得（x，y）的值即为所求逼近圆弧的圆心坐标（ζ_m，η_m）。根据上述参数即可编制圆弧程序段。

2）三点作图法　首先用直线逼近法计算出轮廓曲线的节点坐标，然后再通过连续的 3 个节点作圆，此方法称为三点作图法。过连续 3 点的逼近圆弧的圆心坐标及半径可用解析法求得。

注意，若直线逼近轮廓曲线的误差为 δ_1，圆弧与轮廓的误差为 δ_2，则 $\delta_2<\delta_1$。如图 2-20 所示，为了减少圆弧段的数目，并保证编程精度，应使 $\delta=\delta_{允}$，此时直线逼近误差 δ_1 为

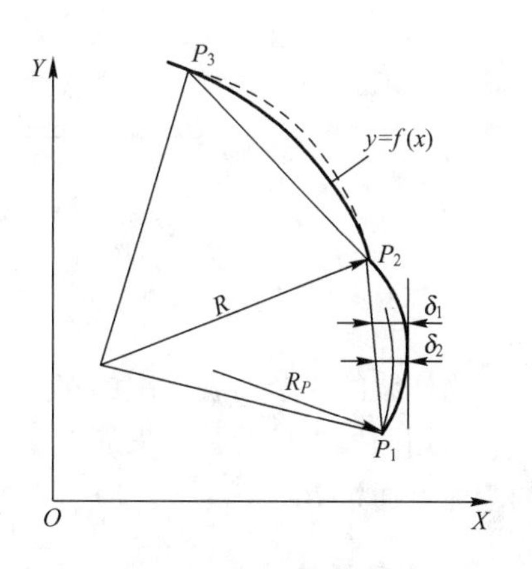

图 2-20　三点作图法

$$\delta_1=\frac{R}{R-R_P}\delta_{允}$$

式中，R_P 为曲线 $y=f(x)$ 在 P_1 点的曲率半径；R 为逼近圆的半径。

2.4.3　列表曲线的数学处理方法

前述零件轮廓曲线基点或节点的计算方法，都是基于已知轮廓曲线的方程的情况下得到的，如直线、圆、抛物线、椭圆，以及二次、三次曲线等。在实际生产中，有较多零件的轮廓曲线或曲面，如某些凸轮样板、模具、叶片等，常采用列表坐标点形式来描绘，而不给出方程，这样的零件轮廓曲线或曲面称为列表曲线或曲面。

对于以列表点给出的轮廓曲线或曲面，常用数学拟合的方法来逼近零件轮廓，即根据已知列表点来推导出用于拟合的数学方程。用数学方程进行拟合的方法很多，也较复杂，下面介绍 3 种常用的方法。

1. 牛顿插值法

牛顿插值法是早期使用的针对列表曲线的数学逼近方法。当给出的列表点比较平滑时，可采用此方法。为了避免高次数插值复杂的计算和结果的不稳定，常常采用少数几个列表点构造次数不高的插值多项式。例如，用相邻 3 个列表点建立一个二次抛物线方程，再插值加密。插值法得到的多项式在列表点处不连续，逼近曲线的光滑性差，目前已较少采用。

2. 双圆弧法

双圆弧法在两个列表点（型值点）之间用两段彼此相切的圆弧来逼近列表曲线，而彼此相切的两段圆弧的参数则是通过包括两个列表点在内的 4 个连续列表点来确定的，当 4 个连续列表点中的第 1 点和第 4 点在中间两点连线的同侧时，可用两段彼此内切的圆弧来逼近，如图 2–21（a）所示。图中是通过 P_1、P_2、P_3 和 P_4 四个列表点确定的过 P_2 和 P_3 两个点的彼此相内切的逼近圆弧，其圆心分别为 O_2 和 O_3。

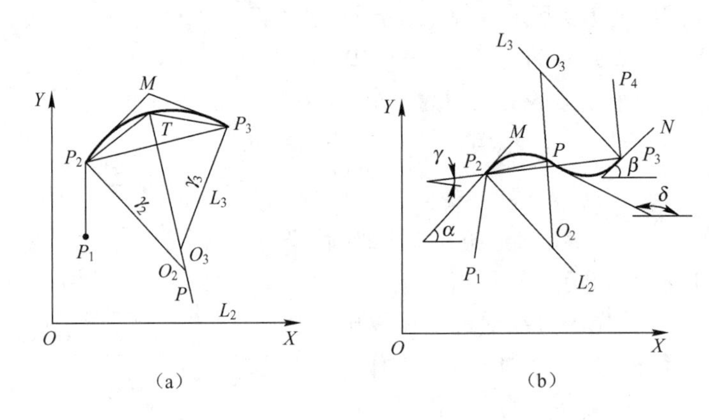

图 2–21　双圆弧法内、外切圆的逼近

当连续的 4 个列表点中的第 1 点和第 4 点在中间两点的连线异侧或其中一点在连线上时，可用两段外切的圆弧来逼近，如图 2–21（b）所示。图中过 P_2 和 P_3 两点的彼此相外切的圆弧是通过 P_1、P_2、P_3 和 P_4 四个列表点来确定的。

3. 样条函数法

样条函数是模拟得出的一个分段多项式的函数。利用样条函数插值法对列表曲线进行逼近，是近十多年来发展起来的新的拟合方法。目前生产中常用的有三次样条、圆弧样条、双圆弧样条及 B 样条等方法。

【三次样条函数拟合】 三次样条函数是用 4 个相邻列表点建立的样条函数。曲线通过所有列表点，并且在列表点处具有一阶和二阶连续导数，所以三次样条函数在列表点处光滑性好。三次样条函数是一种较好的拟合方法，在此基础上还可以进行第二次拟合，使其逼近效果更佳，因此应用较广泛。在使用三次样条函数时，应注意两点：一是对于大挠度的情形用给定坐标系下各列表点坐标作为三次样条，可能会出现多余的拐点；二是三次样条是一个三次多项式，不具有几何不变性。

【圆弧样条拟合】 所谓圆弧样条就是使用圆弧这个最简单的二次曲线，利用样条的概念而产生的圆弧样。在平面上给出 $n+1$ 个点 $P_i(i=1,2,\cdots,n)$，要求过每一点作一段圆弧，并使其相邻两个圆弧相切于相邻两个节点的弦的垂直平分线上。圆弧样条曲线总体是一阶导数连续的，分段是等曲率圆弧。圆弧样条曲线采用局部坐标系，坐标原点为一个列表点，X 方向与弦线方向一致，所以可应用在大挠度的情形，如图 2–22 所示。

另外，由于整个曲线都是由一些圆弧相切而成的，因此计算较为简单。

圆弧样条与双圆弧和三次样条相比，有如下特点。

- ☺ 圆弧样条由 n 段圆弧组成（设有 n 个列表点），并且圆弧样条在给出点两侧是同一圆弧。
- ☺ 当曲线有拐点时，圆弧样条要分段处理；圆弧样条适合于光滑性阶数较低的曲线和大挠度的情形，且在计算过程中稳定性较高。

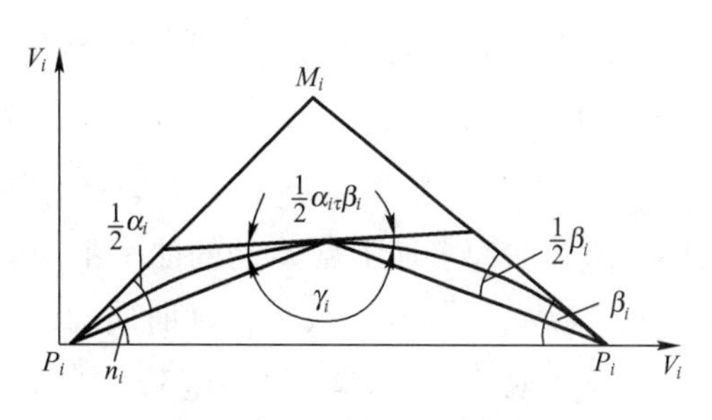

图 2-22　圆弧样条函数法

- ☺ 圆弧样条的一阶导数是连续的，而二阶导数是不连续的，但要控制二阶导数不要变化太大，且希望逐渐变化，以满足零件轮廓的设计要求。

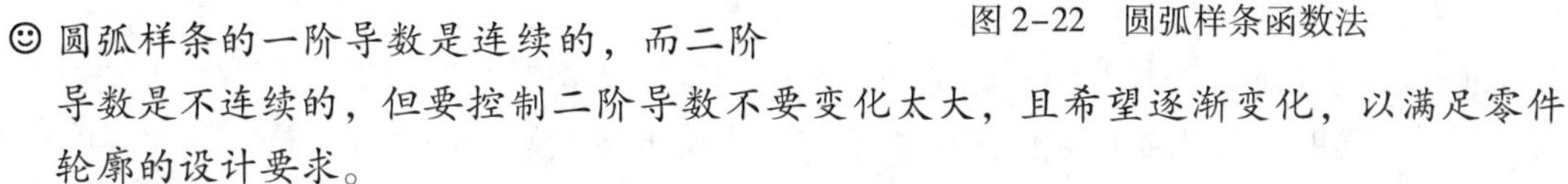

- ☺ 该方法仅限于描述平面曲线，不适合于描述空间曲线。

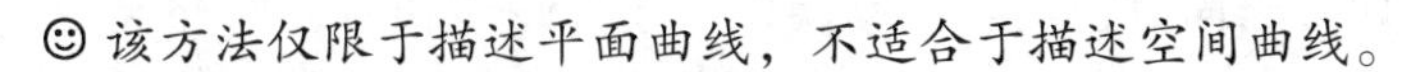

2.4.4　空间曲面的加工

在实际生产中，有较多的零件轮廓是以三维的坐标点（x_i，y_i，z_i）表示的空间立体曲面，具体可分为能用方程表示的立体曲面（解析曲面）和自由曲面（列表曲面）。尤其对于自由曲面，数控加工的难度较大，因为自由曲面的数据处理较为复杂、麻烦，编程时首先要确定自由曲面的数学模型，然后才能按解析曲面进行编程的数值计算。

无论是解析曲面还是自由曲面，在加工中都要根据曲面的形状、刀具的形状及精度的要求采用不同的铣削方法。

1. 三坐标数控加工

三坐标数控加工通常分为两种情况，一种是采用两坐标联动的三坐标加工，即机床有两个坐标轴联动，第 3 个坐标独立地等距周期进给，刀具的中心轨迹为平面曲线，这种加工方法常称为坐标加工；另一种是采用三坐标联动加工，即数控机床的 3 个坐标轴是联动的，与被加工面相切的切线为平面曲线，刀具中心轨迹为空间曲线。第一种情况常用于加工不太复杂的空间曲面零件，而第二种情况则常用于加工较为复杂的空间曲面零件，如发动机叶片等。

无论是采用两坐标联动三坐标加工还是采用三坐标联动加工，一般都采用球头铣刀以行距法来加工，即曲面由球头铣刀逐行地进行加工，加工完一行后，铣刀便沿一个坐标方向移动一个给定的行距，直至整个曲面加工完为止，如图 2-23 所示。

采用行距法进行加工时，行距和步长的大小都会影响零件曲面的精度、表面粗糙度和程序段的长度。行距法加工时的行距计算示意图如图 2-24 所示。用球头铣刀加工复杂立体曲面时，刀痕在行间构成加工表面的不平度 h，称为切痕量。

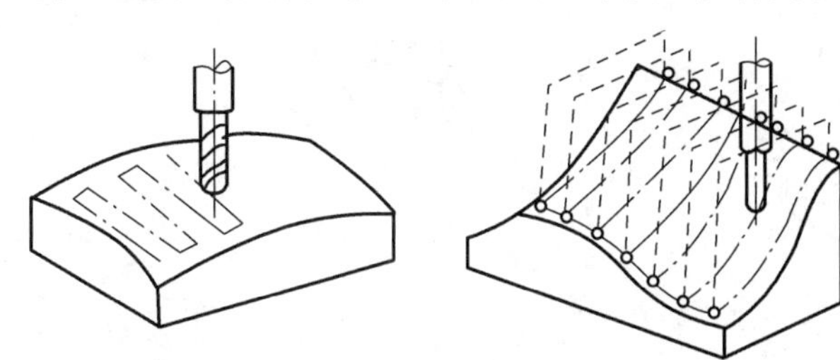

图 2-23　空间曲面的行距法加工示意图

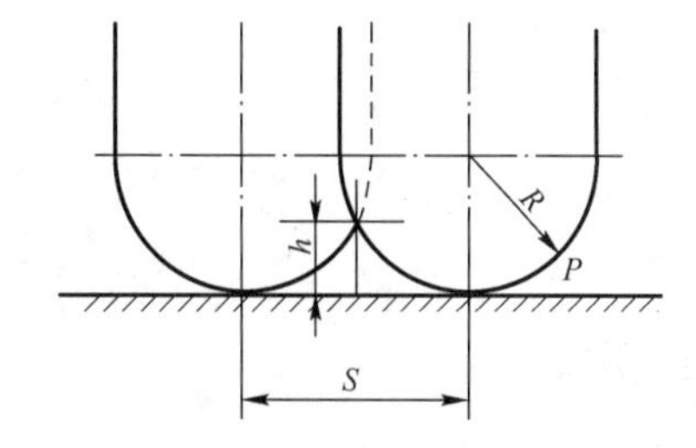

图 2-24　行距法加工时的行距计算示意图

若允许表面不平度为 $h_{允}$，则行距 S 为

$$S=2\sqrt{2R_P h_{允}}\quad（平面）$$

$$S=\pm 2\sqrt{2R_P h_{允}}\quad（曲面）$$

式中，R_P为曲面上加工点 P 处的曲率半径。加工凸曲面时，式中取“+”号；加工凹曲面时，式中取“-”号。实际上，曲面的曲率半径为一个变量，如果曲面半径差别不大时，在实际编程中可以曲率最大处为标准，然后根据表面粗糙度要求及球头铣刀半径值计算出行距 S，最后采用等行距法来编制程序，或者分区、分行距进行加工。

步长 L 的确定方法与两坐标轮廓加工时的确定方法相同。但应指出，当球头铣刀以直线步长加工曲面时，由于零件轮廓法向矢量的变化使进给矢量方向改变，从而使实际的插补误差不等于计算步长时的误差。加工凸面时，实际插补误差大于计算步长时的插补误差，如图 2-25 所示；加工凹面时，实际插补误差小于计算步长时的插补误差，如图 2-26 所示。

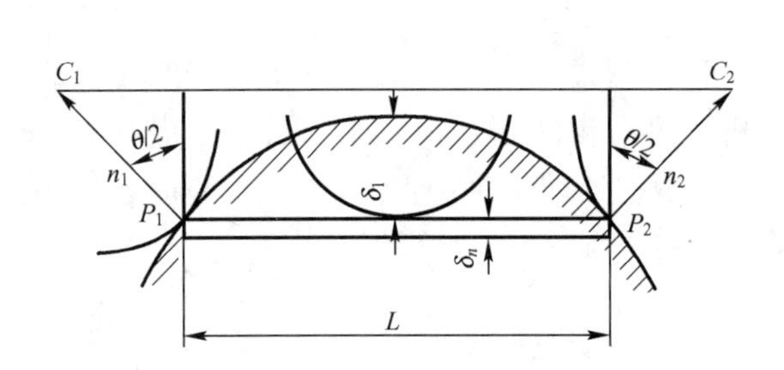

图 2-25　凸面加工时的计算误差和插补误差

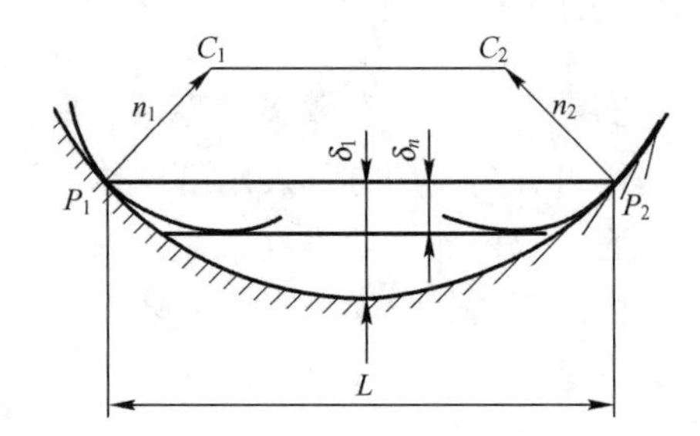

图 2-26　凹面加工时的计算误差和插补误差

2. 五坐标数控加工

对于某些立体曲面的零件（如凹型面立体零件）在采用三坐标的行距法进行加工时，刀具与加工表面及约束面会发生干涉或碰撞现象，而采用五坐标加工时，刀具可根据加工表面的临界线或约束面进行控制，所以加工的效果较好。五坐标数控铣床用端铣刀加工立体曲面时，不仅可以提高零件加工精度和生产率，而且可以使刀具的使用成本降低。特别是在大型复杂的曲面加工中，如各种形状的大型叶片、大型水轮机转轮及某些大型曲面零件和模具等，应用都非常广泛。

图 2-27 所示的是用端铣刀在五坐标联动数控机床上加工螺旋桨的例子。为了加工出叶

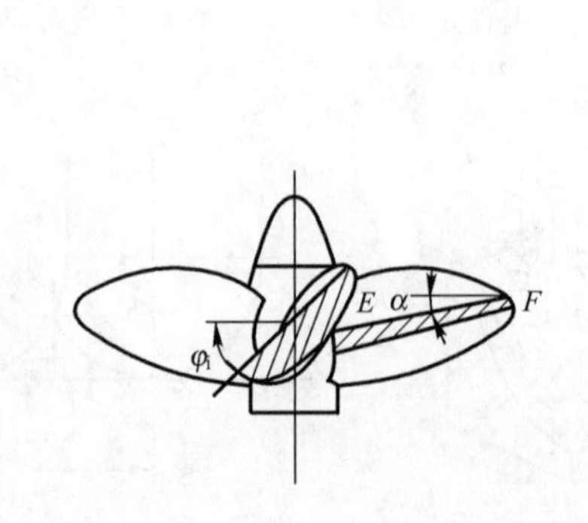

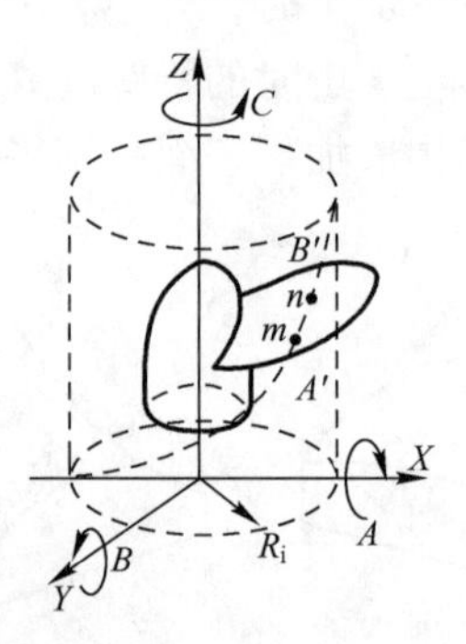

图 2-27　五坐标联动加工实例

片的形状（实际上 $A'B'$ 为螺旋线），要采用 Z 坐标、C 坐标和 X 坐标。为了保证铣刀端面与曲面法矢量垂直，铣刀还应做螺旋升角中 φ_i（坐标 A）与后倾角 α（坐标 B）上的摆动运动。在摆动的同时，还有 X 向及 Z 向的附加位移，以保持铣刀端面中心位于切削点的位置，因此叶面的加工需要 X、Z、A、B、C 五个坐标联动来完成。

五坐标数控机床用端铣刀加工立体曲面时，也可采用行距法来实现。其行间距与被加工零件的表面不平度要求有关，如图 2-28 所示。首先求出 B 点坐标值（可用平面零件节点的算法求出），然后即可求出 S。由于 B 点的曲线法矢量方向与 A 点的法矢量方向不同，因此这种算法是一种近似算法。同时还需要检验Ⅰ—Ⅱ正截面间其他各节点的 h 值是否超差，以及刀具半径能否使两个加工面搭接。

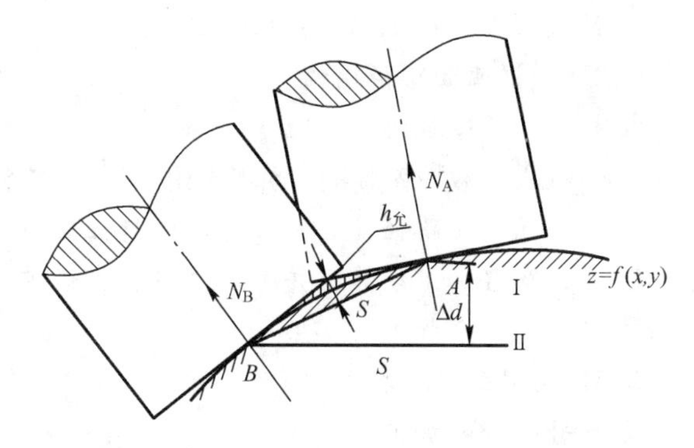

图 2-28　端铣刀行距法加工时的行间距

2.5　计算机辅助数控编程

计算机技术的发展带动了计算机数控技术的不断发展。新材料、新工艺的出现，更增强了数控机床的工作特性，这就需要数控机床能够实现越来越多的复杂加工工作，特别是在模具、航天及军事领域，因此产生了利用计算机进行数控编程的技术。实际上，计算机辅助数控编程技术是计算机辅助制造（CAM）的核心技术，是 CAD/CAM/ DNC/CNC 的关键组成部分。计算机数控编程必须利用 CAD 技术进行计算机辅助设计，然后利用 CAM 技术进行数控编程，再通过 DNC 技术传送到 CNC 数控机床进行数控加工，从而完成整个复杂的数控加工过程。

1. 计算机辅助数控加工程序的编制

计算机辅助数控编程早期都是应用小型机来实现的，后来才发展为利用 PC 来编程。利用 PC 进行计算机辅助编程的软件较多，其中 Mastercam 软件应用最为广泛，它基于线框架结构。随着计算机技术、信息技术的不断发展，现在基于线框架和实体建模的软件不断出现，计算机数控编程的速度也越来越快。

由于基于线框架结构的计算机软件比较适合于中小企业，因此本书主要介绍这类计算机辅助数控编程技术。

计算机数控编程分为车削类和铣削类（包括加工中心）编程。车削类有两坐标车削和带 C 轴的车削的计算机编程；铣削类有两坐标联动、三坐标联动和五坐标联动铣削计算机编程。由于铣削应用比较广，而且比较复杂，所以本书主要介绍数控铣削计算机辅助编程。

两坐标铣削类的计算机辅助数控编程主要包括以下功能。

☺ 2D 外形路径的铣削编程。

☺ 2D 控制路径，以及有“岛屿”可设定来回切削和环形切削。

☺ 钻孔循环路径编程。

☺ 单一曲面路径编程（粗加工和精加工）。

☺ 直纹曲面（RU LE）路径编程。

☺ 昆氏曲面（Coons）路径编程。

☺ 2D 扫描曲面路径编程。

☺ 投影曲面路径编程。

三坐标联动数控铣削的计算机辅助编程主要包括以下功能。

☺ 单一面加工路径计算，并可以进行五轴设定。

☺ 直纹路径加工计算，并可以进行五轴设定。

☺ 多面的复合加工。

☺ 3D 扫描路径的加工。

☺ 举升路径的加工。

☺ 昆氏路径的加工。

☺ 复合曲面投影式加工。

无论是两坐标还是三坐标的铣削加工计算机辅助编程，首先必须明确要加工的实体所具有的特征，以此来决定使用何种方法进行加工。

一般计算机编程都有一组 NC 的通用参数和其他多组特定的 NC 参数，如 2D 轮廓的加工有轮廓加工的参数，3D 昆氏曲面加工有昆氏曲面加工的参数。

通用参数的设定一般主要包括以下功能。

☺ 刀具特性的设定，包括刀具名称、刀具号码、刀具形状、刀具材料等。

☺ 机床特性的设定，包括快速移动速度、进给速度、安全高度、下刀点、主轴转速等。

☺ 编程方式的设定，包括程序号、刀位补偿方式、坐标系的设定等。

☺ 其他加工材料的设定，如刀具切入/切出的设定、粗切裕量、粗切次数等。

设定好各种参数和选择加工的实体后，就可以进行计算机编程了。计算机自动进行加工表面的计算，同时进行刀具路径的检测，以及判断有无刀具过切现象的发生。

编程完成后，对加工路径还可以进行修剪、调整、镜像、旋转、补正处理。一切都完成无误后，可以进行需要的后置处理，完成编程任务，实现计算机辅助编程。程序编制好后，还能进行删除、保留等编辑处理。

2. 计算机辅助编程的后置处理

简单地说，后置处理就是要转换 CAM 的刀具路径为各种 CNC 数控系统的专用控制码。因为市场上的 CNC 控制器种类繁多，所以后置处理程序也就因其不同的功能而有不同的程序产生。为了解决众多控制器的不同需求，因此后置处理程序的应用灵活性也就显得特别重要。

在此主要讲述 Mastercam 所提供的万用后置程序产生器（Mark a Postprocessor，MP），即制作一个后置处理程序。

一个完整的后置处理应该包括两个文件，即 CNC 数控系统的可执行文件和可编辑修改的文件（PST）。PST 文件提供了所有可供修改的资料，一般而言，不同的控制器仅需修改这个文件就可以产生另外一个新的控制器的后置程序，而且所有 CAM 系统内定值也都在这个文件中设定。

刀具路径文件也称为中间文件。因为 CAM 在计算出刀具补偿及其加工轨迹后，会产生一个中间文件，使用者再根据这个中间文件选定所使用的 CNC 控制器的专用后置处理程序，经过它解释为该 CNC 控制器的专用 CNC 控制码，其流程如图 2-29 所示。由图可知，刀具路径文件仅需要产生一次就可以选择不同的控制器，从而后置处理成不同的 NC 控制码，因此其灵活性相当高。因为每台机器所行走的刀具轨迹都是一样的，只是接受的代码不一样，如对于直线运动而言 FANUC 系统的命令为“G01”，但 Heidenhein 的系统却为“L”，其他所有的 X、Y、Z 坐标都一样，所以大体而言，要变更后置处理程序的形式并不是很困难。

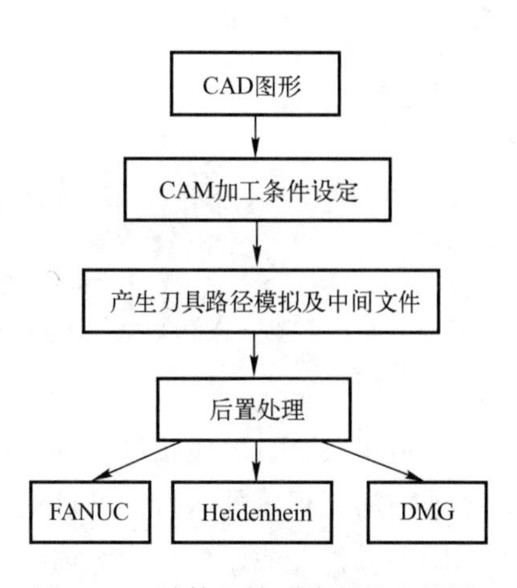

图 2-29　计算机辅助编程的流程图

当执行后置处理程序时，系统会进行以下处理。

（1）读取 PST 文件，此时系统会先读取系统内定的后置处理程序，该文件包含各种变量格式及定义的输出形式。

（2）开启 NC 的程序文件。

（3）读取中间文档，并将其写成 NC 程序档，然后关闭所有文件。

习题

（1）什么是数控加工编程？

（2）数控加工的工艺分析目的是什么？包括哪些内容？

（3）准备功能指令（G 代码）与辅助功能指令（M 代码）在数控编程中的作用分别是什么？

（4）对刀点的选取对编程有何影响？

（5）已知一条直线的起点坐标为（20，-10），终点坐标为（10，20），试写出绝对坐标和增量坐标两种坐标系下的直线插补程序。

（6）如图 2-30 所示，圆弧的起点为 A，试用某种圆弧插补的编程格式编写加工该圆弧的程序。

（7）在一个具有直线插补功能的数控机床上加工如图 2-31 所示的零件，试用等步长法确定加工曲线段时的插补步长，并计算出第一节点的坐标（插补误差 $\delta_{允} = 0.02$，起点为 O）。

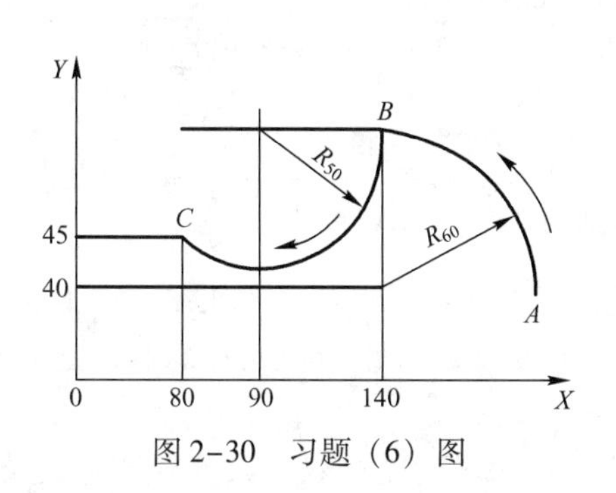

图 2-30　习题（6）图

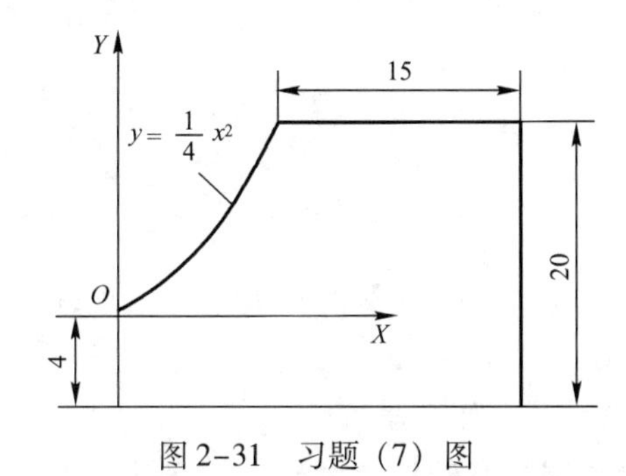

图 2-31　习题（7）图

第3章　数控车床编程（基于 FANUC 0i 系统）

数控车床是目前应用最广泛的数控机床之一，主要用于加工轴类、盘类等回转体零件。通过数控加工程序的运行，可自动完成内外圆柱面、圆锥面、成形表面、螺纹和端面等工序的切削加工，并能进行车槽、钻孔、扩孔、铰孔等工作，主切削运动是工件的旋转，工件的成形则由刀具在过主轴中心的水平面内的插补运动保证。与普通车床相比，数控车床具有更强的通用性和灵活性，以及更高的加工效率和加工精度，特别适合复杂形状零件的加工。

3.1　数控车床的编程基础

1. 数控车床的编程特点

【工件坐标系】 数控车床以径向为 *X* 轴，纵向为 *Z* 轴。从主轴箱指向尾架的方向为 +*Z* 方向。对于刀架后置式的车床，*X* 轴正向由轴心指向后方，如图 3-1（a）所示；而对于刀架前置式的车床，*X* 轴的正向由轴心指向前方，如图 3-1（b）所示。由于车削加工是围绕主轴中心前后对称的，因此无论是前置式的还是后置式的，*X* 轴指向前、后对编程来说并无多大差别。本章的编程绘图都按图 3-1（b）所示的前置式方式表示。

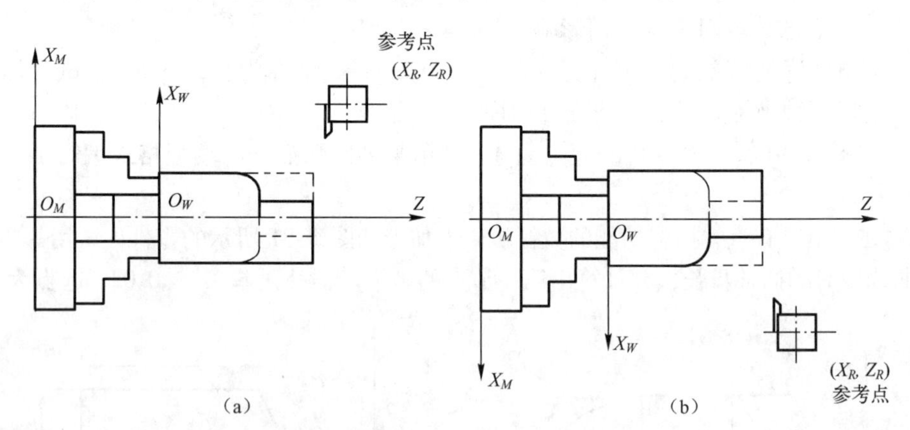

图 3-1　数控车床的坐标系

【X 和 Z 坐标指令】 按绝对坐标编程时，使用代码 X 和 Z；按增量坐标编程时，使用代码 U 和 W。在零件的程序或程序段中，可以按绝对坐标编程或增量坐标编程，也可以用绝对坐标与增量坐标混合编程。

【直径编程方式】 由于车削加工图样上的径向尺寸及测量的径向尺寸使用的是直径值，

因此在数控车削加工的程序中输入的 X 及 U 的坐标值也是直径值，即按绝对坐标编程时，X 为直径值，按增量坐标编程时，U 为径向实际位移值的 2 倍。采用直径尺寸编程与零件图样中的尺寸标注一致，这样可以避免尺寸换算过程中可能造成的错误，给编程带来很大的方便。

2. 数控车床加工工艺概述

数控车床的车削与普通车床加工零件所涉及的工艺问题大致相同，处理方法也没有多大差别。从装夹到加工完毕的每个工步的加工过程都要十分清晰，还要考虑每个工步的切削用量、走刀路线、位置、刀具尺寸等比较广泛的问题，因此要根据数控车床的特性、运动方式合理制定零件加工工艺。加工工艺处理工作的好坏，不仅会影响机床效率的发挥，而且将直接影响到零件的加工质量。加工工艺处理的工作内容主要有制订加工方案、确定切削用量、制订补偿方案等。

1）夹具　要充分发挥数控车床的加工效能，工件的装夹必须快速，定位必须准确。数控车床对工件的装夹要求为，首先应具有可靠的夹紧力，以防止工件在加工过程中松动；其次应具有较高的定位精度，并便于迅速和方便地装、拆工件。数控车床主要用三爪卡盘装夹，其定位方式主要采用心轴、顶块、缺牙爪等方式，与普通车床的装夹定位方式基本相同。

2）刀具　车床主要用于回转表面的加工，如内外圆柱面、圆锥面、圆弧面、螺纹等切削加工。图 3-2 所示为常用车刀的种类、形状和用途。

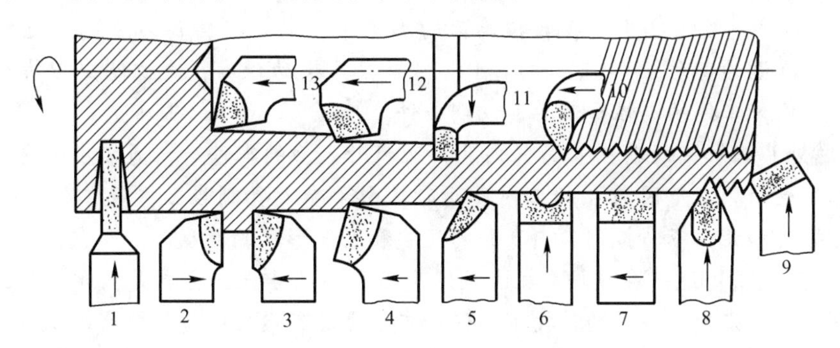

1—切槽（断）刀；2—90°反（左）偏刀；3—90°正（右）偏刀；4—弯头车刀；5—直头车刀；6—成形车刀；7—宽刃精车刀；8—外螺纹车刀；9—端面车刀；10—内螺纹车刀；11—内切槽车刀；12—通孔车刀；13—不通孔车刀

图 3-2　常用车刀的种类、形状和用途

数控车削常用的车刀一般分为 3 类，即尖形车刀、圆弧形车刀和成形车刀。

【尖形车刀】以直线形切削为特征的车刀一般称为尖形车刀。这类车刀的刀尖（同时也是其刀位点）由直线形的主、副切削刃构成，如 90° 内/外圆车刀、左/右端面车刀、切断（车槽）车刀及刀尖倒棱很小的各种外圆和内孔车刀。

【圆弧形车刀】圆弧形车刀是较为特殊的数控加工用车刀，其特征是构成主切削刃的刀刃形状是一个圆度或线轮廓误差很小的圆弧，该圆弧刃每一点都是圆弧形车刀的刀尖，因此刀位点不在圆弧上，而在该圆弧的圆心上。圆弧形车刀可以用于车削内、外表面，特别适宜于车削各种光滑连接（凹形）的成形面。

【成形车刀】成形车刀俗称样板车刀，加工零件的轮廓形状完全由车刀刀刃的形状和尺寸来决定。数控加工中应尽量少用或不用成形车刀。

车刀安装得正确与否，将直接影响切削能否顺利进行和工件的加工质量。安装车刀时，应注意下列4个问题。

☺ 车刀装在刀架上，伸出部分不宜太长，伸出量一般为刀杆高度的1～1.5倍。伸出过长会使刀杆刚性变差，切削时易产生振动，影响工件的表面粗糙度。

☺ 车刀垫铁要平紧，数量要少，垫铁应与刀架对齐。车刀一般要用两个螺钉压紧在刀架上，并逐个轮流旋紧。

☺ 车刀刀尖应与工件轴线等高。

☺ 车刀刀杆中心线应与进给方向垂直，否则会使主偏角和副偏角的实际工作角度发生变化，从而产生误差。

3）制订加工方案 数控车床的加工方案包括制定工序、工步及走刀路线等。制定加工方案的一般原则为先粗后精、先近后远、先内后外、程序段最少、走刀路线最短和特殊情况特殊处理等。

【先粗后精】在车削加工中，应先安排粗加工工序。在较短的时间内，将毛坯的加工裕量去掉以提高生产效率，同时应尽量满足精加工的裕量均匀性要求，以保证零件的精加工质量。在数控车床的精车加工工序中，最后一刀的精车加工应一次走刀连续加工而成，加工刀具的进刀、退刀方向要考虑妥当，应尽可能不在连续的轮廓中安排切入和切出或停顿，以免因切削力的突然变化而造成弹性变形，使光滑连接的轮廓上产生表面划伤，或者滞留刀痕及尺寸精度不一等缺陷。

【先近后远】一般情况下，在数控车床的加工中，通常安排离刀具起点近的部位先加工，离刀具起点远的部位后加工，这样可以缩短刀具移动距离，减少空走刀次数，提高效率，也有利于保证工件的刚性，改善其切削条件。

【先内后外】在加工既有内表面（内孔）又有外表面的零件时，通常应先安排加工内表面，后加工外表面。这是因为在加工内表面时，由于受刀具刚性较差及工件刚性不足的影响，会使其振动加大，不易控制其内表面的尺寸和表面形状的精度。

【走刀线路最短】这是在数控车床上确定走刀线路的重点，主要是指粗车加工和空运行的走刀线路。在保证加工质量的前提下，使加工程序具有最短的走刀路线不仅可以节省整个加工过程的时间，而且还能减少车床的磨损等。

4）切削用量与切削速度 数控车床加工中的切削用量是表示机床主体的主运动和进给运动速度大小的重要参数，包括切削深度、主轴转速和进给速度。在加工程序的编制工作中，选择好切削用量，使切削深度、主轴转速和进给速度三者间能互相适应，形成最佳切削参数，是工艺处理的重要内容之一。

【切削深度的确定】在车床主体—夹具—刀具—零件这一系统刚性允许的条件下，尽可能选取较大的切削深度，以减少走刀次数，提高生产效率。当零件的精度要求较高时，则应考虑适当留出精车裕量，其所留精车裕量一般比普通车削时所留裕量小，常取0.1～0.5mm。

【主轴转速的确定】除螺纹加工外，主轴转速的确定方法与普通车削加工时的一样，应根据零件上被加工部位的直径，并按零件和刀具的材料及加工性质等条件所允许的切削速度来确定。在实际生产中，主轴转速可用下式计算：

$$n = 1000\,v/\pi d$$

式中，n为主轴转速（r/min）；v为切削速度（m/min）；d为零件待加工表面的直径

(mm)。

在确定主轴转速时，需要首先确定其切削速度，而切削速度又与切削深度和进给量有关。

【进给量的确定】 进给量是指工件每转动一周，车刀沿进给方向移动的距离（mm/r），它与切削深度有着较密切的关系。粗车时一般取为 0.3 ～ 0.8mm/r；精车时常取 0.1 ～ 0.3mm/r；切断时宜取 0.05 ～ 0.2mm/r。

【切削速度的确定】 切削时，车刀切削刃上某一点相对待加工表面在主运动方向上的瞬时速度（v），即为切削速度，又称为线速度。

【车螺纹时主轴转速的确定】 在车削螺纹时，车床的主轴转速将受到螺纹的螺距（或导程）大小、驱动电动机的降频特性及螺纹插补运算速度等多种因素影响，因此对于不同的数控系统，推荐的主轴转速范围会有所不同。

5）编写数控加工专用技术文件　编写数控加工技术文件是数控加工工艺设计的内容之一。这些专用技术文件既是数控加工和产品验收的依据，也是操作者必须遵守和执行的规程。为了加强技术文件管理，数控加工专用技术文件也应标准化、规范化，但目前国内尚无统一标准。下面介绍常用的数控加工专用技术文件供参考，见表 3-1 和表 3-2。

表 3-1　数控加工刀具卡片

<table>
<tr><td colspan="2">产品名称或代号</td><td></td><td>零件名称</td><td></td><td>零件图号</td><td></td></tr>
<tr><td>序号</td><td>刀具号</td><td>刀具规格和名称</td><td>数　量</td><td>加工表面</td><td>刀尖半径/mm</td><td>备注</td></tr>
<tr><td></td><td></td><td></td><td></td><td></td><td></td><td></td></tr>
<tr><td></td><td></td><td></td><td></td><td></td><td></td><td></td></tr>
<tr><td></td><td></td><td></td><td></td><td></td><td></td><td></td></tr>
<tr><td></td><td></td><td></td><td></td><td></td><td></td><td></td></tr>
<tr><td></td><td></td><td></td><td></td><td></td><td></td><td></td></tr>
<tr><td>编制</td><td></td><td>审核</td><td></td><td>批准</td><td>共　页</td><td>第　页</td></tr>
</table>

表 3-2　数控加工工序卡片

<table>
<tr><td colspan="2" rowspan="2">单位名称</td><td rowspan="2"></td><td colspan="2">产品名称或代号</td><td colspan="2">零件名称</td><td colspan="2">零件图号</td></tr>
<tr><td colspan="2"></td><td colspan="2"></td><td colspan="2"></td></tr>
<tr><td colspan="2">工序号</td><td>程序编号</td><td colspan="2">夹具名称</td><td colspan="2">使用设备</td><td colspan="2">车间</td></tr>
<tr><td colspan="2"></td><td></td><td colspan="2"></td><td colspan="2"></td><td colspan="2"></td></tr>
<tr><td>工步号</td><td colspan="2">工步内容</td><td>刀具号</td><td>刀具规格/(mm)</td><td>主轴转速/(r/min)</td><td>进给转速/(mm/min)</td><td>被吃刀量/(mm)</td><td>备　注</td></tr>
<tr><td></td><td colspan="2"></td><td></td><td></td><td></td><td></td><td></td><td></td></tr>
<tr><td></td><td colspan="2"></td><td></td><td></td><td></td><td></td><td></td><td></td></tr>
<tr><td></td><td colspan="2"></td><td></td><td></td><td></td><td></td><td></td><td></td></tr>
<tr><td></td><td colspan="2"></td><td></td><td></td><td></td><td></td><td></td><td></td></tr>
<tr><td></td><td colspan="2"></td><td></td><td></td><td></td><td></td><td></td><td></td></tr>
<tr><td></td><td colspan="2"></td><td></td><td></td><td></td><td></td><td></td><td></td></tr>
<tr><td>编制</td><td></td><td>审核</td><td></td><td>批准</td><td colspan="2"></td><td>共　页</td><td>第　页</td></tr>
</table>

3.2 数控车床编程的基本指令

数控机床加工中的动作是加工程序中用指令的方式事先规定的，这些指令有准备功能G指令、辅助功能M指令、刀具功能T指令、主轴功能S指令和进给功能F指令等。目前，我国使用的各种数控机床和数控系统中，指令代码定义尚未完全统一，个别G指令或M指令在不同系统中的含义不完全相同，甚至完全不同。因此，编程人员在编程前必须仔细阅读所使用数控系统的编程说明书。本书主要以FANUC 0i—T系统为例介绍数控车床编程。

3.2.1 FANUC 0i—T数控系统的指令表

FANUC 0i—T数控系统中常见的G指令和M指令功能见表3-3和表3-4。

表3-3 FANUC 0i—T数控系统中常见的G指令功能表

代码	组号	意义
G00 G01 G02 G03	01	定位 直线插补 圆弧插补（顺时针） 圆弧插补（逆时针）
G04	00	暂停
G20 G21		英制输入 公制输入
G27 G28	00	返回参考点检查 返回到参考点
G32	01	螺纹加工
G40 G41 G42	07	刀具补偿取消 左刀补 右刀补
G50	00	工件坐标系设定
G54 ～ G59	11	预置工件坐标系
G65	00	宏指令简单调用
G66 G67	12	宏指令模态调用 宏指令模态调用取消
G90 G92 G94	01	外径/内径切削固定循环 螺纹切削固定循环 端面切削固定循环
G96 G97	06	恒线速度控制 恒线速度控制取消
G98 G99	05	每分钟进给量 每转进给量
G70 G71 G72 G73 G76	00	精加工循环 外径/内径粗车复合循环 端面粗车复合循环 闭环车削复合循环 复合螺纹切削循环

表3-4 FANUC 0i—T数控系统中常见的M指令功能表

指令	功能	说明
M00	程序暂停	执行M00后，机床所有动作均被切断，重新按下程序启动按扭后，再继续执行后续的程序段
M01	任选暂停	执行过程与M00相同，只是在机床控制面板上的“任选停止”开关置于接通位置时，该指令才有效
M02	主程序结束	切断机床所有动作，并使程序复位
M03	主轴正转	
M04	主轴反转	
M05	主轴停止	
M07	切削液开	

续表

指　　令	功　　能	说　　明
M09	切削液关	
M98	调用子程序	其后 P 地址指定子程序号，L 地址指定调用次数
M99	子程序结束	子程序结束并返回到主程序中 M98 所在程序行的下一行

3.2.2　数控车床的 F、S、T 功能

1. F 功能

F 功能用于控制切削进给量。在程序中，有每转进给量和每分钟进给量两种使用方法。

1）每转进给量（G99）　编程格式如下：

```
G99 F_;
```

F 后面的数字表示的是主轴每转进给量，单位为 mm/r。如“G99 F0.2”表示进给量为 0.2 mm/r。G99 为模态指令，在程序中指定后，直到 G98 被指定前一直有效。机床通电后，该指令为系统默认状态。

2）每分钟进给量（G98）　编程格式如下：

```
G98 F_;
```

F 后面的数字表示的是每分钟进给量，单位为 mm/min。如“G98 F100”表示进给量为 100mm/min。G98 也为模态指令。

2. S 功能

S 功能用于控制主轴转速。在程序中，有恒线速度控制和恒转速控制两种使用方法，并可以限制主轴最高转速。

1）主轴最高转速限制（G50）　编程格式如下：

```
G50 S_;
```

S 后面的数字表示的是最高转速，单位为 r/min。如“G50 S3000”表示最高转速限制为 3000r/min。该指令可防止因主轴转速过高或离心力太大产生危险并影响机床寿命。

2）恒线速度控制（G96）　编程格式如下：

```
G96 S_;
```

S 后面的数字表示的是恒定的线速度，单位为 m/min。如“G96 S150”表示切削点线速度控制在 150 m/min。该指令用于车削端面或工件直径变化较大时，可改善加工质量。

恒线速控制和恒转速控制的关系为

$$n(\text{恒转速值}) = 1000 \times 150(\text{恒线速度值}) \div (\pi \times \text{工件直径})$$

3）恒线速度控制取消（G97）　编程格式如下：

```
G97 S_;
```

S 后面的数字表示恒线速度控制取消后的主轴转速，若 S 未指定，将保留 G96 的最终

值。如“G97 S3000”表示恒线速度控制取消后，主轴转速为 3000r/min。

3. T 功能

T 功能指令用于选择加工所用的刀具。T 后面通常跟 4 位数字，前两位表示刀具号，后两位表示刀具补偿号，包含有 *X* 向补偿、*Z* 向补偿和刀尖圆弧半径补偿，如图 3-3 所示。

OFFSET/GEOMETRY　　　O0001 N00000

NO.	X	Z.	R	T
G 001	0.000	1.000	0.000	0
G 002	1.486	-49.561	0.000	0
G 003	1.486	-49.561	0.000	0
G 004	1.486	0.000	0.000	0

图 3-3　数控车床刀具补偿示例

编程格式如下：

Txxxx；

如“T0303”表示选用 3 号刀及 3 号刀具补偿值；“T0300”表示取消刀具补偿。

3.2.3　与工件坐标相关的指令

1. 工件坐标设定指令（G50）

工件坐标设定指令的功能是建立一个以工件原点为坐标原点的工件坐标系。

编程格式如下：

G50 X_　Z_；

该指令规定刀具起点相对于工件原点的位置，X、Z 为刀尖起刀点在工件坐标系中的坐标，所有 X 坐标值均使用直径值。如图 3-4 所示，分别设 O_1、O_2、O_3 为工件原点，则执行相应的程序后，系统建立相应的工件坐标系。

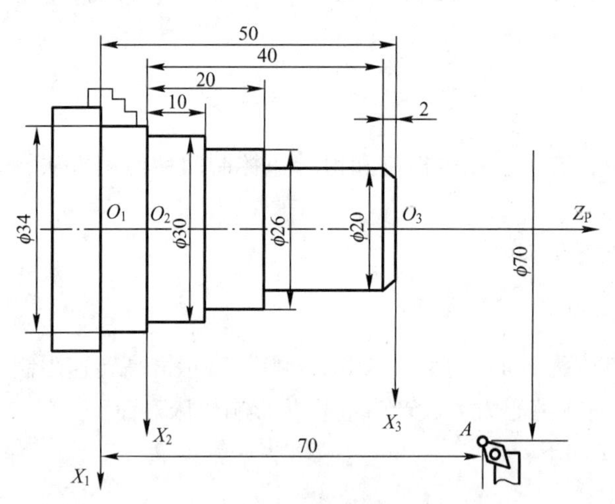

图 3-4　工件零点设定示例

若以 O_1 为工件坐标系原点，则程序为 G50 X70 Z70；

若以 O_2 为工件坐标系原点，则程序为 G50 X70 Z60；

若以 O_3 为工件坐标系原点，则程序为 G50 X70 Z20。

2. 预置工件坐标系（G54 ～ G59）

预置工件坐标系（G54 ～ G59）是先测定出工件坐标系原点在机床坐标系中的位置，将该偏置值通过参数设定的方式预置在机床参数数据库中，然后使用相应的 G54 ～ G59 指令激活此值，从而建立工件坐标系。数控系统均提供 G54 ～ G59 指令，可完成预置 6 个工件原点的功能。

3. 英制尺寸和公制尺寸（G20、G21）

工程图纸中的尺寸表示分为英制和公制两种形式，“G20”表示所有的几何值以英制输入，“G21”表示所有的几何值以公制输入。二者均为模态指令，系统通电后，系统默认为 G21 状态。

3.2.4　返回参考点（G28）和返回参考点检查（G27）

1. 返回参考点（G28）

G28 指令可使刀具以空行程速度从当前点返回机床有关参考点。

编程格式如下：

```
G28　X_　Z_;
```

执行 G28 指令时，刀具先快速移动到指令值所指定的中间点位置，然后自动返回参考点。其中 X、Z 以绝对坐标方式编程时是中间点的坐标值。在系统启动后，当没有执行手动返回参考点功能时，指定 G28 指令无效。G28 指令仅在其被规定的程序段有效。执行该指令前，应取消刀具补偿。

如图 3-5 所示，要求刀具从当前点 *A*，经中间点 *B*（160，200），返回到参考点 *R*。程序如下：

```
G90 G28 X160 Z200;
```

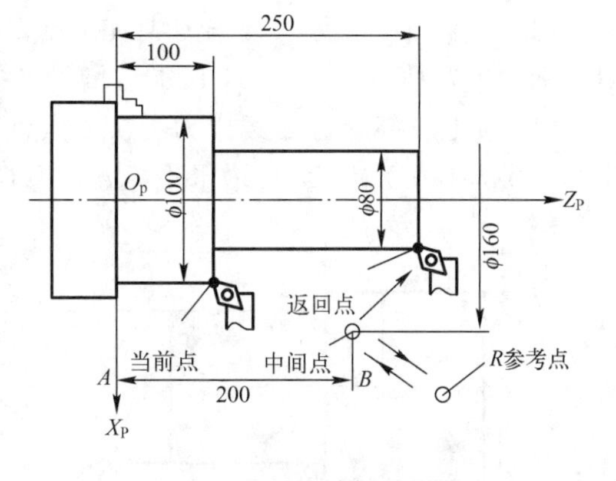

图 3-5　G28 功能应用示例

2. 返回参考点检查（G27）

G27 指令用于检查 *X* 轴和 *Z* 轴是否能正确返回参考点，其中 X、Z 表示指定参考点的坐标值。执行该指令后，各轴按指令中给定的坐标值快速定位，如果刀具到达参考点，参考点返回，灯点亮，否则报警，说明程序中指定参考点坐标值不对或机床定位误差过大。执行该指令前，也应取消刀具补偿。

3.2.5　与运动方式相关的 G 指令

1. 快速点定位（G00）

G00 指令的功能是使刀具以点位控制方式从刀具所在点快速移动到目标点。它只是快速定位，不进行切削加工，对中间空行程无轨迹要求，G00 指令的移动速度是机床设定的空行程速度，与程序段中的进给速度无关。

编程格式如下：

```
G00　X/U_　Z/W_;
```

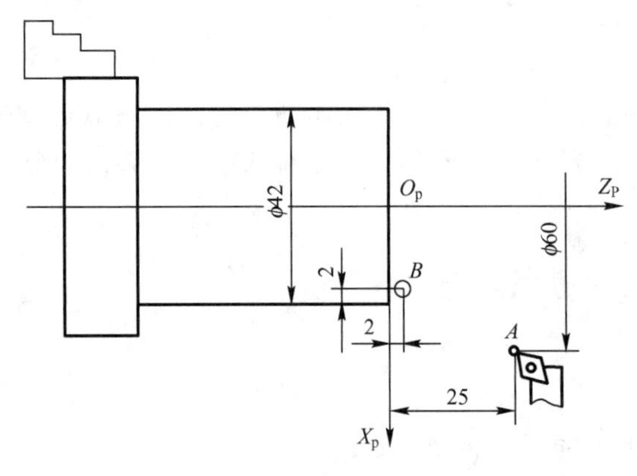

图3-6　G00功能示例

其中，指令中X/U、Z/W是目标点的坐标。

如图3-6所示，刀尖从换刀点（刀具起点）A快进到B点，准备车外圆，则编写的绝对坐标方式程序为G00 X38 Z2；增量坐标方式程序为G00 U－22 W－23。

2. 直线插补（G01）

G01指令的功能是使刀具按指定的进给速度，从所在点出发，直线移动到目标点。

编程格式：G01 X/U_　Z/W_　F_；
其中，X/U、Z/W是目标点坐标；F是进给速度。

（1）如图3-7所示，要求刀尖从A点直线移动到B点，完成车外圆，则加工程序：绝对坐标方式为G01 X24 Z－34 F200；增量坐标方式为G01 U0 W－36 F200。

（2）如图3-8所示，要求刀尖从A点直线移动到B点，完成割槽，则加工程序：绝对坐标方式为G01 X25 F50；增量坐标方式为G01 U－9 F50。

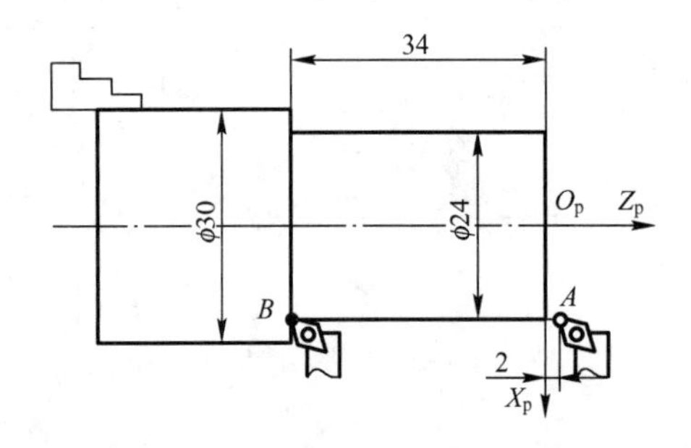

图3-7　G01功能应用——车外圆

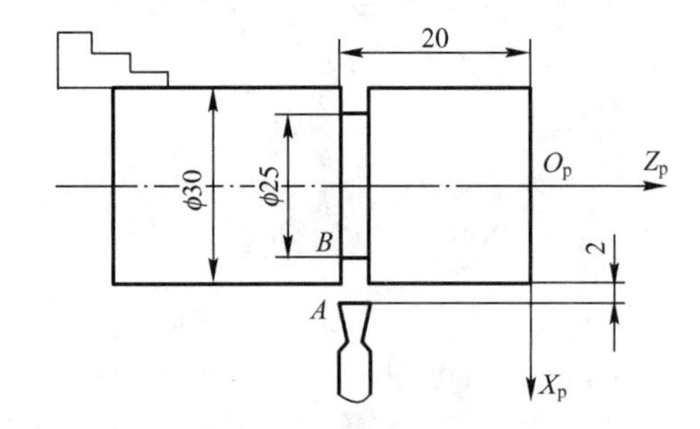

图3-8　G01功能应用——割槽

3. 倒角和圆角

倒角和圆角是在两个相邻轨迹的程序段之间插入直线倒角或圆弧倒角。

1）45°倒角　由轴向切削向端面切削倒角，即由Z轴向X轴倒角，i的正负根据倒角是向X轴正向还是负向来确定，如图3-9（a）所示。编程格式如下：

```
G01 Z(W) - I(C) ±i;
```

由端面切削向轴向切削倒角，即由X轴向Z轴倒角，k的正负根据倒角是向Z轴正向还是负向来确定，如图3-9（b）所示。编程格式如下：

```
G01 X(U) - K(C) ±k;
```

其中，X、Z值是两个相邻直线的交点，即假想拐角交点的坐标值。

2）任意角度倒角　在直线进给程序段尾部加上C_，可自动插入任意角度的倒角。C的数值是从假设没有倒角的拐角交点距倒角始点或与终点之间的距离，如图3-10所示。编程格式如下：

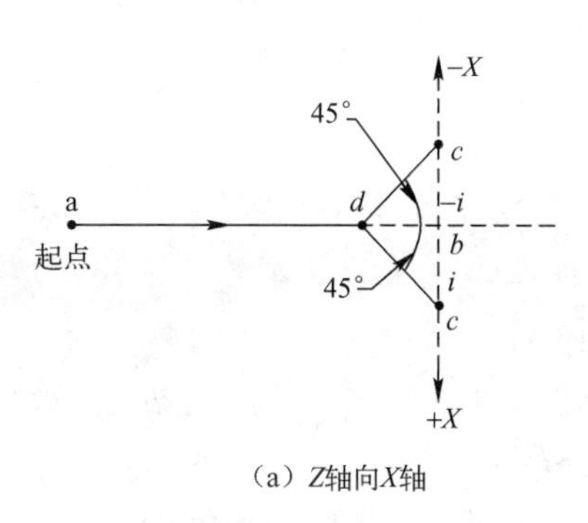

（a）Z轴向X轴

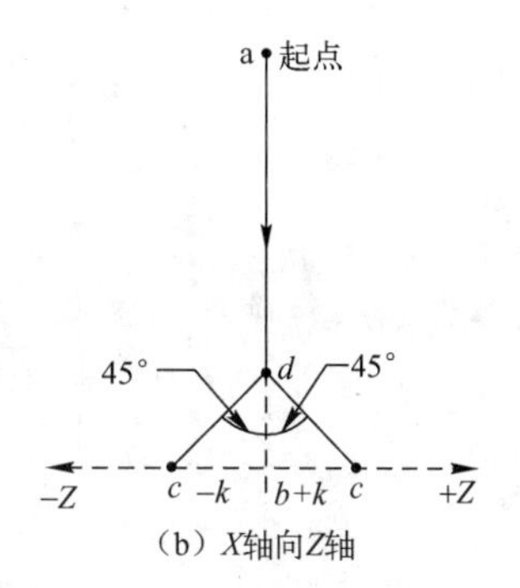

（b）X轴向Z轴

图 3-9　倒角

```
G01 X(U) - C±c;
```

示例如下：

```
G01 X50 C10;
X100 Z-100;
```

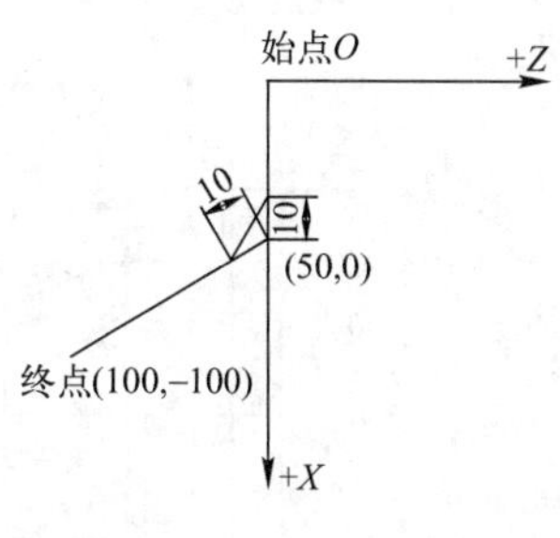

图 3-10　任意角度倒角

3）倒圆角　由轴向切削向端面切削倒角，即由 Z 轴向 X 轴倒角，r 的正负根据倒角是向 X 轴正向还是负向来确定，如图 3-11（a）所示。编程格式如下：

```
G01 Z(W) - R±r;
```

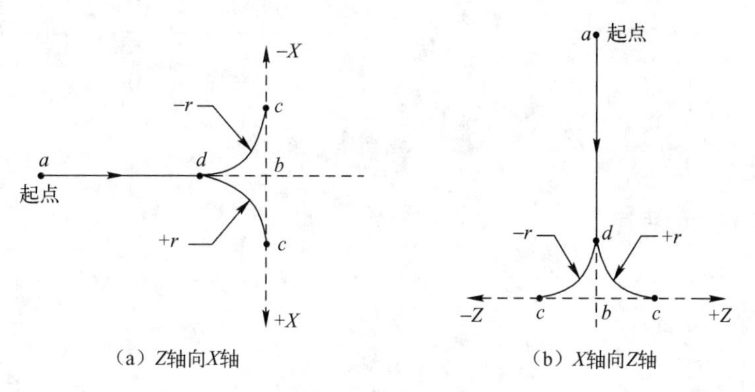

（a）Z轴向X轴　　（b）X轴向Z轴

图 3-11　倒圆角

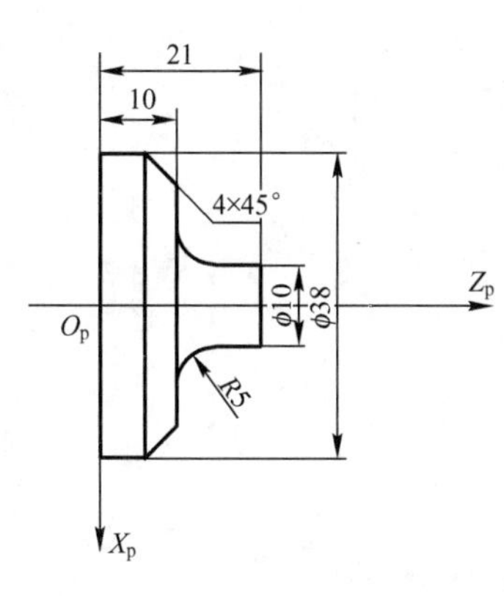

图 3-12　倒角和圆角功能示例

由端面切削向轴向切削倒角，即由 X 轴向 Z 轴倒角，r 的正、负是根据倒角向 Z 轴正向还是负向来确定的，如图 3-11（b）所示。编程格式如下：

```
G01 X(U) - R±r;
```

其中，X、Z 值是两个相邻直线的交点，R 值是倒圆的半径值。

对于图 3-12 所示的零件轮廓的程序如下：

```
G00 X10 Z22;
G01 Z10 R5 F0.2;
```

X38 K-4；

Z0；

【**例3-1**】图3-13所示零件的各加工面已完成了粗车，试设计一个精车程序。

（1）设工件零点和换刀点。工件零点 O_P 设在工件端面（工艺基准处），换刀点（即刀具起点）设在工件的右前方 A 点，如图3-13所示。

（2）确定刀具工艺路线。如图3-13所示，刀具从起点 A（换刀点）出发，加工结束后再回到 A 点，走刀路线为 $A \to B \to C \to D \to E \to F \to A$。

（3）计算刀尖运动轨迹坐标值。根据图3-13得各点绝对坐标值为：

$A(60,15)$、$B(20,2)$、$C(20,-15)$、$D(28,-26)$、$E(28,-36)$、$F(42,-36)$。

（4）编程。

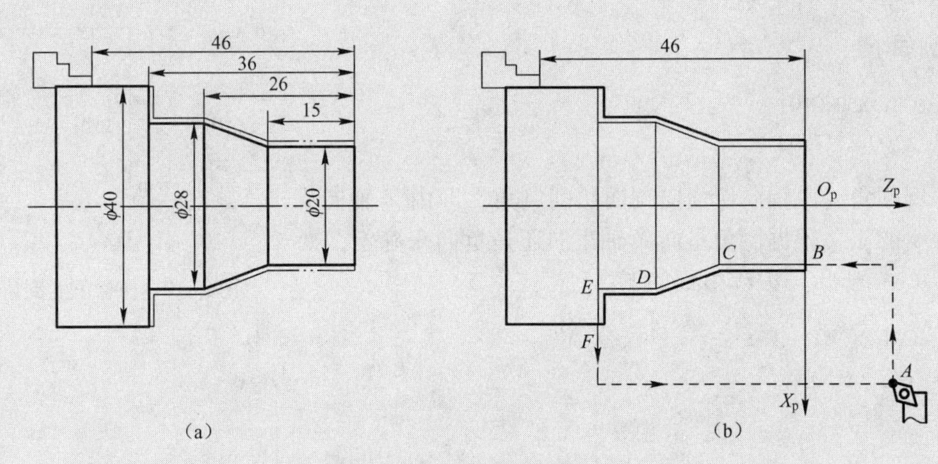

图3-13　G01功能应用示例

【绝对坐标方式的程序】

N10 G54 G21；	设工件零点 O_P
N20 G00 X60 Z15；	设换刀点（刀具起点）
N30 M03 S600；	主轴正转600r/min
N40 T0101；	换1号刀到位（A点）
N50 G00 X20 Z2；	刀具快进（$A \to B$）
N60 G01 Z-15 F60；	车外圆（$B \to C$）
N70 G01 X28 Z-26 F50；	车锥面（$C \to D$）
N80 G01 Z-36 F60；	车外圆（$D \to E$）
N90 G01 X42；	车平面（$E \to F$）
N100 G00 X60 Z15；	返回刀具起点
N110 M05；	主轴停转
N120 M02；	程序结束

【增量坐标方式的程序】

N10 G54 G90 G21；

N20 G00 X60 Z15；

```
N30 M03 S600;
N40 T0101;
N50 G00 X20 Z2;
N60 G91;
N70 G01 Z-17 F60;
N80 G01 X8 Z-11 F50;
N90 G01 Z-10 F60;
N100 G01 X14;
N110 G90;
N120 G00 X60 Z15;
N130 M05;
N140 M02;
```

4. 圆弧插补（G02、G03）

G02指令完成顺时针圆弧插补；G03指令完成逆时针圆弧插补。使用圆弧插补指令时，刀具以指定的加工速度F从圆弧起点，沿圆弧移动到圆弧终点。圆弧的顺、逆方向可按图3-14（a）给出的方向来判断：沿与圆弧所在平面（如*XOZ*）相垂直的另一坐标轴的负方向（如-*Y*）看出，顺时针为G02，逆时针为G03。

在数控车床上加工圆弧时，如果是刀架后置的车床，其坐标如图3-14（b）中的上图所示。如果为前置刀架，由于*X*轴和*Z*轴正方向的规定，*Y*轴的正向向下，使得在进行圆弧插补时，顺圆弧和逆圆弧的确定与我们的视觉正好相反，即车削逆圆弧时应用G02，车削顺圆弧时用G03，如图3-14（b）中的下图所示。

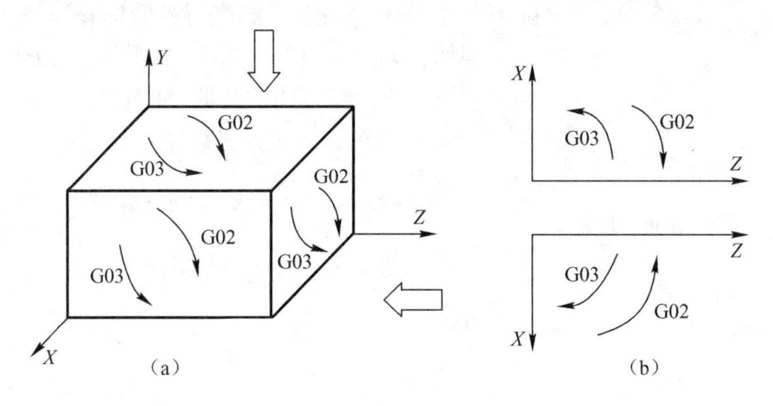

图3-14　圆弧方向的判断

常用的编程格式有两种，即使用圆心坐标编程和使用圆弧半径编程。

1）使用圆心坐标编程　编程格式如下：

```
G02 X/U_ Z/W_ I_ K_ F_;
G03 X/U_ Z/W_ I_ K_ F_;
```

其中，X/U、Z/W为圆弧终点坐标，既可以是绝对坐标，也可以是增量坐标；I和K表示圆心相对于圆弧起点的坐标值，I对应X轴，K对应Z轴，不论使用绝对坐标还是增量坐标，I、K均为增量值。一般用I、K值可作任意圆弧（包括整圆）插补，如图3-15所示。

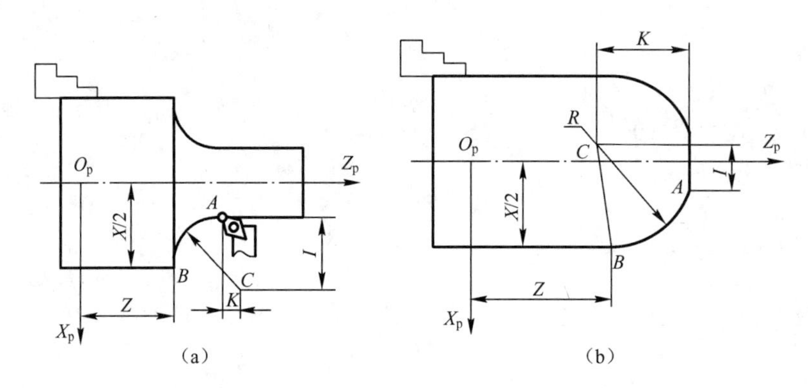

图3-15　圆弧插补指令说明

2）使用圆弧半径编程　编程格式如下：

G02 X_ Z_ R_ F_;
G03 X_ Z_ R_ F_;

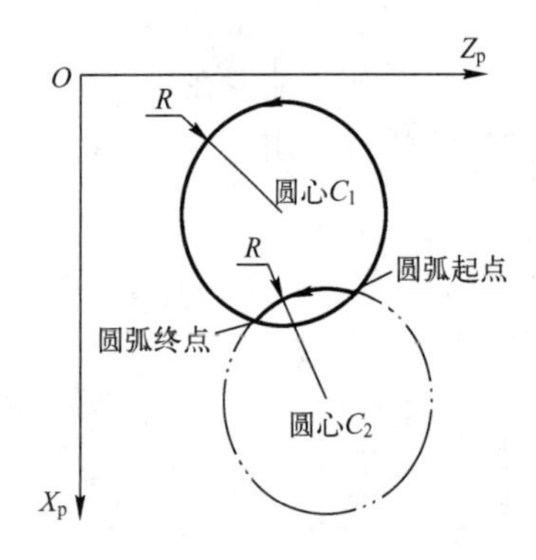

图3-16　用+R、-R指定圆弧

其中，X、Z为圆弧终点坐标，既可以是绝对坐标，也可以是增量坐标；R表示圆弧的半径。在相同半径下，从圆弧起点到终点有两个圆弧的可能性，如图3-16所示。为区分两者，用“+R”表示圆弧不大于180°，用“-R”表示圆弧不小于180°。一般不能进行整圆插补。

例如，如图3-17和图3-18所示，刀尖从圆弧起点A移动至终点B，编写的圆弧插补的程序段如下。

示例1的绝对坐标方式程序：

G03 X60 Z-25 I0 K-10 F150;

示例1的增量坐标方式程序：

G03 U20 W10 I0 K-10 F150;

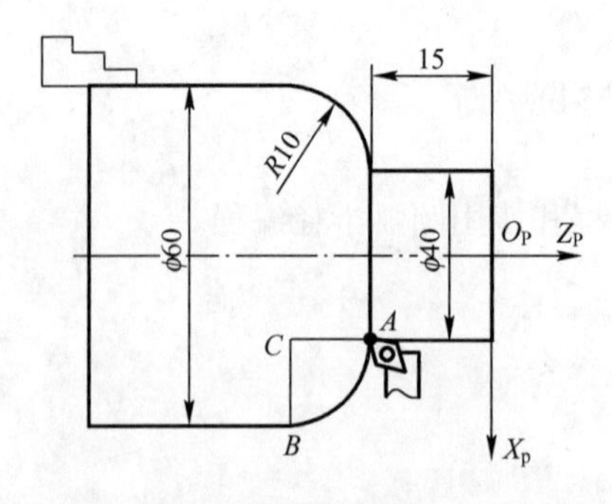

图3-17　圆弧插补指令应用示例1

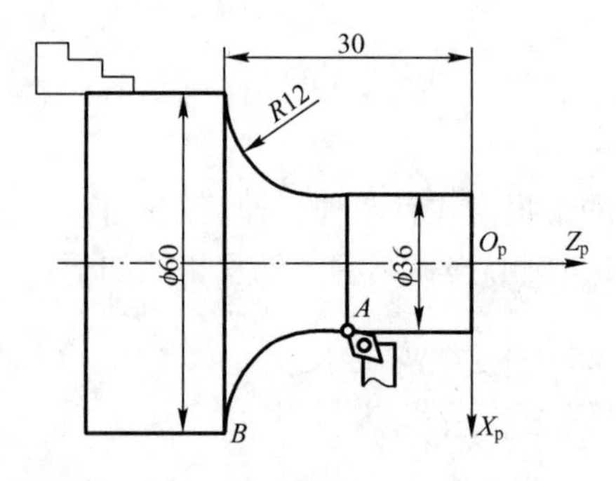

图3-18　圆弧插补指令应用示例2

示例 2 的绝对坐标方式程序：

```
G02 X60 Z-30 R12 F150;
```

示例 2 的增量坐标方式程序：

```
G02 U24 W-12 R12 F150;
```

5. 暂停指令（G04）

G04 指令可使刀具作短时间的停顿，实现无进给光整加工，一般适用于镗平面、锪孔、车槽等场合。编程格式如下：

```
G04 X_;
```

也可以采用如下格式：

```
G04 P_;
```

其中，X 用于指定时间，后面可用带小数点的数，单位为 s；P 用于指定时间，不允许用小数点，单位为 ms。如 G04 X1.0 或 G04 P1000，表示暂停 1s。

G04 指令用于车削沟槽或钻孔时，为使槽底或孔底得到准确的尺寸精度及光滑的加工表面，在加工到槽底或孔底时，做无进给光整加工。使用 G96 恒线速度切削轮廓，改成 G97 后，加工螺纹时可暂停适当时间，使主轴转速稳定后再执行车螺纹，以保证螺距加工精度要求。

3.2.6　刀尖圆弧自动补偿功能

编程时，通常都将车刀刀尖作为一点来考虑，但实际上刀尖处存在圆角，如图 3-19 所示。当用按理论刀尖点编制的程序进行端面、外径、内径等与轴线平行或垂直的表面加工时，是不会产生误差的；但在进行倒角、锥面及圆弧切削时，则会产生少切或过切现象，如图 3-20 所示。

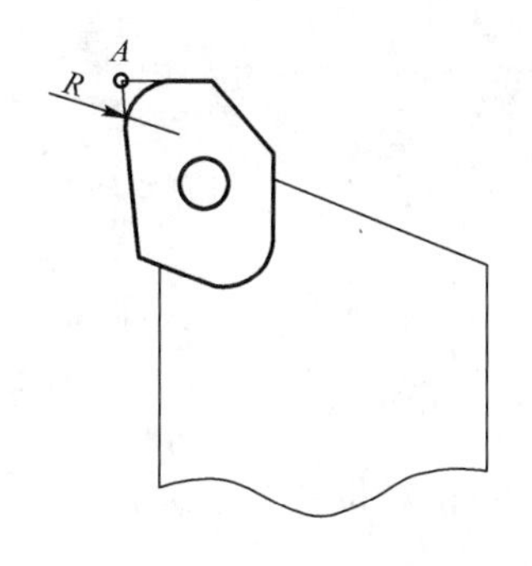

图 3-19　刀尖图

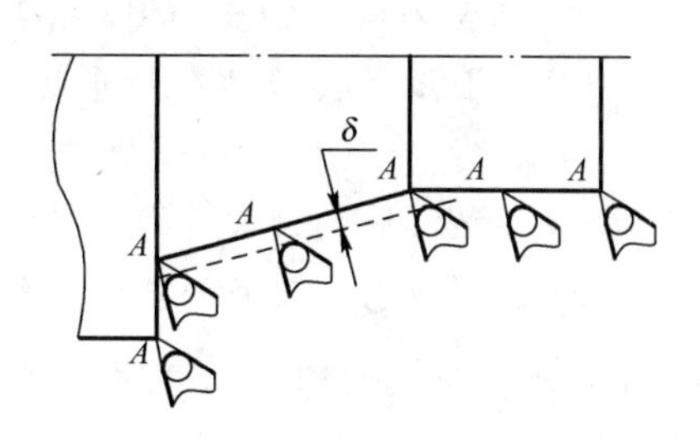

图 3-20　车削圆锥产生的误差

若工件要求不高或留有精加工裕量，可忽略此误差；否则应考虑刀尖圆弧半径对工件形状的影响。具有刀尖圆弧自动补偿功能的数控系统能根据刀尖圆弧半径计算出补偿量，避免少切或过切现象的产生。采用刀具半径补偿功能后，编程者仍按工件轮廓编程，数控系统计算刀尖轨迹，并按刀心轨迹运动，从而消除了刀尖圆弧半径对工件形状的影响，如图 3-21 和图 3-22 所示。

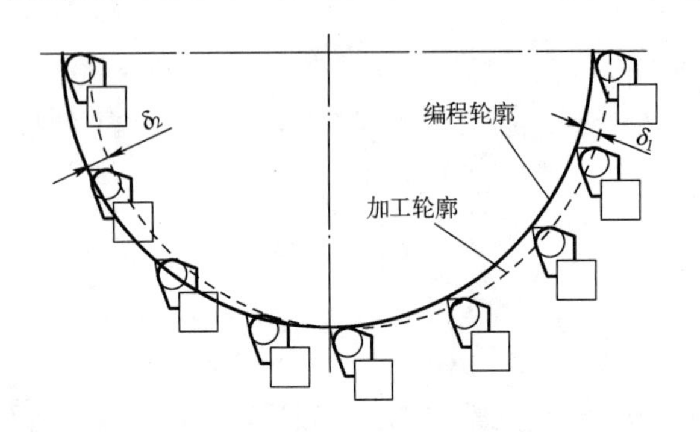

图 3-21　车削圆弧面产生的误差

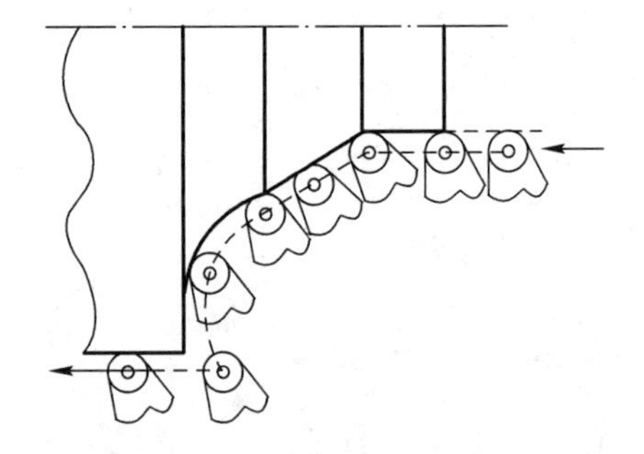

图 3-22　半径补偿后的刀具轨迹

刀具半径补偿指令如下所述。

【G40】 取消刀具半径补偿，按程序路径进给。

【G41】 刀具半径左补偿，顺着刀具运动方向看，刀具在工件的左边，如图 3-23（a）所示。

【G42】 刀具半径右补偿，顺着刀具运动方向看，刀具在工件的右边，如图 3-23（b）所示。

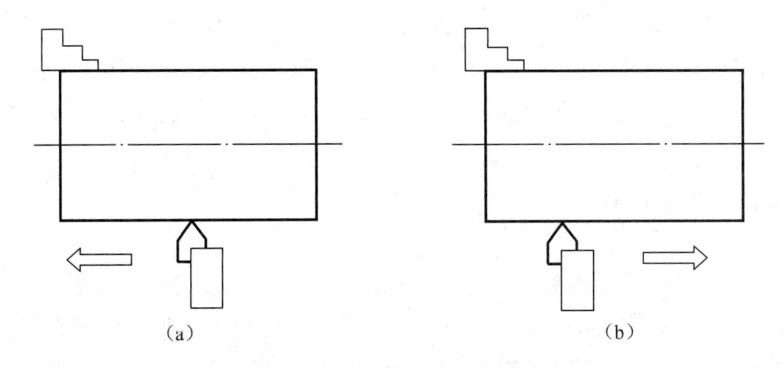

图 3-23　刀具半径补偿

【注意】 使用刀尖半径补偿指令时应注意以下 3 点。

☺ G41 或 G42 指令必须和 G00、G01 指令一起使用。

☺ 工件有锥度、圆弧时，必须在精车的前一段程序建立半径补偿。一般在加工前建立刀具半径补偿。

☺ 在刀具补偿参数页面的刀尖半径处输入该刀具的刀尖半径值，在设置刀尖圆弧自动补偿值时，还要设置刀尖圆弧位置编码。

刀尖圆弧位置编码是指假想刀尖点与刀尖圆弧中心的相对位置关系，用 0 ～ 9 共 10 个号码表示，如图 3-24 所示。

例如，如图 3-25 所示的工件，为保证圆锥面的加工精度，采用刀具半径补偿指令编程。

加工程序如下：

```
N40 G00 X29 Z2;
N50 G41 G01 X20 Z0 F300;
```

N60 Z－20;
N70 X70 Z－70;
N80 G40 G01 X80 Z－70 F300;

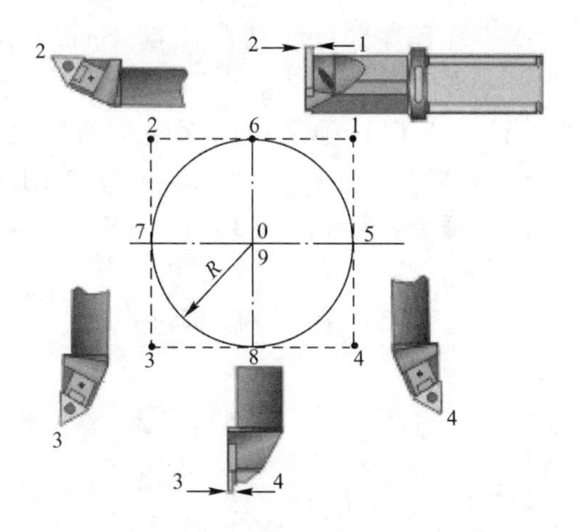

图 3-24　刀尖圆弧位置编码

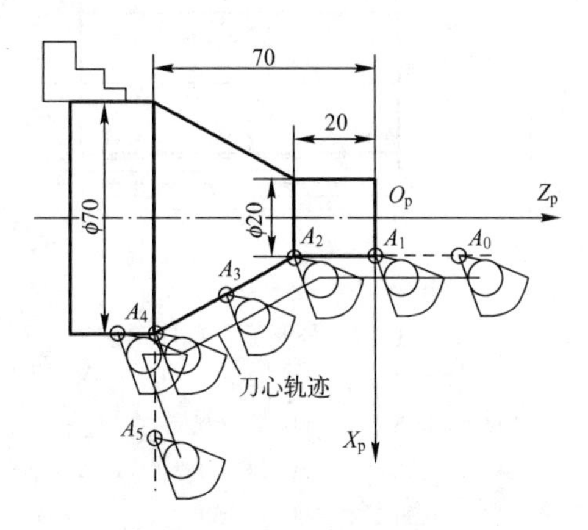

图 3-25　刀具半径补偿示例

3.3　数控车床编程的循环指令

车削循环指令是用含有 G 功能的一个程序段完成多个程序段指令的加工操作，免去了复杂的数学运算，使程序得以简化。车削循环指令分为单一固定循环指令和复合循环指令两种。

3.3.1　单一固定循环指令

单一固定循环指令只能进行简单的重复加工，主要有外径/内径切削固定循环指令（G90）、螺纹切削固定循环指令（G92）和端面切削固定循环指令（G94）。

1. 外径/内径切削固定循环指令（G90）

1）切削圆柱面时的内（外）径切削循环指令　如图 3-26 所示，该指令可使刀具从循环起点 A 走矩形轨迹，回到 A 点，然后进刀，再按矩形循环，依次类推，最终完成圆柱面车削。执行该指令刀具刀尖从循环起点（A 点）开始，经 $A \to B \to C \to D \to A$ 四段轨迹。其中，AB、DA 段按快速（R）移动；BC、CD 段按指令速度 F 移动。编程格式如下：

G90　X/U_ Z/W_ F_

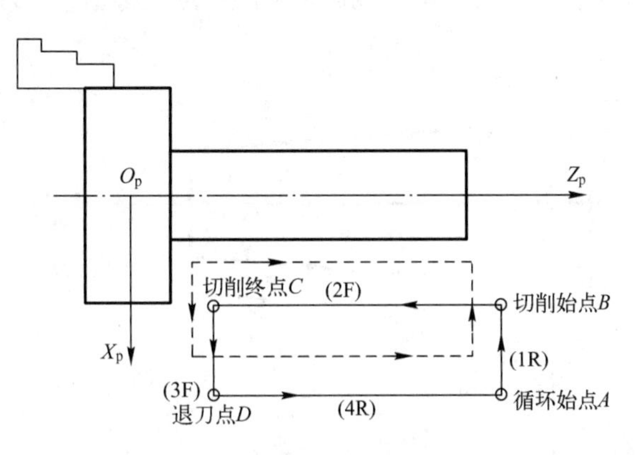

图 3-26　切削圆柱面时的内（外）径切削循环指令示意图

其中，X/U、Z/W 值为圆柱面切削终点的坐标值；F是进给速度。

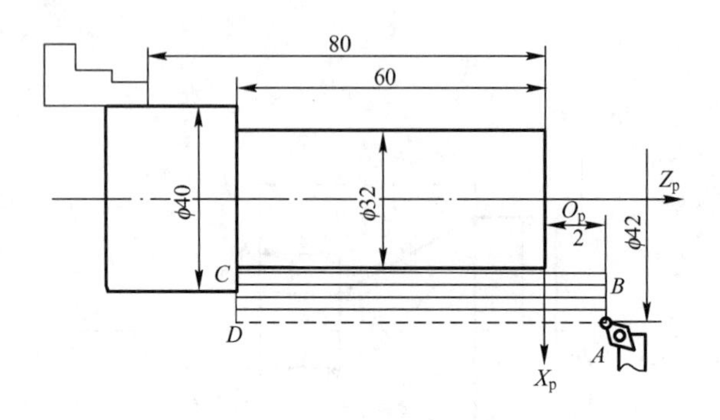

图3-27 外圆循环程序示例

例如，对于如图3-27所示的工件，编制一个粗车$\phi32$外圆的简单循环程序，每次切削深度1mm（半径方向）。

（1）确定切削深度及循环次数。单边径向裕量为$(40-32)/2=4$mm，每次切削深度为1mm，其循环次数为4次。

（2）编写的循环程序如下。

```
G90  X38  Z-60  F300
G90  X36  Z-60  F300
G90  X34  Z-60  F300
G90  X32  Z-60  F300
```

2）带锥度的内（外）径切削循环指令 如图3-28所示，该指令可使刀具从循环起点*A*走直线轨迹，刀具刀尖从循环起点（*A*点）开始，经*A*→*B*→*C*→*D*→*A*四段轨迹，依次类推，最终完成圆锥面车削。编程格式如下：

G90 X/U_ Z/W_ R_ F_

其中，X/U、Z/W为在圆锥面切削的终点坐标值；R为圆锥面切削的起点相对于终点的半径差，如果切削起点的*X*向坐标小于终点的*X*向坐标，R值为负，反之为正；F为进给速度。

2. 端面切削固定循环指令（G94）

1）端面切削循环 编程格式如下：

G94 X/U_ Z/W_ F_

其中，X/U、Z/W为端面切削的终点坐标值；F为进给速度，如图3-29所示。

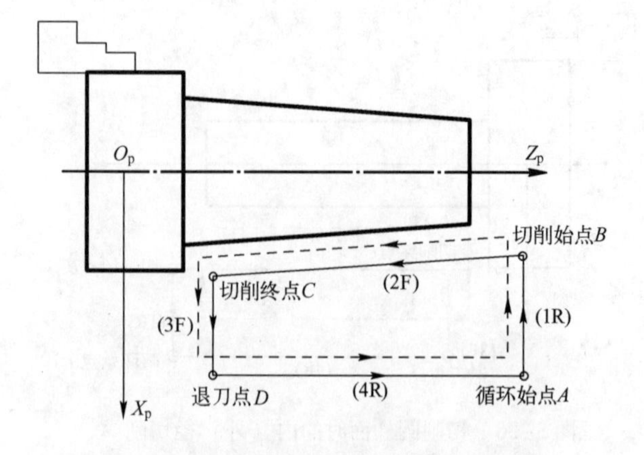

图3-28 带锥度的内（外）切削循环示意图

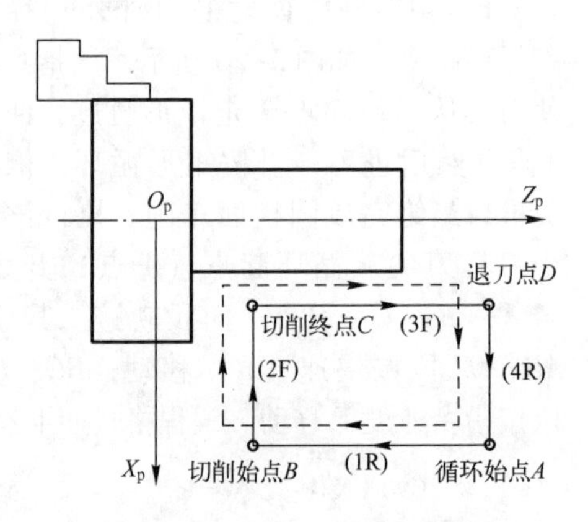

图3-29 端面切削循环示意图

【例 3-2】对于图 3-30 所示的工件，编写其粗车端面的简单循环程序（Z 轴方向每次进刀量 3mm）。

编写的循环程序如下：

```
G94 X50 Z-3 F200;
G94 Z-6;
G94 Z-9;
```

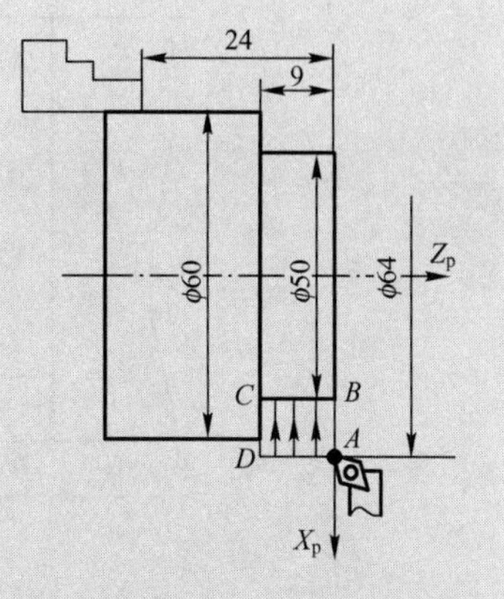

图 3-30　端面切削循环示例

2）带锥度的端面切削循环指令　编程格式如下：

```
G94 X/U_ Z/W_ R_ F_
```

其中，X/U、Z/W 为端面切削的终点坐标值；R 为端面切削的起点相对于终点在 Z 轴方向的坐标分量。当起点 Z 向坐标小于终点 Z 向坐标时，R 为负；反之为正，如图 3-31 所示。

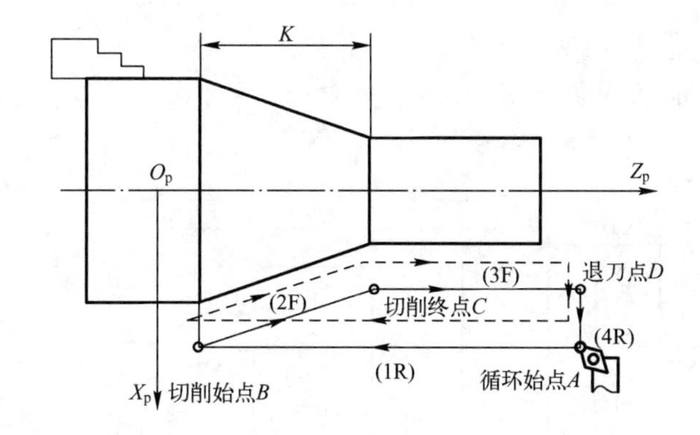

图 3-31　带锥度端面切削循环示意图

3.3.2　复合固定循环指令

复合循环指令可以解决复杂型面的加工，与简单循环的单一程序段不同，它有若干个程序段参加循环。运用复合循环切削指令，只需指定精加工路线和粗加工的背吃刀量，系统会自动计算出粗加工路线和加工次数，使程序得到进一步简化。

1. 外径/内径粗车复合循环（G71）

外径粗车循环是一种复合固定循环，适用于外圆柱面需多次走刀才能完成的粗加工，如图 3-32 所示。

编程格式如下：

G71 U(Δd) R(e)

G71 P(ns) Q(nf) U(Δu) W(Δw) F(f) S(s) T(t)

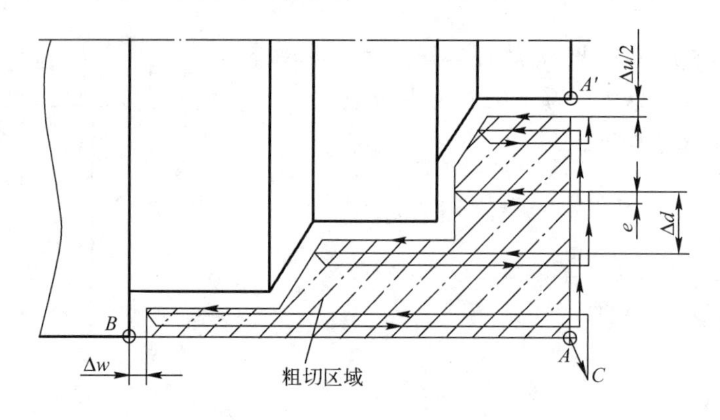

图3-32 外（内）径粗车复合循环

其中，Δd 为背吃刀量；e 为退刀量；ns 为精加工轮廓程序段中开始程序段的段号；nf 为精加工轮廓程序段中结束程序段的段号；Δu 为 X 轴向精加工裕量；Δw 为 Z 轴向精加工裕量；f、s、t为F、S、T代码。

$ns \rightarrow nf$ 程序段中的F、S、T功能即使被指定，对粗车循环也无效。零件轮廓必须符合 X 轴、Z 轴方向同时单调增大或单调减少；X 轴、Z 轴方向非单调时，$ns \rightarrow nf$ 程序段中第一条指令必须在 X、Z 轴向同时有运动。

【例3-3】 对于如图3-33所示的工件，要求加工 A' 点到 B 点的工件外形。已知起始点在（250，0），切削深度为3mm，退刀量为2mm，X 方向精加工裕量为0.1mm，Z 方向精加工裕量为0.2mm。编写其外径粗车复合程序。

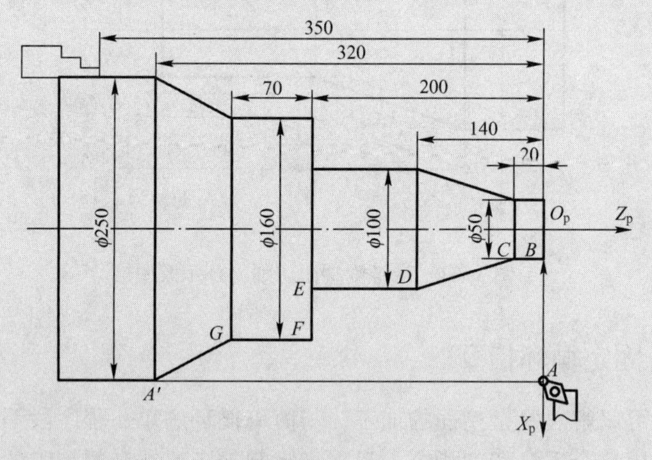

图3-33 外（内）径粗车复合循环示例

假设加工 A' 点到 B 点的工件外形的第一程序段号为N100，最后加工程序段号为N200，使用G71编写的程序如下。

```
O7061                    程序名
N10 G54 G98 G21;         设置工件坐标系
N20 M03 S500;            主轴正转
N30 G00 X250 Z5;         快进到工件附近
```

```
N40 G01X250 Z20;                         进到 A 点附近
N50 G71 U3 R2;
N60 G71 P100 Q200 U0.1 W0.2 F200;        G71 复合循环
N100 G00 X50;                            从 A 点到 B 点
N105 Z2;
N110 G01 X50 Z-20;                       从 B 点到 C 点
N120 X100 Z-140;                         从 C 点到 D 点
N130 X100 Z-200;                         从 D 点到 E 点
N140 X160 Z-200;                         从 E 点到 F 点
N170 X160 Z-270;                         从 F 点到 G 点
N200 X250 Z-320;                         从 G 点到 A′点
N70 G00 X250 Z100;
N80 M02;                                 程序结束
```

2. 端面粗车复合循环（G72）

端面粗切循环是一种复合固定循环。端面粗切循环适用于 Z 轴向裕量小、X 轴向裕量大的棒料粗加工，如图 3-34 所示。端面粗车复合循环与外（内）径粗车复合循环的区别仅在于切削方向与 X 轴平行。

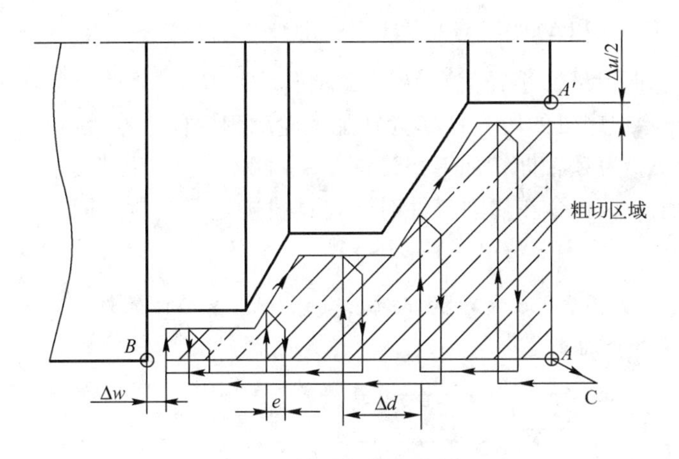

图 3-34　端面粗车复合循环

编程格式如下：

G72 U(Δd) R(e)

G72 P(ns) Q(nf) U(Δu) W(Δw) F(f) S(s) T(t)

其中，Δu、Δw 、Δd、e、ns、nf、f、s、t 的含义同 G71。$ns \rightarrow nf$ 程序段中的 F、S、T 功能，即使被指定，对粗车循环也无效。零件轮廓必须符合 X 轴、Z 轴方向同时单调增大或单调减少。

3. 闭环车削复合循环（G73）

闭环车削复合循环功能在切削工件时刀具轨迹是一个闭合回路，刀具逐渐进给，使封闭的切削回路逐渐向零件最终形状靠近，完成工件的加工。此指令能够对铸造、锻造等粗加工已初步成形的工件进行高效率切削。对零件轮廓的单调性则没有要求，如图3-35所示。

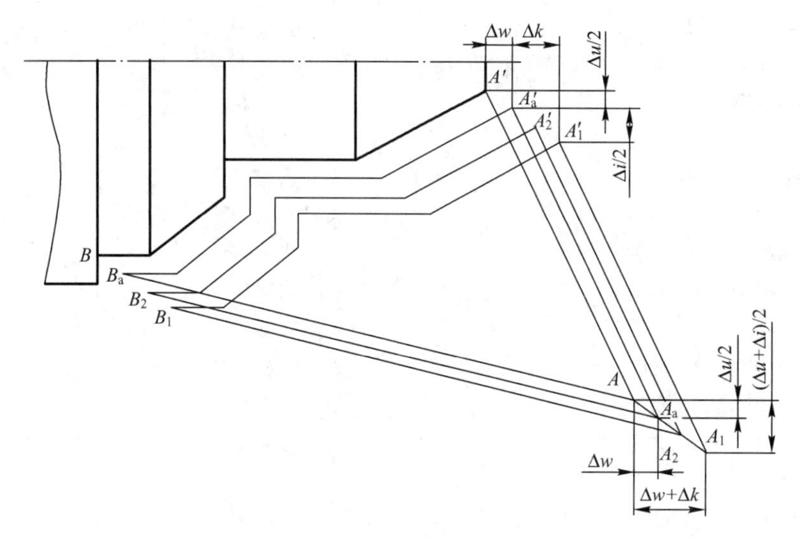

图3-35　闭环车削复合循环

编程格式如下：

G73 U(i) W(k) R(d)

G73 P(ns) Q(nf) U(Δu) W(Δw) F(f) S(s) T(t)

其中，i为X轴向总退刀量（半径值）；k为Z轴向总退刀量；d为重复加工次数；ns为精加工轮廓程序段中开始程序段的段号；nf为精加工轮廓程序段中结束程序段的段号；Δu为X轴向精加工裕量；Δw为Z轴向精加工裕量；f、s、t为F、S、T代码。

如图3-35所示，该指令在切削工件时，刀具轨迹是一个封闭回路，其运动轨迹为$A \to A_1 \to A_1' \to B_1 \to A_2 \to A_2' \to B_2 \to \cdots \to A \to A' \to B \to A$。

【例3-4】 对于如图3-36所示的工件，要求加工该工件的外形。已知$\Delta u = 0.6$，$\Delta w = 0.3$mm，编写其外径粗车复合程序。

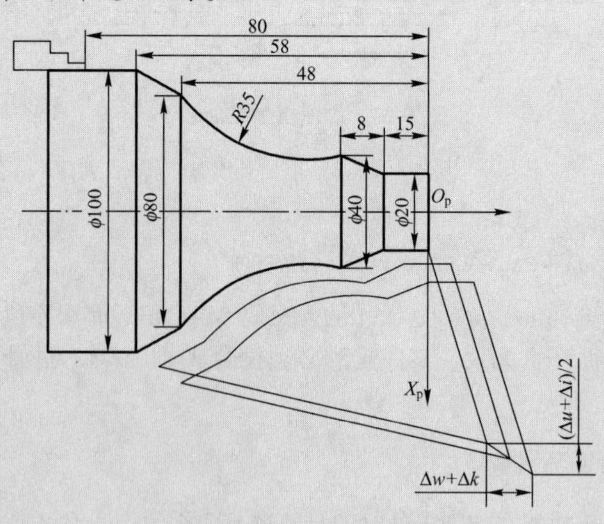

图3-36　闭环车削复合循环示例

假设精加工工件外形的第一个程序段号为 N100，精加工的最后一个程序段号为 N200，使用 G73 编写的程序如下。

```
O707                                        程序名
N10 G54 G98 G21;                            设置工件坐标系
N20 M03 S500;                               主轴正转
N30 G00 X120 Z5;                            快进到工件附近
N40 G73 U40 W0 R14;
N50 G73 P100 Q200 U0.6 W0.3 F200;           G73 复合循环
N100 G00 X20 Z3;                            精加工的第一个程序(快进)
N120 G01 X20 Z-15;
N140 X40 Z-23;
N160 G02 X80 Z-48 R35;
N200 G01 X100 Z-58;                         精加工的最后一个程序
N55 M05;
N60 M02;                                    程序结束
```

4. 精加工循环（G70）

由 G71、G72、G73 完成粗加工后，可以用 G70 进行精加工。精加工时，G71、G72、G73 程序段中的 F、S、T 指令无效，只有在 *ns*→*nf* 程序段中的 F、S、T 才有效。

编程格式：G70 P(*ns*) Q(*nf*)

其中，*ns* 为精加工轮廓程序段中开始程序段的段号；*nf* 为精加工轮廓程序段中结束程序段的段号。

如果在 G71、G72、G73 程序应用示例中的 *nf* 程序段后再加上 G70 程序段，并在 *ns*→*nf* 程序段中加上精加工适用的 F、S、T，就可以完成从粗加工到精加工的全过程。

3.3.3　螺纹加工

1. 螺纹加工中的问题

加工螺纹时，必须使工件的旋转与丝杠的进给运动建立严格的速度比，即主轴旋转一圈，刀具进给一个螺距。

三角形普通螺纹的牙型高度按下式计算：

$$h = 0.6495P$$

式中，P 为螺距。

螺纹起点与终点轴向尺寸应考虑升速过程和减速过程。因此，螺纹切削应注意在两端设置足够的升速进刀段 δ_1 和降速退刀段 δ_2，以消除伺服滞后造成的螺距误差。通常，升速进刀段（空刀导入量）δ_1 和减速退刀段（空刀导出量）δ_2 按下式选取：

$$\delta_1 \geqslant 2 \times \text{导程} \qquad \delta_2 \geqslant (1 \sim 1.5) \times \text{导程}$$

当牙型较深、螺距较大时，可分数次进给，每次进给的背吃刀量用螺纹深度减去精加工背吃刀量所得之差按递减规律分配。常用公制螺纹切削的进给次数与背吃刀量见表 3-5。

表 3-5 常用公制螺纹切削的进给次数与背吃刀量（双边） （mm）

螺距		1.0	1.5	2.0	2.5	3.0	3.5	4.0
牙深		0.649	0.974	1.299	1.624	1.949	2.273	2.598
背吃刀量和切削次数	1次	0.7	0.8	0.9	1.0	1.2	1.5	1.5
	2次	0.4	0.6	0.6	0.7	0.7	0.7	0.8
	3次	0.2	0.4	0.6	0.6	0.6	0.6	0.6
	4次		0.16	0.4	0.4	0.4	0.6	0.6
	5次			0.1	0.4	0.4	0.4	0.4
	6次				0.15	0.4	0.4	0.4
	7次					0.2	0.2	0.4
	8次						0.15	0.3
	9次							0.2

2. 螺纹加工指令（G32）

G32 指令为等螺距圆柱或圆锥螺纹车削指令，只需一个指令便可完成螺纹车削。

编程格式如下：

G32 X/U_ Z/W_ F_;

其中，X/U、Z/W 为螺纹切削的终点坐标值（X 坐标值依据《机械设计手册》查表确定），X 省略时为圆柱螺纹切削，Z 省略时为端面螺纹切削；X、Z 均不省略时为锥螺纹切削；F 为螺纹的导程，即主轴每转一周时伺服的进给值。当加工锥螺纹时，斜角 α 在 45°以下为 Z 轴方向螺纹导程；斜角在 45°以上为 X 轴方向螺纹导程。

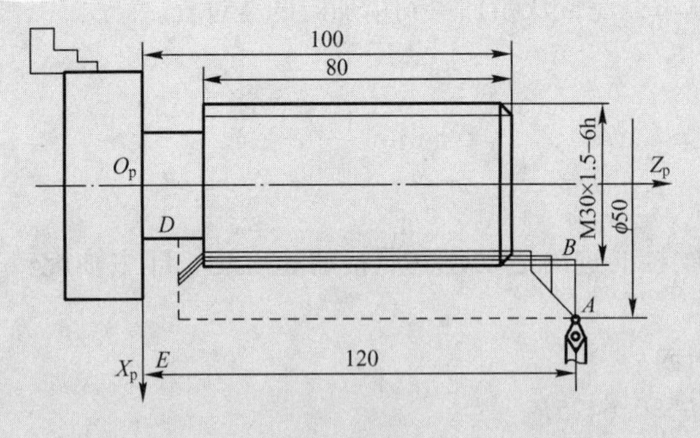

图 3-37 等螺距圆柱螺纹加工示例

【例 3-5】 编写车削图 3-37 所示螺纹部分的加工程序。根据普通螺纹标准及加工工艺，确定该螺纹大径尺寸为 $\phi 30$，牙深为 0.974mm（半径值），4 次背吃刀量（直径值）的值分别为 $a_{p1}=0.8$mm，$a_{p2}=0.6$mm，$a_{p3}=0.4$mm，$a_{p4}=0.16$mm，升降速段别为 $\delta_1=1.5$mm，$\delta_2=1$mm。

编写的程序如下所述。

O7031	程序名
N10 M03 S500;	主轴正转，转速为 500r/min
N20 G00 X50 Z120;	绝对方式编程，刀具快速进至 A 点
N30 G00 X29.2 Z101.5 ($a_{p1}=0.8$);	刀具快进，X 轴向工进 0.8mm
N40 G32 Z19 F1.5;	第 1 次车削螺纹
N50 G00 X40;	刀具快速退至 E 点

```
N60 Z101.5;                          刀具快速返回工进点
N70 X28.6 (ap2 =0.6);                刀具快进，X 轴向工进 0.6mm
N80 G32 Z19 F1.5;                    第 2 次车削螺纹
N90 G00 X40;
N100 Z101.5;                         刀具快速返回换刀点 A
N110 X28.2 (ap3 =0.4);
N120 G32 Z19 F1.5;                   第 3 次车削螺纹
N130 G00 X40;                        刀具快速返回换刀点 A
N140 X50 Z120;
N150 X28.04(ap4 =0.16);
N160 G32 Z19 F1.5;                   第 4 次车削螺纹
N170 G00 X40;                        刀具快速返回换刀点 A
N180 X50 Z120;
N190 M05;                            主轴停
N200 M02;                            程序结束
```

【例 3-6】 如图 3-38 所示的等距圆锥螺纹，螺纹导程为 3.5mm，δ_1 = 2mm，δ_2 = 1mm，每次吃刀量为 1mm，编写其加工程序。

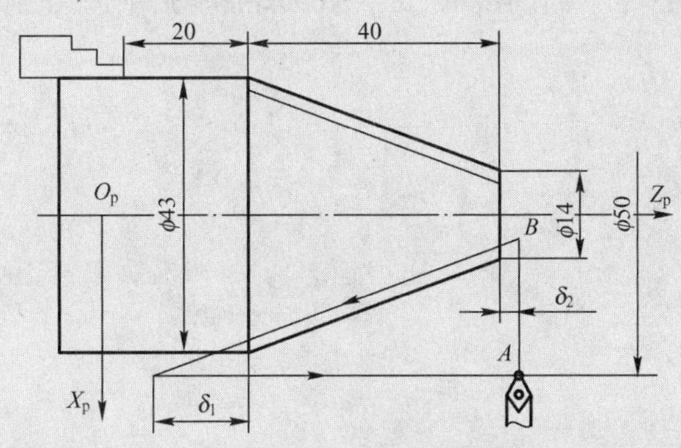

图 3-38　等距圆锥螺纹加工示例

```
O7041                                    程序名
N10 M03 S500 G99 T0101 G00 X50 Z1;      主轴正转，转速为 500r/min
N20 G00 U-36;                            增量方式编程，刀具快速进到 B 点
N30 G32 U29 W-43 F3.5;                   第 1 次车削螺纹
N40 G01 U7;                              退刀
N50 G00 W43;                             快速退回 A 点
N60 U-38;                                快速进到 B 点
N70 G32 U29 W-43 F3.5;                   第 2 次车削螺纹
N80 G01 U9;
N90 G00 W43;
N100 U-40;
N110 G32 U29 W-43 F3.5;                  第 3 次车削螺纹
N120 G01 U11;
```

```
N130 G00 W43;
N140 M05;                          主轴停
N150 M02;                          程序结束
```

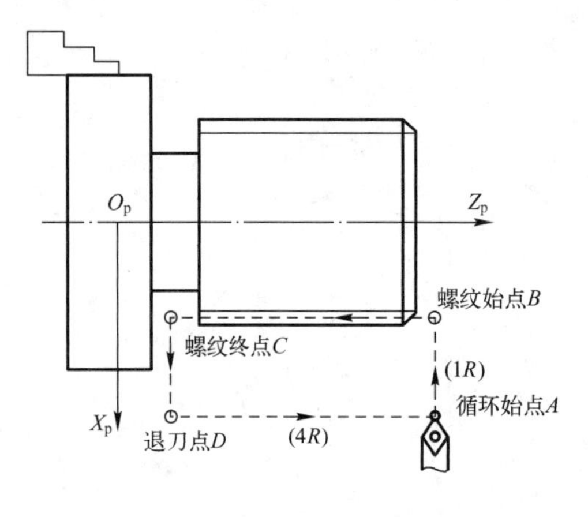

图3-39　螺纹切削循环

3. 螺纹切削循环指令（G92）

编程格式如下：

G92　X/U__ Z/W__ R__ F__

其中，X/U、Z/W为螺纹切削的终点坐标值；R为螺纹部分半径之差，即螺纹切削起始点与切削终点的半径差；F为螺纹导程，如图3-39所示。加工圆柱螺纹时，R=0；加工圆锥螺纹时，当X轴向切削起始点坐标小于切削终点坐标时，R为负，反之为正。

【例3-7】 图3-40所示工件中的螺纹的导程为1.5mm，分3次加工，每次吃刀深度分别为$a_{p1}=0.8$mm、$a_{p2}=0.6$mm、$a_{p3}=0.2$mm，车削螺纹的简单循环，其程序如下。

```
O0089
N10 G54 G98 G21;                   设置工件坐标系
N20 M03 S300;
N30 G00 X35 Z5;                    到达螺纹加工起点
N40 G92 X29.2 Z-43 F1.5;           第1次车削螺纹
N50       X28.6;                   第2次车削螺纹
N60       X28.4;                   第3次车削螺纹
N70 G00 X100 Z100;
N80 M05;
N90 M02;
```

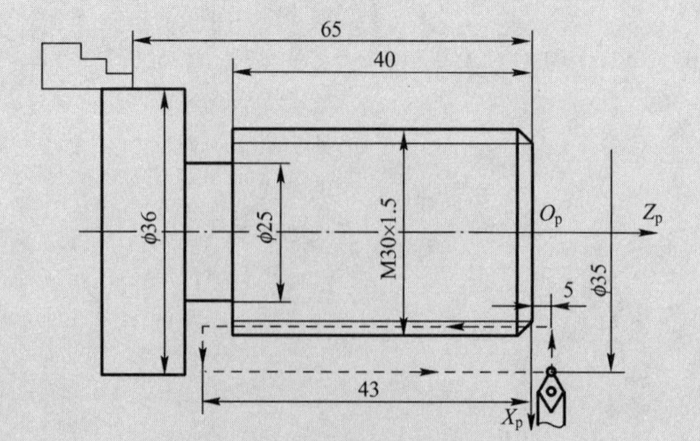

图3-40　螺纹切削循环示例

4. 复合螺纹切削循环指令（G76）

复合螺纹切削循环指令可以完成一个螺纹段的全部加工任务。它的进刀方法有利于改善刀具的切削条件，在编程中应优先考虑应用该指令。螺纹循环切削的轨迹如图 3-41 所示，螺纹循环切削中的吃刀深度如图 3-42 所示。

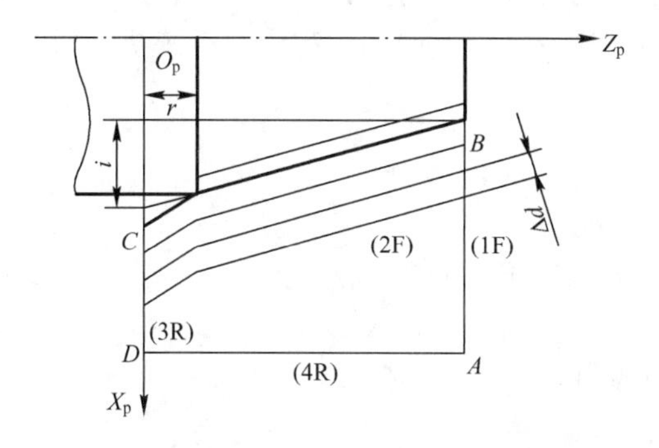

图 3-41　螺纹循环切削的轨迹

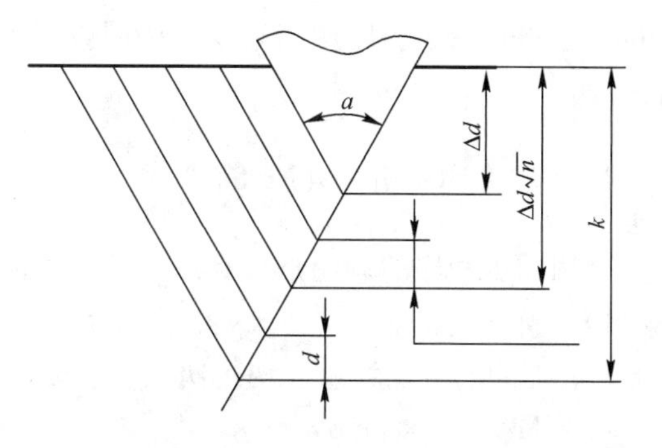

图 3-42　螺纹循环切削中的吃刀深度

编程格式如下：

G76 P（m）（r）（α）Q(Δd_{min}) R(d)
G76 X(U) Z(W) R(I) F(f) P(k) Q(Δd)

其中，m 为精加工重复次数（1 ～ 99）；r 为倒角量，其值为螺纹导程 L 的倍数（在 0 ～ 99 中选值）；α 为刀尖角，可在 80°、60°、55°、30°、29°、0°中选择，由两位数规定；Δd_{min} 为最小切入量；d 为精加工裕量；X(U)Z(W)为 终点坐标；I 为螺纹部分半径之差，即螺纹切削起始点与切削终点的半径差（加工圆柱螺纹时，$I=0$；加工圆锥螺纹时，当 X 轴向切削起始点坐标小于切削终点坐标时，I 为负，反之为正）；k 为螺牙的高度（X 轴向的半径值）；Δd 为第一次切入量（X 轴向的半径值）；f 为螺纹导程。

拥有 X(U)、Z(W) 的 G76 指令段才能实现循环加工。该循环下，可进行单边切削，从而减少刀尖受力。第 1 次切削深度为 Δd，第 n 次切削深度为 $\Delta d\sqrt{n}$，使每次切削循环的切削量保持恒定。

【例 3-8】 使用 G76 指令加工如图 3-40 所示的工件，要求螺纹精车次数为 2，螺纹牙型角为 60°，其程序如下。

```
O0088
N10 G54 G98 G21;                设置工件坐标系
N20 M03 S300;
N30 G00 X35 Z5;                 到达螺纹加工起点
N40 G76 P02 0 60 Q0.05 R0.1;    使用 G76 车削螺纹
N50 G76 X28.15 Z－43 P0.974 Q0.45 F1.5;
N60 G00 X100 Z100;
N70 M05;
N80 M02;
```

3.3.4 子程序

在程序段中，当某一段程序反复出现（即工件上有多个部分相同的切削路线）时，可以把这类的程序段单独编写，并按一定格式单独加以命名作为子程序，并将事先编制好的程序存储起来，在编程时再调用，这样便可使主程序简洁。如果需要，主程序执行过程中可以通过一定格式的子程序调用指令来调用该子程序，执行完后返回到主程序，继续执行后续的程序段。

1. 子程序调用指令（M98）

常用的子程序的调用格式有以下两种（各数控系统不同）。

（1） M98 P×××× ××××

P 后面的前 4 位为重复调用次数，省略时为调用一次；后 4 位为子程序号。

（2） M98 P××××L××××

P 后面的 4 位为子程序号；L 后面的 4 位为重复调用次数，省略时为调用一次。

2. 子程序的格式

```
O××××
……
M99;
```

其中，M99 指令表示子程序结束并返回主程序，若重复调用次数已运行完，则运行下一段，并继续执行主程序。

在使用子程序编程时，子程序必须有程序名，并以 M99 作为子程序的结束指令；M99 指令也可用于主程序最后程序段，此时程序执行指针会跳回主程序的第一程序段继续执行此程序，所以此程序将一直重复执行，除非按下【RESET】键才能中断执行。此种方法常用于数控车床开机后的热机程序。

3. 子程序嵌套

子程序执行过程中也可以调用其他子程序，即子程序嵌套。子程序嵌套的层数由具体数控系统规定。编程中使用较多的是两重嵌套，程序执行过程如图 3-43 所示。

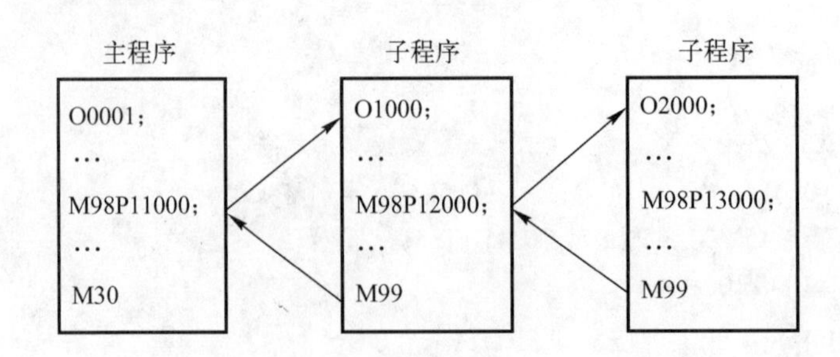

图 3-43 嵌套子程序的执行过程

【例 3-9】加工如图 3-44 所示的零件，已知毛坯直径 ϕ32mm，长度为 50mm，1 号刀为外圆车刀，2 号刀为切断刀，其宽度为 2mm。以 FANUC 0i 系统为例，编制其加工程序。

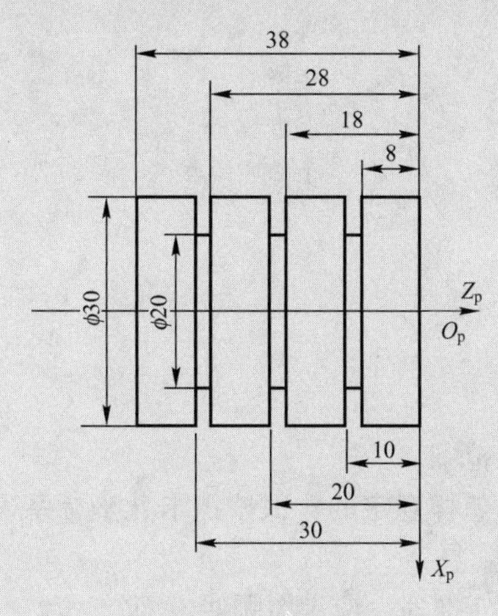

图 3-44　子程序的应用

【主程序代码】

```
O0010;                                  程序名
N010 G54 G00X150.0 Z100.0;              快速定位到指定位置
N020 T0101;                             使用 01 号刀
N030 M03 M07 S500;                      主轴正转，打开冷却液
N050 G00 X35.0 Z0;                      快速移到切端面的位置
N060 G98 G01 X0 F100;                   车右端面
N070 G00 Z2.0;                          快速退刀
N080 X30.0;                             移至 X30 处
N90 G01 Z-40.0 F100;                    车外圆
N100 G00 X150.0 Z100.0                  刀具回换刀点
N110 T0100;                             取消 1 号刀补
N120 T0202;                             换 02 号刀，使用 2 号刀补
N125 X32.0 Z0;                          刀具移至起刀点的位置
N130 M98 P31008;                        调用子程序(切三槽)
N140 G01 W-10;
N150 G01 X2 F50;                        切断
N160 G04 X2.0;                          暂停 2s
N170 G01 X32;                           刀具退出工件
N175 G00X150.0 Z100.0 M09;              快速移至换刀点，关闭冷却液
N180 T0200;                             取消刀补
N190 M05;                               主轴停止
N200 M30;                               程序结束
```

【子程序代码】

```
O1008;                       子程序名
N300 G01 W-10.0;             刀具移出
N310 G01U-12.0 F60;          切槽
N320 G04 X1.0;               暂停1s
N330 G00 U12.0;              退出
N340 M99;                    子程序结束
```

习题

（1）简述数控车床的加工范围。

（2）数控机床的坐标轴是怎样规定的？试按笛卡儿坐标系确定数控车床坐标系中 Z 坐标轴的位置及方向。

（3）在制定数控车削加工工艺时，应考虑哪些方面？

（4）对如图3-45所示的零件，刀尖按“$A \to B \to C \to D \to E \to F$”顺序移动，分别用绝对、增量坐标值编程方式，写出 B 至 F 点的加工程序。

（5）对如图3-46所示的零件，设计一个精加工程序，各面的精加工裕量为0.5mm。

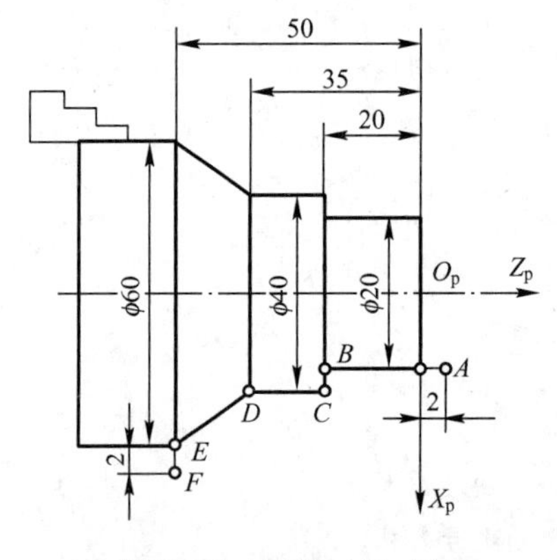

图3-45　习题（4）图

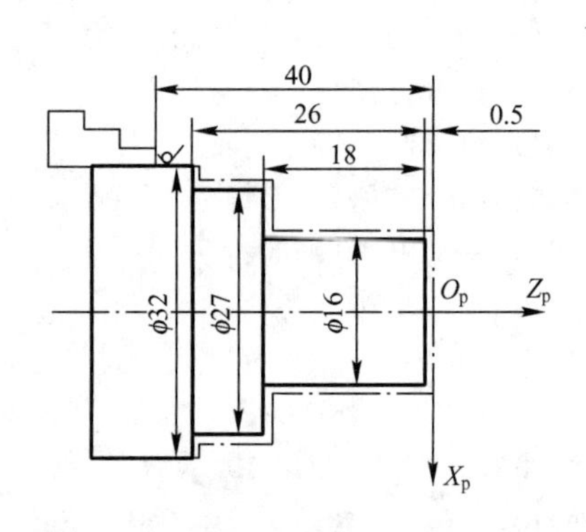

图3-46　习题（5）图

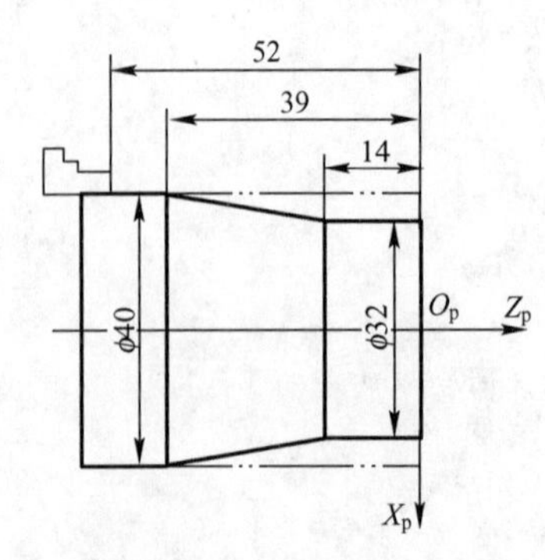

图3-47　习题（6）图

（6）编制粗车外圆及锥面的程序，每次切削深度 $a_p \leq$ 2mm，工件外形及尺寸如图3-47所示，并要求采用循环指令。

（7）编写如图3-48所示零件的加工程序。每次切削深度 $a_p = 1$mm，要求采用循环指令。

（8）如图3-49所示的零件，要求编写各面精加工的程序（精切裕量0.5mm）和加工螺纹的程序（分4次走刀）。

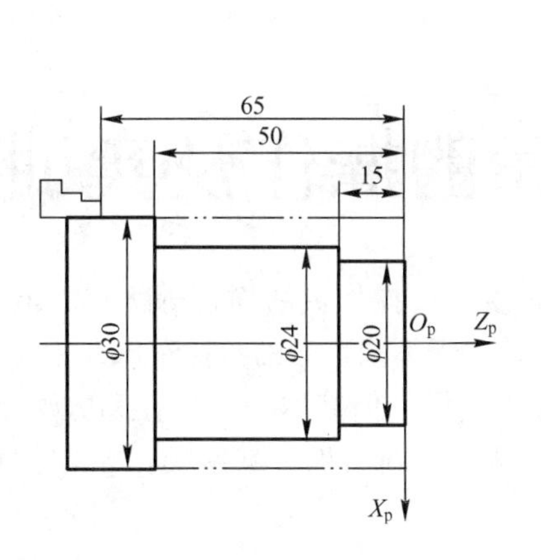

图 3-48　习题（7）图

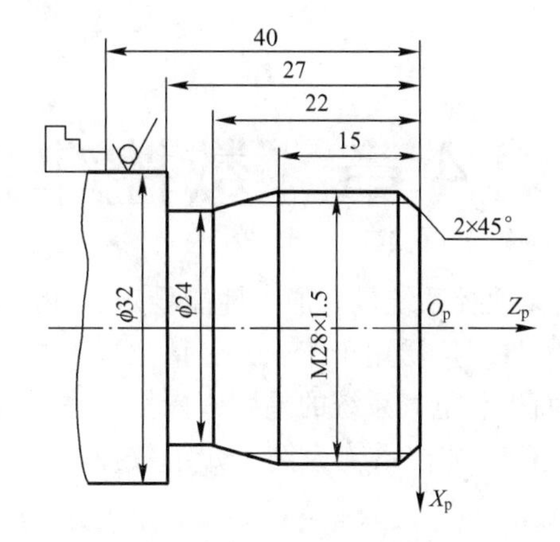

图 3-49　习题（8）图

（9）零件形状如图 3-50 所示，毛坯为 $\phi 60 \times 150$mm 棒料，编写其加工程序。

（10）零件形状如图 3-51 所示，毛坯为 $\phi 30 \times 50$mm 棒料，编写其加工程序。

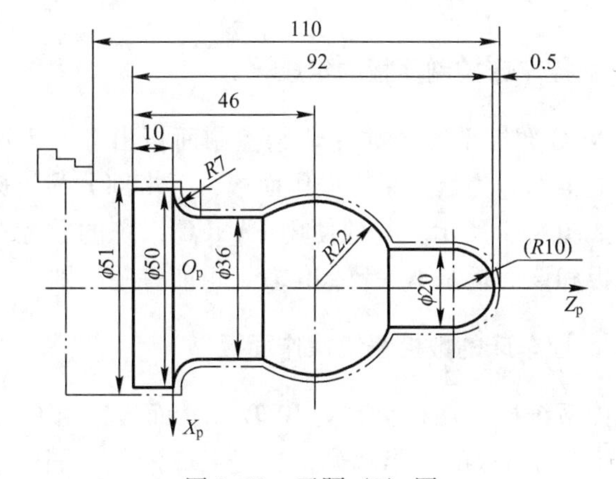

图 3-50　习题（9）图

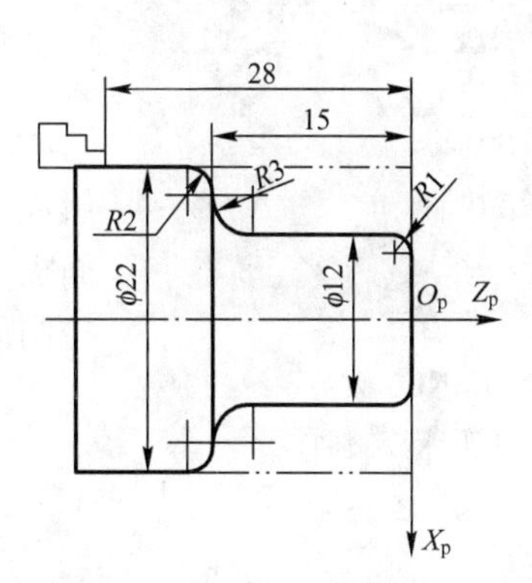

图 3-51　习题（10）图

第4章　数控车床的操作及实训

FANUC 数控系统具有加工性能稳定、加工精度高、操作灵活简便等优点，能够加工复杂多样的零件，广泛用于车、铣、钻及加工中心。对于不同型号的数控车床，由于机床的结构及操作面板、电气系统的差别，操作方法会有所差异，但基本操作过程和方法是相同的。现以 FANUC 0i 数控系统为例，介绍数控车床的操作控制面板、基本操作及零件加工操作过程。

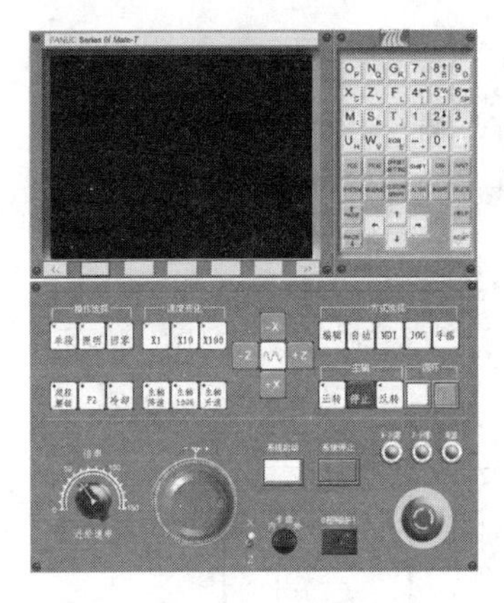

图 4-1　FANUC 数控系统的数控车床控制面板

4.1　数控车床的控制面板

1. 数控车床控制面板的组成

FANUC 数控系统的数控车床控制面板由上、下两部分组成，上半部分为数控系统操作面板，下半部分为机床操作面板，如图 4-1 所示。其他使用 FANUC 系统的数控车床的控制面板和该面板基本一致，位置上可能有些区别。

2. 数控车床的数控系统操作面板

数控系统操作面板也称为 CRT/MDI 面板，由 CRT 显示器和 MDI 键盘两部分组成，是数控车床控制面板的上半部分，如图 4-2 所示。图中左侧的为 CRT 显示屏，右侧的是 MDI 键盘。

图 4-3 所示为 FANUC 系统的 MDI 键盘的布局示意图。各键的名称和功能见表 4-1。

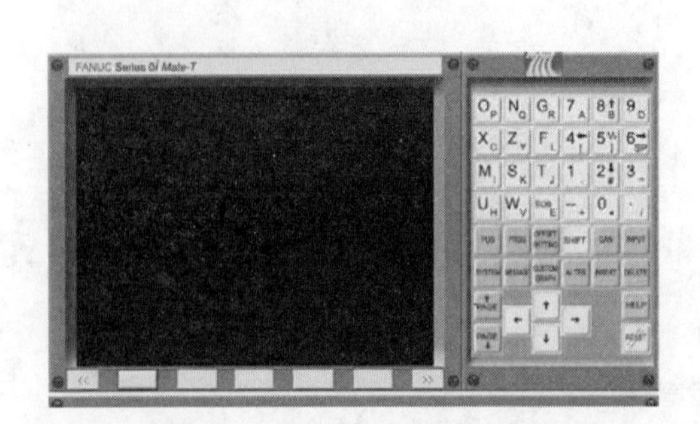

图 4-2　数控系统的操作面板

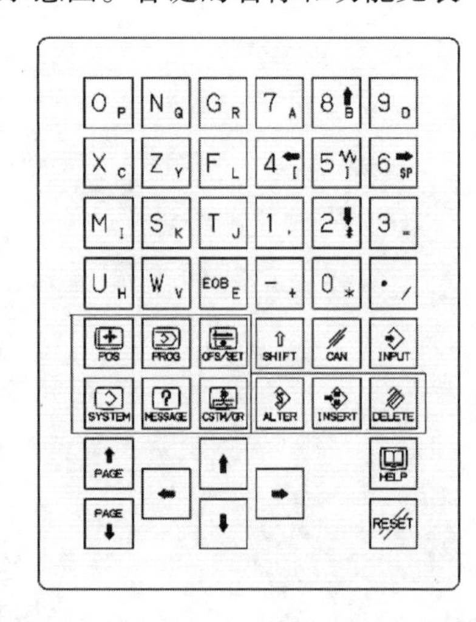

图 4-3　FANUC 系统的 MDI 键盘的布局示意图

表 4-1　数控车床 MDI 键盘各键的名称和功能

类　别	键　图	键　名	功　能
地址/数字键	N Q 4	地址/数字键	输入字母、数字及其他字符
编辑键	ALTER	替换键	用输入的数据替换光标所在位置的数据
	INSERT	插入键	把输入区域中的数据插入到当前光标后的位置
	DELETE	删除键	删除光标所在位置的数据，或者删除一个程序，或者删除全部程序
	CAN	取消键	删除已输入到键的输入缓冲器的最后一个字符或符号。当显示输入缓冲器数据为：“ > N001 X 100Z_” 时，按此键，则字符 Z 被取消，并显示：“ > N001 X 100”
	SHIFT	切换键	在有些键的顶部有两个字符。按下此键，可选择键面右下角的字符
功能键	POS	位置显示页面键	显示位置页面
	OFS/SET	参数输入页面键	显示偏置/设置（SETTING）页面
	SYSTEM	系统参数页面键	显示系统页面
	MESSAGE	信息页面键	若有“报警”，按下此键可以显示信息页面
	CSTM/GR	图形参数设置页面键	显示用户宏画面（会话式宏画面）或显示图形页面
	PROG	显示程序键	显示程序页面
复位键	RESET	复位键	使 CNC 复位或取消报警等
输入键	INPUT	输入键	当按下地址键或数字键后，数据被输入到缓冲器中，并在 CRT 屏幕上显示出来。为了把输入到输入缓冲器中的数据复制到寄存器，按【INPUT】键即可
光标移动键	← ↑ ↓ →	光标移动键	→ 用于将光标朝右或前进方向移动。在前进方向，光标按一段短的单位移动 ← 用于将光标朝左或倒退方向移动。在倒退方向，光标按一段短的单位移动 ↓ 用于将光标朝下或前进方向移动。在前进方向，光标按一段大尺寸单位移动 ↑ 用于将光标朝上或倒退方向移动。在倒退方向，光标按一段大尺寸单位移动
翻页键	PAGE ↑ PAGE ↓	翻页键	PAGE ↑ 用于向前翻页 PAGE ↓ 用于向后翻页
软键		软键	根据使用场合，软键有各种功能。软键功能显示在 CRT 屏幕的底部
帮助键	HELP	帮助键	显示如何操作机床，如 MDI 键的操作。可在 CNC 发生报警时，提供报警的详细信息（帮助功能）

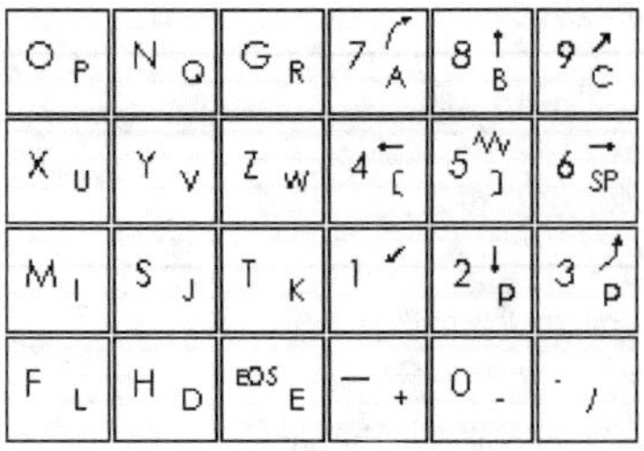

O P	N Q	G R	7 A	8 B	9 C
X U	Y V	Z W	4 [	5]	6 SP
M I	S J	T K	1	2 p	3 p
F L	H D	EOS E	− +	0 .	. /

图4-4　地址/数字键

【地址/数字键】 如图4-4所示，地址/数字键用于将字母、数字及其他符号输入到输入区域，每次输入的字母、数字及符号都显示在CRT屏幕上。字母键和数字键的切换通过【SHIFT】键来实现，如O—P、7—A。

【编辑键】 用于输入和修改程序。常见的编辑键有替换键、删除键、插入键、取消键和切换键。

【功能键】 用于选择显示的屏幕（功能）类型。按功能键后，再根据需要按相应的软键，则与已选功能相对应的屏幕就被选中显示。通常有位置显示页面键、参数输入页面键、系统参数页面键、信息页面键、图形参数设置页面键和页面切换键。

【复位键】 其功能是使CNC复位或取消报警等。

【输入键】 其功能是将输入区域内的数据输入到参数页面。

【光标移动键和翻页键】 用于控制光标的移动。

【软键】 根据不同的画面，软键有不同的功能。软键的功能显示在屏幕的底端。要显示一个更详细的屏幕，可以在按下功能键后按软键。最左侧带有向左箭头的软键为菜单返回键，最右侧带有向右箭头的软键为菜单继续键。

【帮助键】 当对MDI键的操作不明白时，按下帮助键可以获得帮助。

3. 机床操作面板

图4-5所示为数控车床的机床操作面板。机床操作面板上的各个开关和按钮用于控制机床的动作，其功能见表4-2。

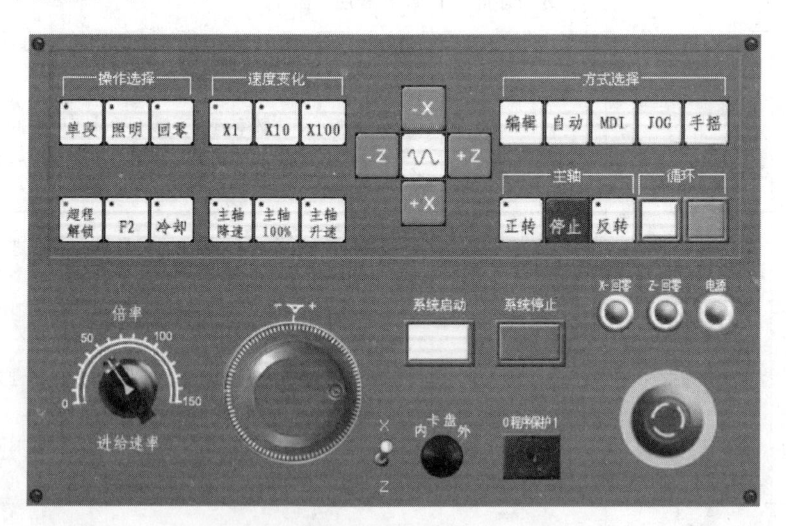

图4-5　数控车床的机床操作面板

表4-2　数控车床MDI键盘键功能

类　别	键	功　能
系统启动/停止键	 系统启动　系统停止	开启和关闭数控系统

续表

类　别	键	功　能
方式选择键	编辑	进入编辑运行方式
	自动	进入自动运行方式
	MDI	进入 MDI 运行方式
	JOG	进入 JOG 进给方式
	手摇	进入手轮进给方式
操作选择键	单段	进入单段运行方式
	回零	返回机床参考点操作（即机床回零）
主轴旋转键	正转	主轴正转
	停止	主轴停转
	反转	主轴反转
循环启动/停止键		在自动加工运行和 MDI 运行时，开启和关闭循环
主轴倍率键	主轴 100%	按下该键（指示灯亮），主轴修调倍率被置为 100%
	主轴 升速	每按一下该键，主轴修调倍率递增 5%
	主轴 降速	每按一下该键，主轴修调倍率递减 5%
超程解锁键	超程 解锁	解除超程警报
进给轴和方向选择开关	-X -Z +Z +X	选择机床欲移动的轴和方向 其中的 为快进开关
JOG 进给倍率刻度盘	倍率 0 50 100 150 进给速率	调节 JOG 进给的倍率。倍率值为 0～150%。每格为 10%
电源/回零指示灯	X 回零 Z 回零 电源	用于表明系统是否开机和回零的情况。系统开机后，电源灯始终亮着。当进行机床回零操作时，某轴返回零点后，该轴的指示灯亮
急停键		按下后切断主轴及伺服系统电源，控制系统复位。故障排除后，旋转该开关，使其释放

【方式选择键】用于选择系统的运行方式，分为编辑、自动、MDI、JOG、手摇5种方式。

【操作选择键】用于开启单段、回零操作。

【主轴旋转键】用于开启和关闭主轴。

【循环启动/停止键】用于开启和关闭循环，在自动加工运行和MDI运行时都会用到它们。

【主轴倍率键】在自动或MDI方式下，当S代码的主轴速度偏高或偏低时，可用主轴倍率键来修调程序中编制的主轴速度。

【超程解锁键】用于解锁超程警报。

【进给轴和方向选择开关】用于选择机床欲移动的轴和方向。

【JOG进给倍率刻度盘】用于调节JOG进给的倍率。倍率值为0～150%。每格为10%。

【系统启动/停止键】用于开启和关闭数控系统。

【电源/回零指示灯】用于表明系统是否开机和回零的情况。当系统开机后，电源灯始终亮着。当进行机床回零操作时，某轴返回零点后，该轴的指示灯亮。

【急停键】按下急停键后，切断主轴及伺服系统电源，控制系统复位。故障排除后，旋转该开关，使其释放。

4.2 数控车床的基本操作

工件的加工程序编写完成后，即可操作机床对工件进行加工。下面介绍数控车床的各种操作和操作过程。

4.2.1 机床的开启和停止

1. 机床的开启

在机床主电源开关接通前，操作者必须对机床的防护门和电箱门是否关闭，液压卡盘的夹持方向是否正确，以及润滑装置上油标的液面位置是否符合要求等进行检查。当以上各项均符合要求时，方可接通电源。

（1）合上机床主电源开关，机床工作灯亮，冷却风扇启动，润滑泵和液压泵启动。

（2）按下机床面板上的系统启动键，接通电源，电源指示灯亮，CRT显示器上出现机床的初始位置坐标。

2. 机床的停止

无论是在手动还是在自动运行状态下，机床在加工完工件后，若遇有不正常情况，需紧急停止时，可用以下3种方式之一来实现。

【按下急停按钮】除润滑油泵外，机床的动作及各种功能均被立即停止。同时，CRT显示器上出现报警信息。

待故障排除后，顺时针转动按钮，被按下的按钮跳起，则急停状态解除。但此时若要恢复机床的工作，必须进行返回机床参考点的操作。

【按下复位键】 在机床自动运转过程中按下复位键，则机床的全部操作均停止，因此可用此键完成急停操作。

【按下电源断开键】 按下控制面板上的系统关闭键，机床则停止工作。

4.2.2　手动操作机床

手动操作主要包括手动返回机床参考点和手动移动刀具。手动移动刀具包括 JOG 进给和手轮进给。

1. 手动返回参考点

机床采用增量式测量系统，因此一旦机床断电后，数控系统就失去了对参考点坐标的“记忆”，当再次接通数控系统的电源时，首先要做的就是进行返回参考点的操作。另外，机床在运行过程中会遇到急停信号或超程报警信号，待故障解除后，也必须进行返回参考点的操作。

手动返回参考点操作就是用机床操作面板上的按钮或开关，将刀具移动到机床的参考点，其操作步骤如下所述。

（1）在操作选择键中按下回零键，这时该键左上方的小红灯亮。

（2）在坐标轴选择键中，分别按下+X键和+Z键，使刀具沿 X 轴和 Z 轴返回参考点，同时 X 和 Z 回零指示灯亮。

（3）若刀具距离参考点开关不足 30mm 时，要首先用【JOG】键使刀架向负方向移动离开参考点，直到距离大于 30mm，再返回参考点。

2. JOG 进给

JOG 进给就是手动连续进给。当手动调整机床，或者是要求刀具快速移近或离开工件时，需要使用 JOG 进给。在 JOG 方式下，按下机床操作面板上的进给轴和方向选择开关，机床沿选定轴的选定方向移动，进给速度可用 JOG 进给倍率刻度盘进行调节。其操作步骤如下所述。

（1）按下键，系统处于 JOG 运行方式。

（2）按下进给轴和方向选择开关，机床沿选定轴的选定方向移动。在开关被按下期间，机床以设定的进给速度移动，一旦开关释放，机床就将停止。

（3）在机床运行前或运行中使用 JOG 进给倍率刻度盘，根据实际需要调节进给速度。若同时按下进给轴和快进开关，则机床以快速移动速度运动，在快速移动期间快速移动倍率有效。

3. 手轮进给

手动调整机床或试切削时，使用手轮确定刀尖的正确位置。其操作步骤如下所述。

（1）按下手摇键，进入手轮方式。

（2）按下手轮进给轴选择开关，选择机床要移动的轴。

（3）按下手轮进给倍率键![X1][X10][X100]，选择移动倍率。若选择[X1]，则手轮每转一个刻度，刀架将移动0.001mm；若选择[X10]，则手轮每转一个刻度，刀架将移动0.01mm；若选择[X100]，则手轮每转一个刻度，刀架将移动0.1mm。

（4）根据需要摇动手轮，使刀架按指定的方向和速度移动，速度由摇动手轮的快慢决定。

4. 主轴的操作

主轴的操作主要包括主轴的启动和停止，主要用于调整刀具和调试机床的，其操作步骤如下所述。

（1）任意选择一种操作方式。

（2）按下主轴功能的[正转]键或[反转]键，主轴将正转或反转。主轴转速可通过[主轴升速]键和[主轴降速]键进行调整。

（3）按下主轴功能的[停止]键，主轴停转。

4.2.3　自动运行

自动运行就是机床根据编制的零件加工程序来运行。工件的加工程序输入到数控系统，准备好刀具和安装好工件后，且各刀具的补偿值均输入到数控系统，经检查无误，可连续执行加工程序进行正式加工。自动运行的方式包括存储器运行、MDI运行和DNC运行等方式。

1. 存储器运行方式

存储器运行方式就是指将编制好的零件加工程序存储在数控系统的存储器中，运行时调出要执行的程序即可使机床运行的方式。

程序预先存储在存储器中，当选定了一个程序并按下机床操作面板上的循环启动按钮时，开始自动运行，而且循环启动灯（LED）点亮。在自动运行期间，当按下机床操作面板上的进给暂停时，自动运行停止；再按一次循环启动按钮时，自动运行恢复。其操作步骤如下所述。

（1）按下编辑键[编辑]，进入编辑运行方式。

（2）按下数控系统面板上的【PROG】键[PROG]，调出加工程序。

（3）按下地址键【O】。

（4）按下数字键输入程序号。

（5）按下数控屏幕下方的软键【O】检索键，这时被选择的程序就显示在屏幕上。

（6）按下自动键[自动]，进入自动运行方式。

（7）按下机床操作面板上的循环键中的白色启动键，开始自动运行。在运行中，若按下循环键中的红色暂停键，机床将减速停止运行；再按下白色启动键，机床恢复运行。如果按下数控系统面板上的[RESET]键，自动运行结束并进入复位状态。

2. MDI运行方式

MDI运行方式是指用键盘输入一组加工命令后，机床根据这个命令执行操作的方式。

MDI 运行用于简单的测试操作。在 MDI 方式中，用 MDI 面板上的按键在程序显示画面可编制最多 10 行程序段（与普通程序的格式一样），然后执行。在 MDI 方式中建立的程序不能被存储。其操作步骤如下所述。

（1）按[MDI]键，进入 MDI 运行方式。

（2）按 MDI 面板上的[PROG]键，屏幕上显示的画面如图 4-6 所示，自动生成 O0000 的程序号。

（3）与普通程序编辑方法类似，编制要执行的程序。

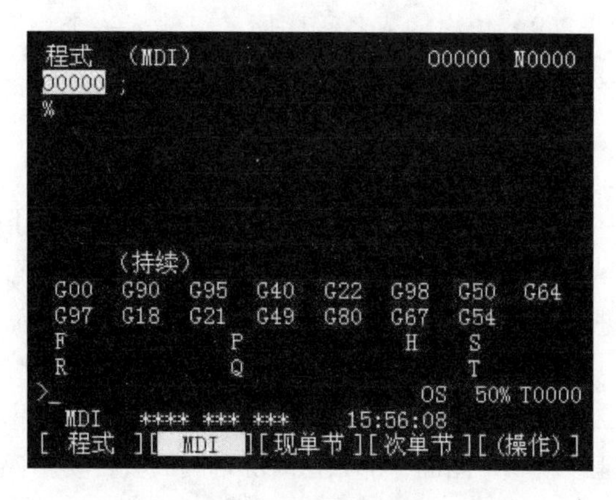

图 4-6　MDI 运行方式的程序输入画面

3. DNC 运行方式

DNC 运行方式（RMT）是自动运行方式中的一种，它在读入接在阅读机/穿孔机接口的外设上的程序的同时，执行自动加工（DNC 运行）。它可以选择存储在外部 I/O 设备上的文件（程序），以及指定（编制计划）自动运行的顺序和执行次数。为了使用 DNC 运行功能，需要预先设定有关阅读机/穿孔机接口的参数。

4. 程序再启动

程序再启动功能指定程序段的顺序号即程序段号，以便下次从指定的程序段开始重新启动加工。该功能有两种再启动方法，即 P 型操作和 Q 型操作。P 型操作可以在程序的任何地方开始重新启动。程序再启动的程序段不必是被中断的程序段。当执行 P 型再启动时，再启动程序段必须使用与被中断时相同的坐标系。Q 型操作在重新启动前，机床必须移动到程序起点。

5. 单段

单段方式通过逐段执行程序的方法来检查程序，其操作步骤如下所述。

（1）按操作选择键中的[单段]键，进入单段运行方式。

（2）按下循环启动按钮，执行程序的一个程序段，然后机床停止。

（3）再按下循环启动按钮，执行程序的下一个程序段，机床停止。

（4）如此反复，直到执行完所有的程序段。

4.2.4　程序的编辑

下列各项操作均是在编辑状态下且程序被打开的情况下进行的。

1. 创建新程序

（1）将“程序保护”开关置于位置“1”。

（2）在机床操作面板的方式选择键中按[编辑]键，进入编辑运行方式。

（3）按系统面板上的键，数控屏幕上显示程式画面。

（4）使用地址/数字键，输入程序号O××××。

（5）按下键，则程序号被输入。

（6）程序屏幕上显示新建立的程序名和结束符%，接下来可以输入程序内容。

（7）按编制好的程序输入相应的字母和数字，按下键，则程序段内容被输入。

（8）按下键，再按键，则程序段结束符号“;”被输入。

（9）依次输入各程序段，每输入一个程序段后，按下键，再按下键，直到全部程序段输入完毕为止。

2. 程序检索

（1）在机床操作面板的方式选择键中按下键，进入编辑运行方式。

（2）按下键，数控屏幕上显示程式画面，屏幕下方出现软键【程式】、【DIR】。默认进入的是程式画面，也可以按【DIR】键进入DIR画面，即加工程序列表页。

（3）按下数控系统面板上的地址/数字键，输入要检索的程序号O××××。

（4）按下软键【O】检索。被检索到的程序显示在程式画面中。如果第（2）步中按【DIR】键进入DIR画面，那么这时屏幕画面会自动切换到程式画面，并显示所检索的程序内容。

3. 程序删除

（1）在机床操作面板的方式选择键中按下键，进入编辑运行方式。

（2）按下【PROG】键，数控屏幕上显示程式画面。

（3）按软键【DIR】进入DIR画面，即加工程序列表页。

（4）按下数控系统面板上的地址/数字键，输入要检索的程序号O××××。

（5）按数控系统面板上的键，所输入程序号的程序被删除。

4. 程序内容的编辑

如果在程序输入后发现错误，或者在程序检查中发现错误，必须对其进行修改。程序内容的编辑包括字符的插入、替换和删除。程序内容的编辑均在编辑运行方式下，并且已将所要编辑的程序在屏幕上显示。

【字符的插入】将光标移到需要插入的后一位字符上，输入要插入的字母和数据；按下键，输入要插入的字被输入，光标位于插入字符的下一个字符前。

【字符的替换】将光标移到需要替换的字符上，输入要替换的字母和数据，按下键，光标所在的字符被替换，同时光标移到下一个字符上。

【字符的删除】将光标移到需要删除的字符上，按下键，光标所在的字符被删除，同时光标移到被删除字符的下一个字符上。

【输入过程中的删除】在输入过程中，即字母或数字还在输入缓存区，且按下键时，可以使用键来进行删除。每按一下，则删除一个字母或数字。

4.2.5 刀具补偿值的输入

为保证加工精度和方便编程，在加工过程中必须进行刀具补偿，每个刀具的补偿量需要在加工前输入到数控系统中，以便在程序的运行中自动进行补偿，如图4-7所示。其具体操作步骤如下所述。

（1）按下键，显示工具补正/形状界面。

（2）按下软键选择键【OFFSET】，或者连续按下键，直至显示出刀具补偿界面。根据刀具几何/磨损偏置的有无，显示的屏幕会有所不同。

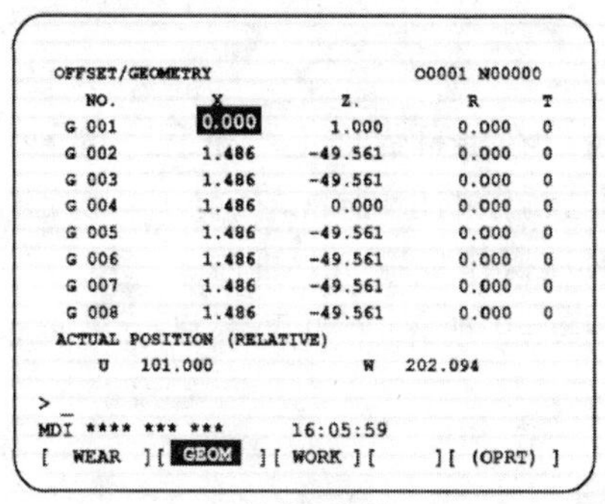

刀具几何偏置

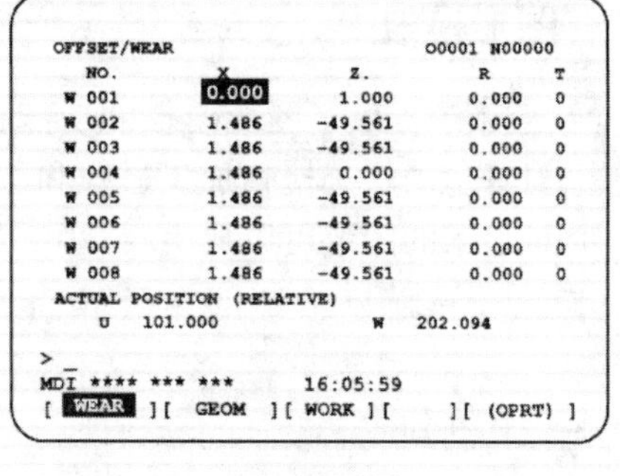

刀具磨损偏置

图 4-7　刀具补偿

（3）用翻页键和光标键移动光标至所需设定或修改的补偿值处，或者输入所需设定或修改补偿值的补偿号并按软键【No. SRH】。

（4）输入一个值并按下【INPUT】键，或者输入一个值并按软键【输入】，就完成了刀具补偿值的设定，显示新的设定值。

4.2.6　工件原点偏移值的输入

工件原点偏置界面如图 4-8 所示，在此界面上可设定工件原点偏置和外部工件原点偏置，其具体操作步骤如下所述。

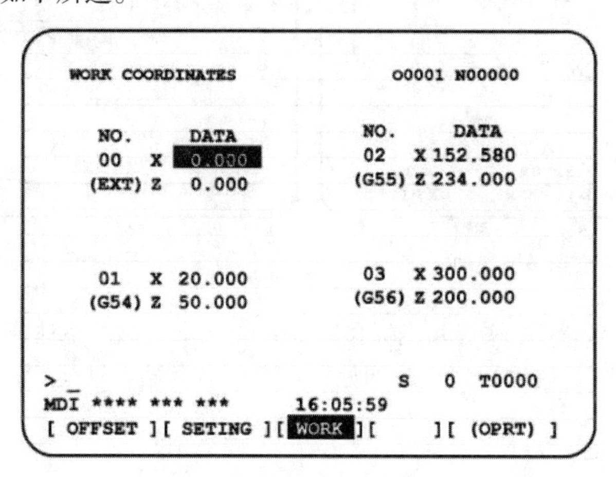

图 4-8　工件原点偏置界面

（1）按下键。

（2）按下【坐标系】软键，显示工件坐标系设定界面。

（3）该界面包含两页，使用翻页键可以翻到所需要的界面。

（4）使用光标键将光标移动到想要改变的工件原点偏移值上。例如，要设定 G54 X20. Z30.，首先将光标移到 G54 的 X 值上。

（5）使用数字键输入数值“20.”，然后按下键或按软键【输入】。

（6）将光标移到Z值上。输入数值30，然后按下键或按软键【输入】。

（7）如果要修改输入的值，可以直接输入新值，然后按下键或按软键【输入】。如果输入一个数值后按软键【+输入】，那么当光标在X值上时，系统会将输入的值除以2，然后与当前值相加，而当光标在Z值上时，系统直接将输入的值与当前值相加。

4.2.7 图形模拟

FANUC数控系统提供了图形模拟的功能，可以在屏幕界面上显示程序的刀具轨迹，通过观察屏幕上刀具运动轨迹检查加工过程和所编写程序的正确性。在显示前设定绘图坐标和绘图参数，并且显示的图形可以放大/缩小。其具体操作步骤如下所述。

（1）按下键，则显示绘图参数界面如图4-9所示（如果不显示该界面，按软键【G. PRM】）。

（2）将光标移动到所需设定的参数处。

（3）输入数据，然后按下键。

（4）重复第（2）步和第（3）步，直到设定完所有需要的参数。

（5）按软键【GRAPH】。

（6）启动自动或手动运行，于是机床开始移动，并且在界面上绘出刀具的运动轨迹，如图4-10所示。

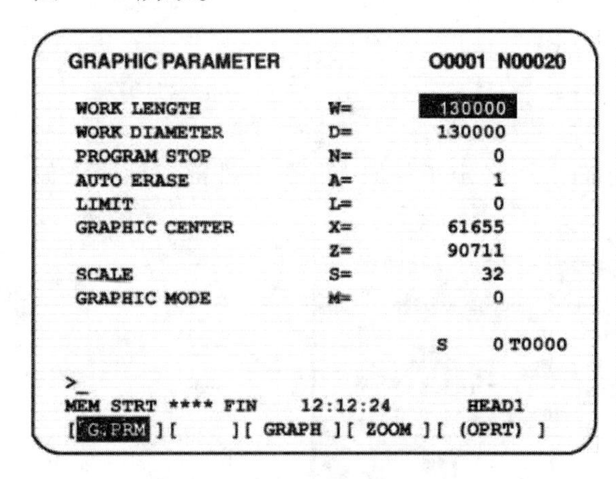

图4-9 图形模拟参数界面

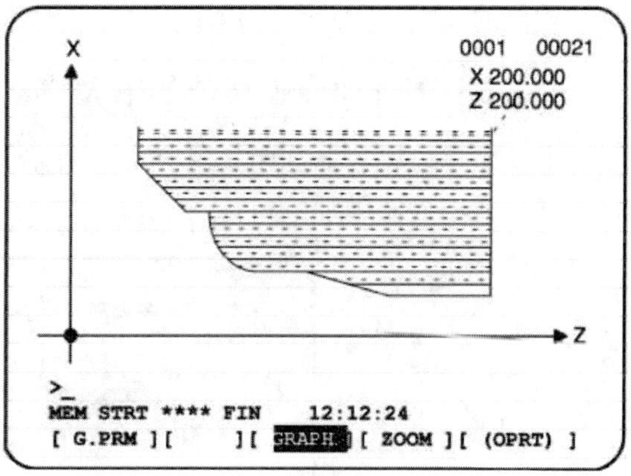

图4-10 图形模拟显示

（7）可以使用【ZOOM】软键和光标移动键，图形可整体或局部放大。

（8）按【NORMAL】软键可以显示原始图形，然后开始自动运行。

4.2.8 对刀

对刀是数控车削加工前的一项重要工作，对刀的好与坏将直接影响到加工程序的编制及零件的尺寸精度，因此它也是加工成败的关键因素之一。在数控车削加工中，应首先确定零件的加工原点以建立准确的加工坐标系，同时考虑刀具的不同尺寸对加工的影响，并输入相应的刀具补偿值。这些都需要通过对刀来解决。

1. 对刀术语

【刀位点】是指在加工程序编制中，用以表示刀具特征的点，也是对刀和加工的基准点。对于车刀，各类车刀的刀位点如图 4-11 所示。

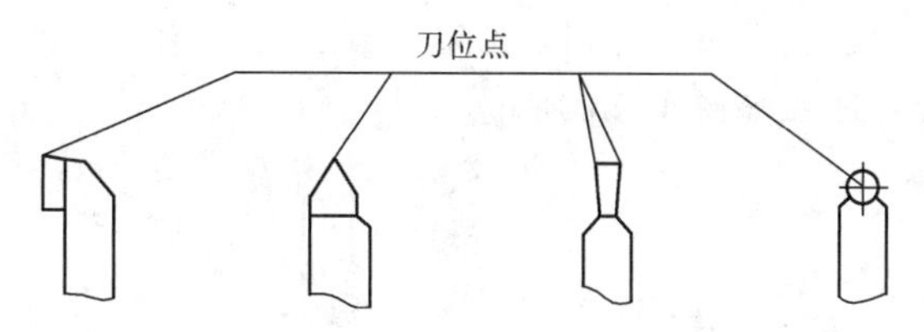

图 4-11　各类车刀的刀位点

【对刀】 对刀是将所选刀的刀位点尽量和某一理想基准点重合，以确定工件坐标系和刀具在机床上的位置。对刀的实质是测量出各个刀具的位置差，将各个刀具的刀尖统一到同一工件坐标系下的某个固定位置，以使各刀尖点均能按同一工件坐标系指定的坐标移动。

对刀后，各个刀具的刀位点与对刀基准点相重合的状况总有一定的偏差。因此，在对刀的过程中，可同时测定出各个刀具的刀位偏差（在进给坐标轴方向上的偏差大小与方向），以便进行自动补偿。

【对刀点】 用以确定工件坐标系相对于机床坐标系之间的关系，它是与对刀基准点相重合（或经刀补后能重合）的位置。在一般情况下，对刀点既是加工程序执行的起点，也是加工程序执行后的终点，该点的位置可由 G50、G54 等指令设定。

2. 对刀方法

数控车床常用的对刀方法有 3 种，即试切对刀、机械对刀仪对刀（接触式）和自动对刀（非接触式）。

【试切对刀】 是指在机床上使用相对位置检测手动对刀。下面以 Z 向对刀为例说明对刀方法，如图 4-12 所示。安装刀具后，先移动刀具手动切削工件右端面，再沿 X 方向退刀，将右端面与加工原点距离 N 输入数控系统，即完成该刀具的 Z 向对刀过程。

试切对刀是基本对刀方法，在实际生产中应用较多，但是此方法较为落后，占用较多的在机床上的时间。

【机外对刀仪对刀】 机外对刀的本质是测量出刀具假想刀尖点到刀具台基准之间 X 及 Z 方向的距离。利用机外对刀仪可将刀具预先在机床外校对好，以便装上机床后将对刀长度输入相应刀具补偿号即可使用，如图 4-13 所示。

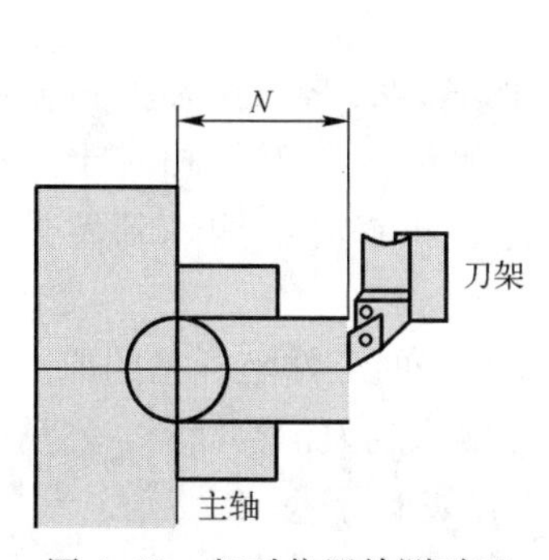

图 4-12　相对位置检测对刀

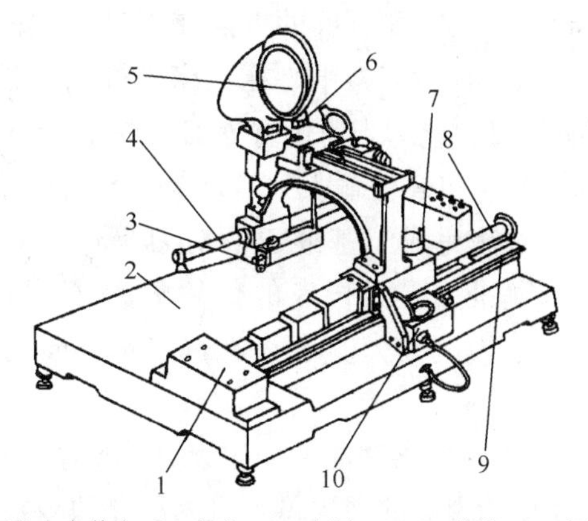

1—刀具台安装座；2—底座；3—光源；4、8—轨道；5—投影放大镜；6—X 向进给手柄；7—Z 向进给手柄；9—刻度尺；10—微型读数器

图 4-13　机外对刀仪对刀

【自动对刀】自动对刀是通过刀尖检测系统实现的，刀尖以设定的速度向接触式传感器接近，当刀尖与传感器接触并发出信号时，数控系统立即记录下该瞬间的坐标值，并自动修正刀具补偿值。自动对刀过程如图 4–14 所示。

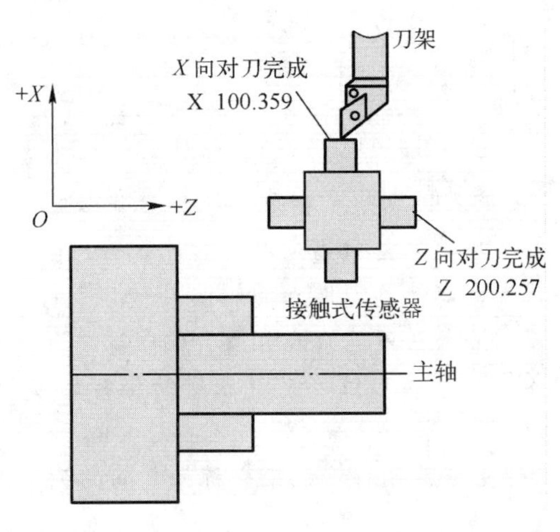

图 4–14　自动对刀过程

3. 试切法对刀的具体过程

1）使用 G54 ～ G59　工件坐标系用的是 G54 ～ G59 预置的坐标系。通过对刀操作，确定机床坐标系和工件坐标系之间的相互关系。也就是说，找到工件坐标系原点在机床坐标系中的坐标位置，然后通过执行 G54 ～ G59 指令创建工件坐标系。在车削加工中，工件坐标原点通常选在工件右端面、左端面或卡爪的前端面。建立工件坐标系后，程序中所有绝对坐标值都是相对于工件原点的。具体操作如下所述。

（1）进行手动返回参考点的操作。

（2）试切外圆：用手动方式操纵机床在工件外圆表面试切一刀，然后保持刀具在 *X* 轴方向上的位置不变，沿 *Z* 轴方向退刀，记录下此时显示器上显示的刀架中心在机床坐标系中的 *X* 坐标值 X_t，并测量工件试切后的直径 *D*，此即当前位置上刀尖在工件坐标系中的 *X* 值（通常 *X* 零点都选在回转轴心上）。

（3）试切端面：用同样的方法在工件右端面试切一刀，保持刀具 *Z* 坐标不变，沿 *X* 方向退刀，记录下此时刀架中心在机床坐标系中的 *Z* 坐标值 Z_t，且测出试切端面至预定的工件原点的距离 *L*，此即当前位置处刀尖在工件坐标系中的 *Z* 值，如图 4–15 所示。

（4）将 *X* 值和 *Z* 值输入到 G54 ～ G57 的工件坐标偏移值。

通过此方法完成了基准刀的对刀操作。对于加工中使用的其他刀具，则需要再分别测出它们与基准刀具刀位点的位置偏差值（这可以通过分别测量各个刀具相对于刀架中心或相对于刀座装刀基准点在 *X*、*Z* 方向的偏置值来得到），再将它们输入到刀具补偿中。

2）使用刀具补偿功能　使用刀具补偿功能的方法是将编程时用的工件坐标系的原点与加工中实际使用刀具的刀尖位置之间的差值设定为刀偏量，直接输入到刀偏存储器，然后通过指令 T11 激活工件坐标系，如图 4–16 所示。其具体的操作步骤如下所述。

（1）在手动方式中用一把实际刀具切削表面 *A*，假定工件坐标系已经设定。

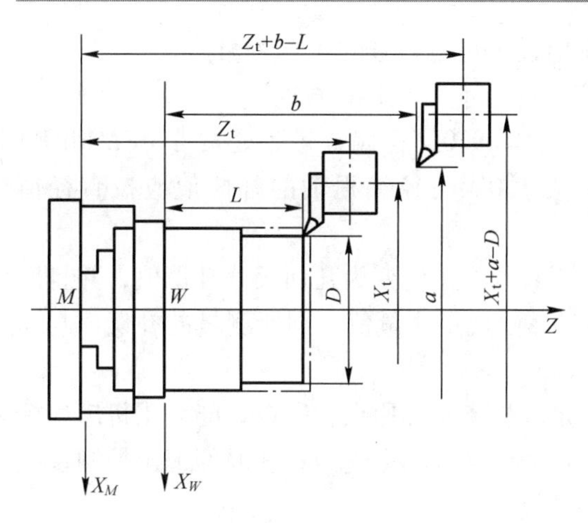

图 4-15　试切法对刀

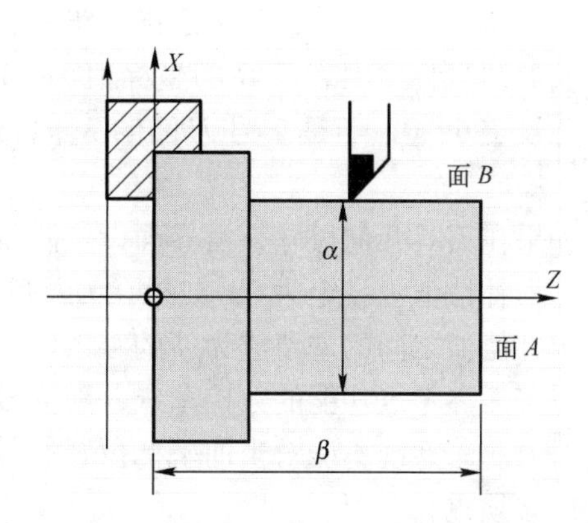

图 4-16　使用刀具补偿功能建立工件坐标系

（2）仅在 X 轴方向上退刀，不要移动 Z 轴，停止主轴。

（3）测量工件坐标系的零点至面 A 的距离 β。

（4）用下述方法将该值设为指定刀号的 Z 向测量值。

① 按下OFS/SET键和软键【OFFSET】显示刀具补偿界面。如果几何补偿值和磨损补偿值必须分别设定，就显示与其相应的界面，如图 4-17 所示。

OFFSET/GEOMETRY　　O0001 N00000

NO.	X	Z.	R	T
G 001	0.000	1.000	0.000	0
G 002	1.486	-49.561	0.000	0
G 003	1.486	-49.561	0.000	0
G 004	1.486	0.000	0.000	0
G 005	1.486	-49.561	0.000	0
G 006	1.486	-49.561	0.000	0
G 007	1.486	-49.561	0.000	0
G 008	1.486	-49.561	0.000	0

ACTUAL POSITION (RELATIVE)

U　0.000　　W　0.000

V　0.000　　H　0.000

>MZ120._

MDI **** *** ***　　16:05:59

[NO,SRH] [MEASUR] [INP.C.] [+INPUT] [INPUT]

图 4-17　刀具补偿界面

② 将光标移动至欲设定的偏置号处。

③ 按地址键【Z】进行设定。

④ 输入测量值（β）。

⑤ 按软键【MESURE】，则测量值 β 与程编的坐标值之间的差值作为偏置量被设入指定的刀偏号。

（5）在手动方式中切削表面 B。

（6）仅在 Z 轴方向上退刀，不要移动 X 轴，停止主轴。

（7）测量表面 B 的直径 α。

(8) 用与上述设定 Z 轴的相同方法将该测量值设为指定刀号的 X 向测量值。

(9) 对所有使用的刀具重复以上步骤，则其刀偏值可自动计算并设定。

例如，当程序中表面 B 的坐标值为70.0时，$\alpha=69.0$，在偏置号2处按【MEASURE】键，并设定69.0，于是2号刀偏的 X 向刀偏量为1.0。直径编程轴的补偿值应按直径值输入。

如果在刀具几何尺寸补偿界面设定测量值，所有的补偿值变为几何尺寸补偿值，并且所有的磨损补偿值被设定为0。如果在刀具磨损补偿界面设定测量值，则所测量的补偿值与当前磨损补偿值之间的差值成为新的补偿值。

对于无参考点功能的数控车床，因为没有固定的机床坐标原点，所以不能利用机床坐标系来对刀。若系统不能对当前坐标位置进行断电自动记忆，则中途因某些原因退出控制系统时，就必须重新对刀。

4.3 数控车床编程实例

4.3.1 轴类零件的加工

编制如图4-18所示零件的加工程序，材料为45#钢，棒料直径为 ϕ40mm。

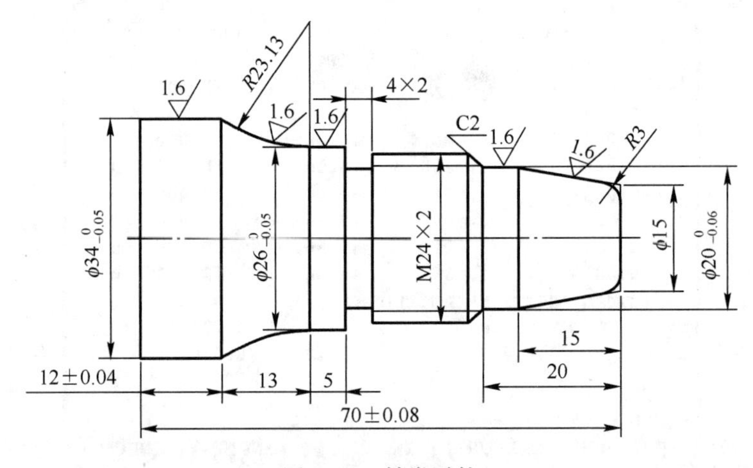

图4-18 轴类零件

1. 零件的工艺分析

该零件表面由圆柱、圆锥、圆弧、槽及螺纹组成。尺寸标注完整，零件图上给定多处精度要求较高的尺寸，公差值较小，编程时按基本尺寸来编写。根据工件图样尺寸分布情况，确定工件坐标系原点 O 取在工件右端面中心处，换刀点坐标为（200，200）。

2. 确定加工路线

加工路线按先粗后精，由右到左的加工原则执行。首先自右向左进行粗车，然后从右向左进行精车，切槽，最后车螺纹。具体路线为先车端面→圆弧面→切削锥度部分→切削螺纹的外径→车台阶面→切削 ϕ26 圆柱面→切削圆锥部分→切削 ϕ34，再切槽，最后车削螺纹，切下零件。

3. 确定刀具和夹具

由于工件长度不大，只要在左端采用三爪自定心卡盘定心夹紧即可。

根据加工要求，需选用 4 把刀具。粗车及端面加工选用粗车外圆车刀；精加工选用精车外圆车刀；槽的加工选用宽 4mm 切槽刀；螺纹的加工选用 60°螺纹刀。将所选的刀具参数填写在数控加工刀具卡片中，便于编程和操作管理，见表 4-3。

表 4-3　数控加工刀具卡片

产品名称或代号			零件名称	零　件　轴	零件图号	
序号	刀具号	刀具规格和名称	数　　量	加 工 表 面	刀 尖 半 径	备　　注
1	T01	硬质合金 90°外圆车刀	1	车端面及粗车轮廓	0.20mm	右偏刀
2	T02	切槽刀	1	槽及切断	0.15mm	
3	T03	硬质合金 60°螺纹刀	1	车螺纹	0.15mm	
4	T04	硬质合金 90°外圆车刀	1	精加工轮廓	0.15mm	右偏刀
编制		审核		批准	共　页	第　页

4. 确定切削用量

数控车床加工中的切削用量包括切削深度、主轴转速和进给速度，切削用量应根据工件材料、硬度、刀具材料及机床等因素来综合考虑。

1）背吃刀量的确定　进行轮廓加工时，粗车循环时选择 $a_p=3$mm，精车循环时选择 $a_p=0.25$mm；进行螺纹加工时，粗车循环时选择 $a_p=0.4$mm，逐刀减少，精车循环时选择 $a_p=0.1$mm。

2）主轴转速的确定　主轴转速的确定方法是根据零件上被加工部位的直径，并按零件和刀具的材料，以及加工性质等条件所允许的切削速度来确定的。在实际生产中，主轴转速可用下式计算：

$$n=1000v/\pi d$$

式中，n 为主轴转速（r/min）；v 为切削速度（m/min）；d 为零件待加工表面的直径（mm）。

本例中，可查相关手册确定切削速度。车直线和圆弧时，粗车切削速度 $v_c=90$m/min，精车切削速度 $v_c=120$m/min，然后利用上述公式计算主轴转速 n。

3）进给量的确定　查阅相关手册并结合实际情况来确定，粗车时进给量一般取为 0.4mm/r；精车时进给量常取 0.15mm/r；切断时进给量宜取 0.1mm/r。

4）车螺纹主轴转速的确定　在车削螺纹时，车床的主轴转速将受到螺纹的螺距（或导程）大小、驱动电动机的降频特性及螺纹插补运算速度等多种因素影响。因此，对于不同的数控系统，推荐的主轴转速范围会有所不同。

通常，螺纹总切深 $h=0.6495P=(0.6495\times2)\text{mm}=1.299\text{mm}$。

综合前面分析，将确定的加工参数填写在数控加工工艺卡中，见表 4-4。

表 4-4 数控加工工序卡片

<table>
<tr><td rowspan="2">单位名称</td><td rowspan="2"></td><td colspan="2">产品名称和代号</td><td colspan="2">零件名称</td><td colspan="2">零件图号</td></tr>
<tr><td colspan="2"></td><td colspan="2">零件轴</td><td colspan="2"></td></tr>
<tr><td>工序号</td><td>程序编号</td><td colspan="2">夹具名称</td><td colspan="2">使用设备</td><td colspan="2">车间</td></tr>
<tr><td>001</td><td></td><td colspan="2">三爪卡盘</td><td colspan="2">FANUC—0i 数控车床</td><td colspan="2"></td></tr>
<tr><td>工步号</td><td>工步内容</td><td>刀具号</td><td>刀具规格/(mm)</td><td>主轴转速/(r/min)</td><td>进给转速/(mm/min)</td><td>背吃刀量/(mm)</td><td>备注</td></tr>
<tr><td>1</td><td>车端面</td><td>T01</td><td>25×25</td><td>800</td><td>100</td><td></td><td></td></tr>
<tr><td>2</td><td>粗车轮廓</td><td>T01</td><td>25×25</td><td>800</td><td>100</td><td>3</td><td></td></tr>
<tr><td>3</td><td>切槽</td><td>T02</td><td>25×25</td><td>400</td><td>30</td><td></td><td></td></tr>
<tr><td>4</td><td>精车轮廓</td><td>T04</td><td>25×25</td><td>1200</td><td>80</td><td>0.25</td><td></td></tr>
<tr><td>5</td><td>车螺纹</td><td>T03</td><td>25×25</td><td>300</td><td>2</td><td></td><td></td></tr>
<tr><td>6</td><td>切断</td><td>T02</td><td>25×25</td><td>400</td><td>30</td><td></td><td></td></tr>
<tr><td>编制</td><td></td><td>审核</td><td></td><td>批准</td><td></td><td>共 页</td><td>第 页</td></tr>
</table>

5. 编写加工程序

```
O9828;                                  程序名
N10 G54 G98 G21;                        用G54指定工件坐标系、每分钟进给量、公制编程
N20 M3 S800 M07;                        主轴正转，转速为800r/min
N30 G00 X200 Z200;                      到达换刀点
N40 T0101;                              换1号外圆刀，建立1号刀补
N50 G00 X41 Z2;                         快速到达轮廓循环起刀点
N55 G94 X-2 Z0 F100;                    用端面循环指令车端面
N60 C71 U3 R1;                          外径粗车循环，给定加工参数
N70 G71 P80 Q170 U0.5 W0.1 F100;        N80～N170为循环部分轮廓
N80 G01 X9.917 F80;                     从循环起刀点以80mm/min进给移动到轮廓起始点
N95 Z0;
N90 G03 X15.8356 Z-2.5068 R3;           车削圆弧面
N100 G01 X20 Z-15;                      车削圆锥
N110 Z-20;                              车削φ20的圆柱
N120 X24 Z-22;                          倒角
N130 Z-40;                              车削螺纹台阶面
N140 X26;                               径向加工到指定位置
N150 Z-45;                              车削台阶
N160 G02 X34 Z-58 R23.13;               车削圆弧面
N170 G01 Z-75;                          车削台阶，循环结束程序段
N175 G00 X200 Z200;                     快速定位到指定位置
N180 T0100;                             取消1号刀补
N185 T0202;                             建立2号刀补
N188 M03 S400;
N190 G00 X30 Z-40;                      快速定位到指定位置进行切槽
```

```
N195 G01 X20 F30;                加工到槽底
N200 G04 X3;                     暂停 3s
N205 G01 X32 F60;                退刀
N210 G00 X200 Z200;              快速到达指定位置
N215 T0200;                      取消 2 号刀补
N220 T0404;                      换 4 号刀
N222 M03 S1200;
N225 G00 X41 Z2;                 快速运行到起刀点的位置
N240 G70 P80 Q170;               精加工循环
N245 G00 X200 Z200;              快速移至换刀点位置
N250 T0400;                      取消 4 号刀补
N280 T0303;                      建立 3 号刀补
N285 M03 S300;
N290 G00 X26 Z-18;               快速定位到指定位置
N300 G92 X23.5 Z-38 F2;          螺纹切削循环
N310 X23.1;                      加工螺纹
N320 X22.7;
N330 X22.4;
N340 X22.1;
N350 X21.8;
N360 X21.6;
N370 X21.5;
N380 X21.402;
N390 G00 X200 Z200;              快速退刀到达指定位置
N400 T0300;                      取消 3 号刀补
N410 T0202;                      建立 2 号刀补
N415 M03 S400;
N420 G00 X36 Z-74;               快速定位到指定位置
N430 G01 X2 F40;                 切断
N440 G04 X3;                     暂停 3s
N450 G01 X40 F60;                退刀到达安全位置
N460 G00 X100 Z100;              快速退刀
N470 T0200;                      取消 2 号刀补
N480 M05 M09;                    主轴停止
N490 M30;                        程序结束
```

4.3.2 套筒类零件的加工

编制如图 4-19 所示零件的套筒类加工程序，材料为 45#钢，棒料直径为 40mm。

1. 零件的工艺分析

该零件表面由内/外圆柱、圆锥、圆弧、槽及螺纹组成。尺寸标注完整，零件图上给定多处精度要求较高的尺寸，公差值较小，编程时按基本尺寸来编写。根据工件图样尺寸分布情况，确定工件坐标系原点 *O* 取在工件右端面中心处，换刀点坐标为（200，200）。

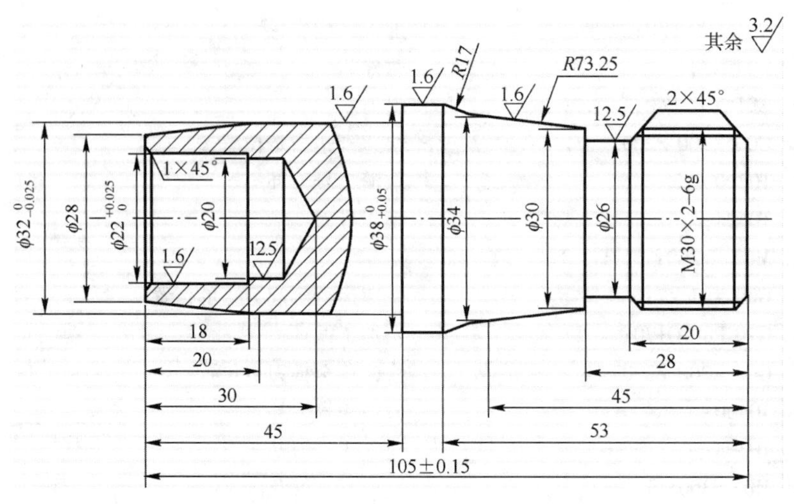

图 4-19 套筒类零件

2. 确定加工路线

加工路线按由内到外，由粗到精，由右到左的加工原则。首先自右向左进行粗车，然后从右向左进行精车，切槽，最后车螺纹。

（1）加工左端面。棒料伸出卡盘外约 70mm，找正后夹紧。

（2）把 φ20 锥柄麻花钻装入尾座，移动尾架使麻花钻切削刃接近端面并锁紧，主轴转速为 400r/min，手动转动尾座手轮，钻 φ20 的底孔，转动约 6 圈（尾架螺纹导程为 5mm）。

（3）用外圆车刀，采用 G71 指令进行零件左端部分的轮廓循环粗加工。

（4）用外圆车刀，采用 G70 指令进行零件左端部分的轮廓循环精加工。

（5）用镗刀镗 φ22 的内孔并倒角。

（6）卸下工件，用铜皮包住已加工过的 φ32 外圆，调头使零件上 φ32 到 φ38 台阶端面与卡盘端面紧密接触后夹紧，找正后准备加工零件的右端面。

（7）手动车端面控制零件总长。

（8）用外圆车刀，采用 G90 指令进行零件右端部分的粗加工。

（9）用外圆车刀，采用调子程序的方式进行零件右端部分的轮廓加工。

（10）用切断刀，进行精加工外形。

（11）用螺纹刀，采用 G92 指令进行螺纹循环加工。

3. 确定刀具和夹具

由于工件长度不大，只要在左端采用三爪自定心卡盘定心夹紧即可。

根据加工要求需选用 4 把刀具。粗车及端面加工选用粗车外圆车刀；精加工选用精车外圆车刀；槽的加工选用宽 4mm 切槽刀；螺纹的加工选用 60°螺纹刀；孔的加工，首先使用 φ20 锥柄麻花钻钻孔，再选用镗刀镗孔。将所选的刀具参数填写在数控加工刀具卡片中，便于编程和操作管理，见表 4-5。

4. 确定切削用量

数控车床加工中的切削用量包括切削深度、主轴转速和进给速度，切削用量应根据工件材料、硬度、刀具材料及机床等因素来综合考虑。

表 4-5　数控加工刀具卡片

产品名称或代号			零件名称	套筒类零件	零件图号	
序号	刀具号	刀具规格和名称	数　量	加工表面	刀尖半径	备　注
1	T01	硬质合金 90°外圆车刀	1	车端面及粗车轮廓	0.20mm	右偏刀
2	T02	切槽刀	1	精加工右端及切断	0.15mm	
3	T03	硬质合金 60°螺纹刀	1	车螺纹	0.15mm	
4	T04	镗刀	1	粗加工内孔	0.15mm	
5	T05	ϕ20 锥柄麻花钻	1			
6	T06	硬质合金 90°外圆车刀	1	精加工左外轮廓	0.15mm	右偏刀
7	T07	镗刀		精加工内孔	0.15mm	
编制		审核		批准	共　页	第　页

1）背吃刀量的确定　轮廓加工时，粗车循环时选择 $a_p=3$mm，精车循环时选择 $a_p=0.25$mm；螺纹加工时，粗车循环时选择 $a_p=0.4$mm，逐刀减少，精车循环时选择 $a_p=0.1$mm。

2）主轴转速的确定　根据前面所述确定主轴转速。

3）进给量的确定　查阅相关手册并结合实际情况确定进给量，粗车时一般取为 0.4mm/r；精车时常取 0.15mm/r；切断时宜取 0.1mm/r。

4）车螺纹主轴转速的确定　综合前面分析，将确定的加工参数填写在数控加工工序卡片中，见表 4-6。

表 4-6　数控加工工序卡片

单位名称		产品名称和代号		零件名称		零件图号	
				套筒类零件			
工序号	程序编号	夹具名称		使用设备		车间	
001		三爪卡盘		FANUC—0i 数控车床			
工步号	工步内容	刀具号	刀具规格/（mm）	主轴转速/（r/min）	进给转速/（mm/min）	背吃刀量/（mm）	备　注
1	平端面	T01	25×25	800			手动
2	钻底孔	T05	ϕ20	400		3	手动
3	粗车轮廓	T01	25×25	800	100		
4	精车轮廓	T06	25×25	1200	80	0.25	
5	粗镗孔	T04	20×20	400	40		
6	精镗孔	T07	20×20	1200			
7	掉头装夹		20×20				手动
8	车右端面	T01	25×25	800			手动
9	粗车右端轮廓	T01	25×25	800	100		
10	精车右端轮廓	T02	20×20	1200	40		
11	车螺纹	T03	25×25	300	2		
12	切断	T02		400			手动
编制		审核		批准		共　页	第　页

5. 编写加工程序

（1）程序 1：零件左端面部分加工，必须在钻孔后才能进行自动加工。

程序	说明
O1018；	程序名
N10 G54 G98 G21；	用 G54 指定工件坐标系、每分进给、公制编程
N20 M03 M07 S800；	主轴正转，转速为 800r/min
N30 G00 X200 Z200；	刀具到达换刀点
N40 T0101；	换 1 号外圆刀，建立 1 号刀补
N50 G00 X42 Z0；	刀具快速到达端面的径向外
N60 G01 X18 F50；	车削端面（由于已钻孔，所以 X 到 $\phi18$ 即可）
N70 G0 X41 Z2；	快速到达轮廓循环起刀点
N80 G71 U2 R1；	外径粗车循环，给定加工参数
N90 G71 P100 Q150 U0.5 W0.1 F100；	N100～N150 循环部分轮廓
N100 G01 X28 F80；	从循环起刀点以 100mm/min 进给移动到轮廓起始点
N110 Z0；	
N120 X32 Z－20；	车削圆锥
N130 Z－45；	车削 $\phi32$ 的圆柱
N140 X38；	车削台阶
N150 Z－55；	车削 $\phi38$ 的圆柱，在加工零件右端部分时不再加工此圆柱
N160 G00 X200；	沿径向快速退出
N170 Z200；	沿轴向快速退出
N180 M05；	主轴停转
N190 T0100；	取消刀补
N200 M03 S1200；	主轴重新启动，转速为 1200r/min
N210 T0606；	换 6 号刀
N220 G00 X42 Z2；	
N230 G70 P100 Q150；	N100～N150，对轮廓进行精加工
N240 G00 X200；	刀具沿径向快退
N250 Z200；	刀具沿轴向快退
N260 M05；	主轴停转
N270 M00；	程序暂停。用于精加工后的零件测量，断点从 N200 开始
N275 M03 S800；	主轴正转，转速 800r/min
N280 G00 X200 Z200；	快速定位到指定位置
N285 T0600；	取消 1 号刀补
N290 T0404；	换 4 号镗刀，导入刀具刀补
N300 G00 X22 Z2；	快速移动到孔外侧
N310 G01 Z－18 F100；	粗镗内孔
N320 X17；	车削孔内台阶（退刀）
N330 Z2；	快速移动到孔外侧
N340 Z200；	沿轴向快速退出
N350 M05；	主轴停转
N360 T0400；	程序暂停。测量粗镗后的内孔直径
N370 M03 S1200；	主轴正转，转速 1200r/min

N380 T0707;　　换 7 号刀，进行精镗
N390 G00 X26 Z2;　　快速移动到孔外侧
N395 G01 X18 Z -2 F80;　　倒角
N400　Z2;　　退出内孔
N405　X22;
N410 G01 Z -18 F50;　　精镗 ϕ22 内孔
N415 X19;　　精车孔内台阶（退刀）
N420 G01 Z2;　　快速移动到孔外侧
N430 G00 X200 Z200;　　沿轴向快速退出
N440 T0700;　　主轴停转
N450 M09 M05;
N530 M30;　　程序结束

（2）程序 2：零件右端面部分加工。

O1019;　　程序名
N5 G54 G98 G21;　　用 G54 指定工件坐标系，每分钟进给量(mm/min)，公制编程
N10 G00 X200 Z200;　　回换刀点
N15 M03 S600;　　主轴正转，转速为 800r/min
N20 T0101;　　换 1 号车外圆，建立 1 号刀补
N30 G00 X42 Z3;　　刀具快速到达端面的径向外
N40 G01 X -0.5 F50;　　车削端面。为防止在圆心处留下小凸块，所以车削到 -0.5mm 处
N50 G00 X41 Z3;　　快速到达轮廓循环起刀点
N60 G90 X38.5 Z -60 F100;　　外径粗车循环
N70 X35 Z -28;　　去除螺纹处裕量
N80 X32;
N90 G00 X42.5 Z -18;　　确定调用子程序起刀点的位置
N100 M98 P61020;　　调用 O1020 子程序
N102 G01 X50;　　退出工件
N104 G00 X200 Z200;
N106 T0100;
N108 T0202;　　换精加工刀具
N110 G00 X50 Z0 S800;　　定位开始进行精加工
N115 G01 X -1 F50;
N120 X26 F70;　　定位到右端面
N130 X30 Z -2;　　倒角
N140 Z -18;　　车螺纹成形表面
N150 X26 Z -20;　　倒角
N160 Z -28;　　车槽
N170 X30;　　车端面
N180 G03 X34 Z -45 R73.25;　　车削 $R73.25$ 逆圆弧
N190 G02 X38 Z -53 R17;　　车削 $R17$ 顺圆弧
N200 G01 Z -60;
N210 G01 X40;　　沿径向退刀
N220 G00 X200 Z200;　　快速到达定位点

```
N230 T0200;                    取消刀补
N240 T0303;                    换3号螺纹刀，建立3号刀补
N250 G00 X31 Z4;               快速到达螺纹加工起始位置，轴向有空刀导入量
N260 G92 X29 Z-22 F2;          用循环指令加工螺纹
N270 X28.3;                    精加工螺纹
N280 X27.9;
N290 X27.5;
N300 X27.4;
N305 G0 X200;                  沿径向退出
N310 Z200 T0300;               沿轴向退出
N320 M05;                      主轴停转
N330 M30;                      程序结束
```

（3）程序3：子程序。

```
O1020;
N10 G01 U-2;                   沿径向进刀
N20 U-4 W-2;                   倒角
N30  Z-28;                     车台阶
N40 U4;                        车端面
N50 G03 U4 Z-45 R73.25;        车削R73.25逆圆弧
N60 G02 U4 Z-53 R17;           车削R17的顺圆弧
N70 G01 Z-60;
N90 G00 Z-18;                  快速返回
N100 G01 U-8;                  沿径向进刀
N110 M99;                      返回子程序
```

4.3.3 盘类零件的加工

对于如图4-20所示的零件，毛坯直径为ϕ150mm；长为40mm；材料为Q235；未注倒角1×45°，其余*R*a为6.3；棱边倒钝。

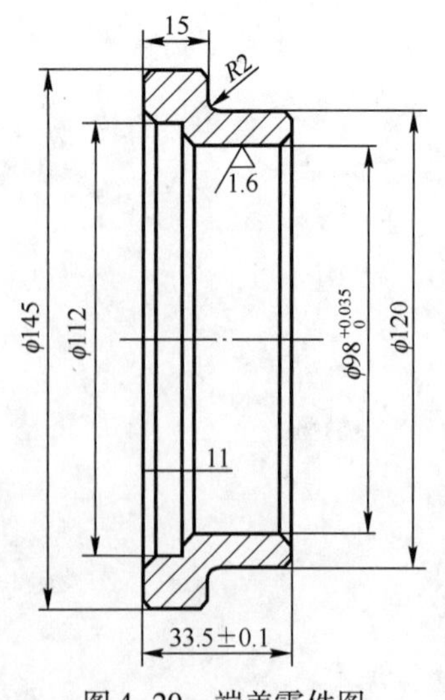

图4-20 端盖零件图

1. 零件的工艺分析

该零件为典型的盘类零件，表面由内外圆柱、圆弧、倒角组成。尺寸标注完整，零件图上给定多处精度要求较高的尺寸，公差值较小，编程时按基本尺寸来编写。根据工件图样尺寸分布情况，确定工件坐标系原点*O*取在工件右端面中心处，换刀点坐标为（200，200）。

2. 确定加工路线

加工路线按由内到外，由粗到精，由右到左的加工原则。为保证在加工时工件可靠定位，夹ϕ120mm外圆，加工ϕ145mm的外圆及ϕ112mm、ϕ98mm的内孔，具体路线为粗加工ϕ98mm的内孔→粗加工ϕ112mm的内孔→精加工

ϕ98mm 和 ϕ112mm 的内孔及孔底平面→加工 ϕ145mm 的外圆。然后掉头，夹 ϕ112 内孔，加工 ϕ120mm 的外圆及端面，具体路线为加工端面→加工 ϕ120mm 的外圆→加工 $R2$ 的圆弧及平面。

3. 确定刀具和夹具

采用三爪自定心卡盘定心夹紧即可。

根据加工要求需选用 4 把刀具，即 2 把外圆车刀和 2 把内孔车刀。将所选的刀具参数填写在数控加工刀具卡片中，见表 4-7。

表 4-7　数控加工刀具卡

产品名称或代号			零件名称	盘类零件	零件图号	
序号	刀具号	刀具规格和名称	数　量	加工表面	刀尖半径	备注
1	T01	硬质合金 90°外圆车刀	1	粗车外圆	0. 20mm	右偏刀
2	T02	硬质合金内孔车刀	1	粗车端面和内孔	0. 15 mm	
3	T03	硬质合金 90°外圆车刀	1	精车外圆	0. 15 mm	
4	T04	硬质合金内孔车刀	1	精车内孔	0. 15 mm	
编制		审核		批准	共　页	第　页

4. 确定切削用量

根据前面所述，确定加工的切削用量。并将确定的加工参数填写在数控加工工序卡片中，见表 4-8。

表 4-8　数控加工工序卡片

单位名称		产品名称和代号		零件名称		零件图号	
				盘类零件			
工序号	程序编号	夹具名称		使用设备		车间	
001		三爪卡盘		FANUC0i 数控车床			
工步号	工步内容	刀具号	刀具规格（mm）	主轴转速（r/min）	进给转速（mm/min）	背吃刀量（mm ）	备注
1	车端面	T02	25 × 25	400			
2	粗车内轮廓	T02	25 × 25	400	100		
3	精车内轮廓	T04	25 × 25	800	60		
4	粗车外圆	T01	25 × 25	800	100		
5	精车外圆	T03	25 × 25	1200	80	0. 25	
6	掉头						
7	车右端面	T04	20 × 20	400	40		
8	粗车右端外圆	T01	20 × 20	800	100		
9	精车右端外圆	T03	25 × 25	1200	80	0. 25	
编制		审核		批准		共　页	第　页

5. 编写加工程序

（1）加工 ϕ145mm 的外圆及 ϕ112mm 和 ϕ98mm 的内孔。

程序	说明
O7111	程序名
N10 G54 G98 G21；	设置工件坐标系
N15 G00 X200 Z200；	回换刀点
N20 M03 S400；	主轴正转，转速 400r/min
N30 T0202；	换内孔车刀
N40 G00 X95 Z5；	快速定位到 ϕ95mm 直径，距端面 5mm 处
N50 G94 X150 Z0 F100；	加工端面
N60 G90 X97.5 Z－35 F100；	粗加工 ϕ98mm 内孔，留径向裕量 0.5mm
N70 G00 X97；	刀尖定位至 ϕ97mm 直径处
N75 G90 X105 Z－10.5 F100；	粗加工 ϕ112mm 内孔
N80 G90 X111.5 Z－10.5 F100；	粗加工 ϕ112mm 内孔，留径向裕量 0.5mm
N85 G00 X200 Z200；	
N90 T0200；	
N95 M05；	
N100 T0404；	换 4 号刀，进行内孔精加工
N105 M03 S800；	
N110 G00 X118 Z2；	快速定位到 ϕ118mm 直径，距端面 2mm 处
N115 G01 X112 Z－1 F60；	倒角 1×45°
N120 Z－10；	精加工 ϕ112mm 内孔
N125 X100；	精加工孔底平面
N130 X98 Z－11；	倒角 1×45°
N135 Z－34；	精加工 ϕ98mm 内孔
N140 G00 X95；	快速退刀到 ϕ95mm 直径处
N145 Z200；	
N150 X200；	
N155 T0400；	
N160 M05；	
N165 T0101；	换加工外圆的正偏刀
N170 M03 S800；	
N175 G00 X150 Z2；	刀尖快速定位到 ϕ150mm 直径，距端面 2mm 处
N180 G90 X145 Z－15 F100；	加工 ϕ145mm 外圆
N185 G00 X200 Z200；	
N190 M05	
N195 T0100；	
N200 T0303；	
N205 M03 S1200；	
N210 G00 X141 Z1；	
N215 G01 X147 Z－2 F80；	倒角 1×45°
N220 G00 X160 Z100；	刀尖快速定位到 ϕ160mm 直径，距端面 100mm 处
N225 T0300；	清除刀偏

```
N230 M05;
N235 M02;                          程序结束
```

（2）加工 ϕ120mm 的外圆及端面。

```
O7112                              程序名
N10 G54 G98 G21;                   设置工件坐标系
N15 G00 X200 Z200;
N20 M03 S800;                      主轴正转，转速 500r/min
N30 T0404;
N40 G00 X95 Z5;                    快速定位到 φ95mm 直径，距端面 5mm 处
N50 G94 X130 Z0.5 F50;             粗加工端面
N60 G00 X96 Z-2;                   快速定位到 φ96mm 直径，距端面 2mm 处
N70 G01 X100 Z0 F50;               倒角 1×45°
N80 X130;                          精修端面
N90 G00 X200 Z200;
N95 T0400;
N100 T0101;                        换加工外圆的正偏刀
N110 G00 X130 Z2;                  刀尖快速定位到 φ130mm 直径，距端面 2mm 处
N120 G90 X120.5 Z-18.5 F100;       粗加工 φ120mm 外圆，留径向裕量 0.5mm
N125 G00 X200 Z200;
N130 M05;
N135 T0100;
N140 T0303;
N145 M03 S1200;
N150 G00 X116 Z1;
N155 G01 X120 Z-1 F100;            倒角 1×45°
N160 Z-16.5;                       精加工 φ120mm 外圆
N165 G02 X124 Z-18.5 R2;           加工 R2 圆弧
N170 G01 X143;                     精修轴肩面
N180 X147 Z20.5;                   倒角 1×45°
N190 G00 X160 Z100;                刀尖快速定位到 φ160mm 直径，距端面 100mm 处
N200 T0300;                        清除刀偏
N210 M05
N220 M02;                          程序结束
```

习题

（1）数控车床是怎样进行对刀的？试陈述数控车床 X 方向的手动对刀过程。

（2）急停按钮有什么用处？急停后重新启动时，是否能马上投入持续加工状态？一般应进行些什么样的操作处理？

（3）什么是 MDI 操作？用 MDI 操作方式能否进行切削加工？

（4）简述数控车床加工程序输入的过程。

（5）编写如图 4-21 所示零件的程序。要求：① 车端面；② 车外圆；③ 镗内孔及倒角；④ 车内螺纹；⑤ 切断。

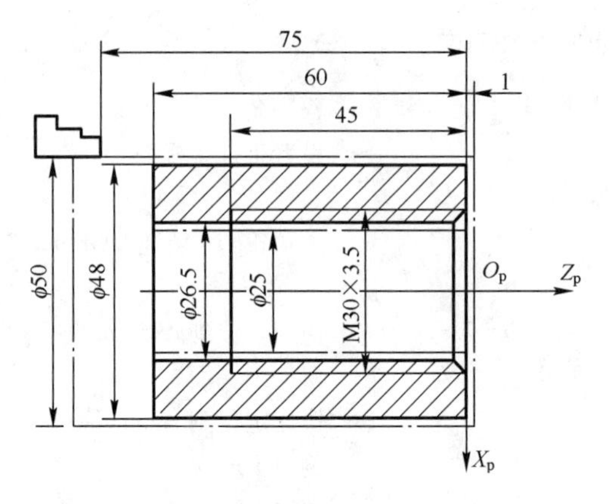

图 4-21　习题（5）图

（6）编制如图 4-22 所示零件的加工程序。

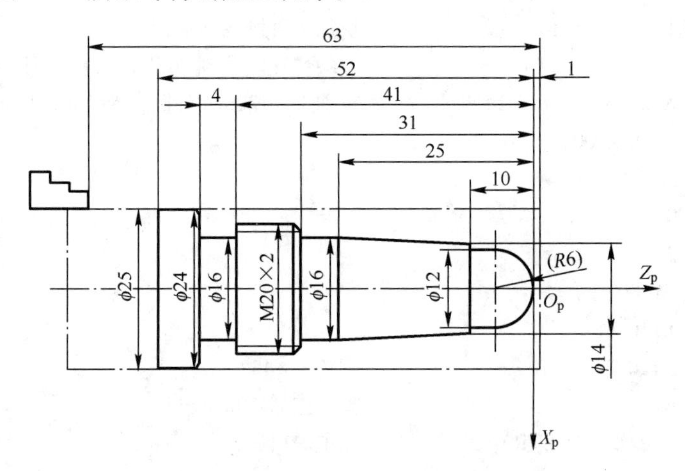

图 4-22　习题（6）图

（7）编制如图 4-23 所示零件的加工程序。

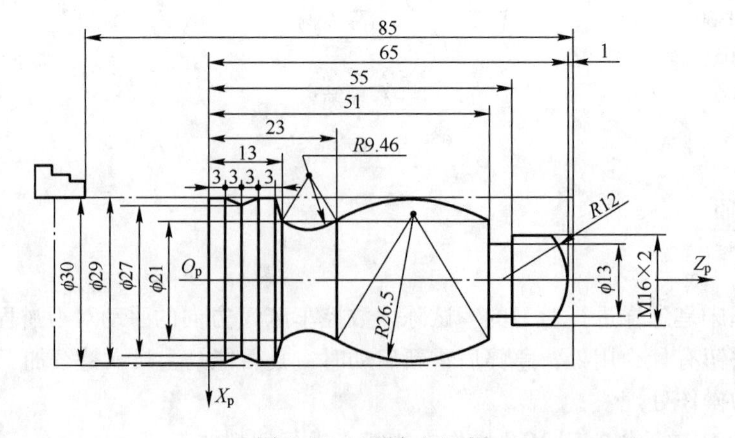

图 4-23　习题（7）图

第5章　数控铣床编程

5.1　数控铣床概述

1. 数控铣床的分类

数控铣床是一种用途很广泛的机床，在数控机床中所占的比例最大，数控铣床一般可以三轴联动，用于各类复杂的平面、曲面和壳体类零件的加工，如各种模具、样板、凸轮和连杆等。数控铣床可分为以下3类。

【立式数控铣床】立式数控铣床的主轴轴线与工作台面垂直。其结构有固定立柱的，其工作台做X、Y轴进给运动；也有工作台固定的，其X、Y、Z向均有主轴做进给运动。立式数控铣床通常能实现三轴联动，结构简单，工件安装方便，加工时便于观察，适合于盘类零件的加工。立式数控铣床也可以附加数控转盘，采用自动交换台，增加靠模装置等来扩大它的功能、加工范围及加工对象，进一步提高生产效率。

【卧式数控铣床】卧式数控铣床的主轴轴线与工作台面平行，主要用于加工箱体类零件。为了扩大加工范围和扩充功能，卧式数控铣床通常采用增加数控转盘或万能数控转盘来实现四轴、五轴加工。这样，不仅工件侧面上的连续回转轮廓可以加工出来，也可以实现在一次安装中，通过转盘改变工位进行"四面加工"。尤其是万能数控转盘可以把工件上各种不同的角度或空间角度的加工面摆成水平来加工，可以省去很多专用夹具或专用角度的成形铣刀。卧式数控铣床在许多方面胜过带数控转盘的立式数控铣床，所以目前已得到很多用户的重视。但卧式数控铣床机构复杂，加工时不便观察。

【龙门数控铣床】大型数控立式铣床多采用龙门式布局，在结构上采用对称的双立柱结构，以保证机床整体的刚性、强度。主轴可以在龙门架的横梁与溜板上运动，而纵向运动则由龙门架沿床身移动或由工作台移动来实现，其中工作台特大时多采用前者。龙门式数控铣床适合加工大型零件，主要在汽车、航空航天、机床等行业使用。

2. 数控铣床的加工对象和数控铣削加工特点

【数控铣床的加工对象】数控铣床铣削是机械加工中最常用和最主要的数控加工方法之一。除了铣削普通铣床所能铣削的各种零件表面外，它还能铣削普通铣床不能铣削的需要2～5坐标轴联动的各种平面轮廓和立体轮廓。立式结构的数控铣床一般适宜盘、套、板类零件，一次装夹后，可对上表面进行铣、钻、扩、镗、攻螺纹等工序及侧面的轮廓加工；卧式结构的数控铣床一般都带有回转工作台，一次装夹后可完成除安装面和顶面外的其余四面的各种加工工序，因此适合加工箱体类零件；万能式数控铣床的主轴可以旋转90°或工作台带着工件旋转90°，一次装夹后可以完成对工件5个表面的加工；龙门式数控铣床适用于大型或形状复杂的零件加工。

【数控铣削加工特点】

☺ 对零件加工的适应性强，能加工轮廓形状特别复杂或难以控制尺寸的零件，如模具类零件、壳体类零件等。
☺ 能加工普通铣床无法（或很困难）加工的零件，如用数学模型描述的复杂曲线类零件及3D曲面类零件。
☺ 一次装夹后，可对零件进行多道工序加工。
☺ 加工精度高，加工质量稳定可靠。
☺ 生产自动化程度高，可以减轻操作者的劳动强度，有利于生产管理的自动化。
☺ 生产效率高，一般可省去画线、中间检查等工作，可以省去复杂的工装，减少对零件的安装、调整等工作。能通过选用最佳工艺线路和切削用量有效地减少加工中的辅助时间，从而提高生产效率。

5.2 数控铣床编程基础

1. 数控铣床的编程特点

数控铣床是通过两轴联动加工零件的平面轮廓，通过两轴半控制、三轴或多轴联动来加工空间曲面零件。数控铣削加工编程有如下特点。

☺ 应进行合理的工艺分析。由于零件加工的工序多，在一次装卡下，要完成粗加工、半精加工和精加工。周密合理地安排各工序的加工顺序，有利于提高加工精度和生产效率。
☺ 尽量按刀具集中法安排加工工序，减少换刀次数。
☺ 合理设计进、退刀辅助程序段，合理选择换刀点的位置，是保证加工正常进行，提高零件加工质量的重要环节。
☺ 对于编好的程序，必须进行认真检查，并在加工前进行试运行，减少程序的出错率。

2. 数控铣削编程中的坐标系

1）机床坐标系　机床坐标系是机床上固有的坐标系，并设有固定的坐标原点。机床坐标系是制造和调整机床的基础，也是设置工件坐标系的基础，一般不允许随意改动。机床每次通电开机后，应首先进行回零操作来建立机床坐标系。

2）工件坐标系（编程坐标系）　为了确定加工时零件在机床中的位置，必须建立工件坐标系。工件坐标系采用与机床运动坐标系一致的坐标方向，工件坐标系的原点要选择在便于测量或对刀的基准位置，同时要便于编程计算。

【注意】 选择工件零点的位置时应注意如下事项。
☺ 工件零点应尽量选在零件图的尺寸基准上，这样便于坐标值的计算，可以减少错误的发生。
☺ 工件零点应尽量选在精度较高的加工面上，以提高零件的加工精度。
☺ 对于对称的零件，工件零点应设在对称中心上。

☺ 对于一般零件，工件零点通常设在工件外轮廓的某一角上。

☺ Z 轴方向的零点，一般设在工件上表面。

3. 数控铣削编程时应注意的问题

1）铣刀的刀位点　铣刀的刀位点是指在加工程序编制中用以表示铣刀特征的点，也是对刀和加工的基准点。对于不同类型的铣刀，其刀位点的确定也不相同。盘形铣刀的刀位点为刀具对称中心平面与其圆柱面上切削刃的交点；立铣刀的刀位点为刀具底平面与刀具轴线的交点；球头铣刀的刀位点为球心。因此，在编程前必须选择好铣刀的种类，并确定其刀位点，最终才能确定对刀点。

2）零件尺寸公差对编程的影响　在实际加工中，往往因零件各处的公差带不同，若用同一把铣刀、同一个刀具半径补偿值，按基本尺寸编程进行加工，很难保证各处尺寸在其公差范围之内。

例如，将图 5-1 中所有非对称公差带的标注尺寸均改为中值尺寸，并以此为依据编程，就可以保证零件加工后的尺寸精度，$125^{+0.1}_{0}$ 改为 125.05 ± 0.05；$\phi100^{0}_{-0.06}$ 改为 ϕ99.97 ± 0.03；$\phi60^{+0.05}_{0}$ 改为 ϕ60.025 ± 0.025；$25^{+0.04}_{-0.02}$ 改为 25.01 ± 0.03；$150^{0}_{-0.08}$ 改为 149.96 ± 0.04；$250^{+0.02}_{-0.04}$ 改为 249.99 ± 0.03。

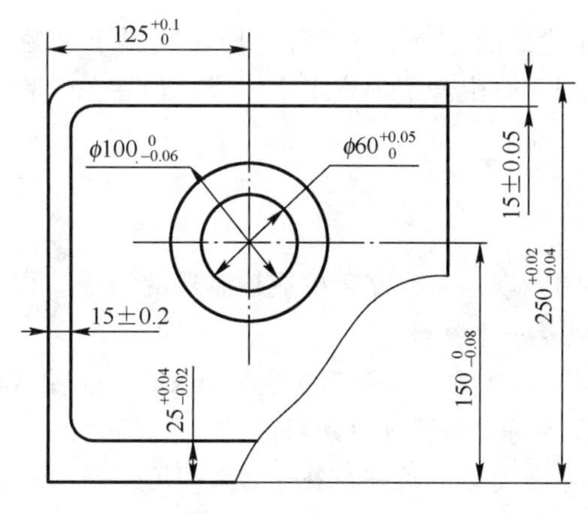

图 5-1　中值尺寸编程

3）确定加工路线

（1）加工路线的选择应保证满足被加工零件的精度和表面粗糙度的要求，如铣削加工采用顺铣或逆铣会对表面粗糙度产生不同的影响。

（2）尽量使走刀路线最短，减少空刀时间。

（3）在数控加工时，要考虑切入点和切出点处的程序处理。

4）刀具补偿

（1）半径补偿：编制数控铣床加工程序时，在 X、Y 切削方向上按零件实际轮廓编程并使用半径补偿指令 G41 或 G42，使铣刀中心轨迹向左或向右偏离编程轨迹一个刀具半径。这样，一个程序可以多次运行，通过修改刀具补偿表中的半径数值来控制每次切削量，使加工精度得到保证。

（2）长度补偿：刀具的长度补偿主要用于控制加工深度。通过修改刀具补偿表中的刀具长度数值来控制每次深度方向的切削量，使加工程序短小精炼。

5.3 数控铣床编程（SIEMENS802D）

5.3.1 SIEMENS802D的NC编程基本结构

1. 程序名称

为了识别和调用程序，每个程序必须有一个程序名，在编制程序时可以按以下规则确定程序名。

（1）开头两个符号必须是字母。

（2）其后的符号可以是字母、数字或下划线。

（3）最多为16个字符。

（4）不得使用分隔符。

如ABCKUER_67。

2. 程序结构和内容

NC程序由若干个程序段组成，所采用的程序段格式属于可变程序段格式。每个程序段执行一个加工工步，每个程序段由若干个程序字组成，最后一个程序段包含程序结束符M02或M30。

3. 程序字及地址符

程序字是组成程序段的元素，由程序字构成控制器的指令。程序字由以下3部分组成。

【地址符】地址符一般是一个字母。

【数值】数值是一个数字串，它可以带正负号和小数点。正号可以省略不写。一个程序字可以包含多个字母，数字与字母之间还可以用符号“=”隔开，如“CR=16.5”表示圆弧半径为16.5mm。此外，G功能也可以通过一个符号名来调用，如“SCALE”表示打开比例系数。

【扩展地址】对于计算参数（R）、H功能（H）、插补参数/中间点（I，J，K），可以通过1～4个数字进行地址扩展。在这种情况下，其数值可以通过“=”进行赋值，如R10=6.234，H5=12.1，I1=32.67。

4. 程序段结构

一个程序段中含有执行一个工序所需要的全部数据。程序段由若干个程序字和程序段结束符LF组成。在程序编写过程中进行换行或按输入键时，可以自动产生程序段结束符。

5. 字顺序

程序段中有很多程序字时，建议按如下顺序进行书写：

N、G、X、Y、Z、F、S、T、D、M、H。

程序段号建议以5或10为间隔选择，以便修改、插入程序段时赋予程序段号。

那些不需要在每次运行中都执行的程序段可以被跳跃过去，为此可以在这样的程序段的段号前输入斜线符“/”，通过操作机床控制面板或通过 PLC 接口信号使跳跃程序段号生效。

在程序运行过程中，一旦跳跃程序段生效，则所有带“/”符的程序段都不予执行，这些程序段中的指令当然也不予考虑，程序从下一个没带斜线符的程序段开始执行。

6. 注释

利用添加注释的方法可以在程序中对程序段进行说明。注释可作为对操作者的提示显示在屏幕上。例如：

```
SKNEC896
N10 G17 G54 G94 F200 S1000 M3;          主程序开始
/N20 T1 D2;                             程序段可以跳跃
/N30 G0X74 Y71 Z5 M08
/N40 G1 Z-15  F80
/N50 Y-74
/N60 X-74
/N70 Y71
/N80 X74
N90 G0 Z100
N220 M30;                               程序结束
```

5.3.2　SIEMENS SINUMERIK 802D 数控系统编程指令

1. 常用的准备功能

常用的 SINUMERIK 802D 数控系统准备功能见表 5-1。

表 5-1　常用的 SINUMERIK 802D 数控系统准备功能

代　码	含　义	编程格式
G	G 功能（准备功能）	G_ 或符号名称，如 CIP
G00	快速定位（运动指令，模态有效）	直角坐标系：G0 X_Y_Z_ 极坐标系：　G0 AP=_RP=_ 或者：　　　G0 AP=_RP=_Z_
G01	直线插补（运动指令，模态有效）	直角坐标系：G01 X_Y_Z_ 极坐标系：　G01AP=_RP=_ 或者：　　　G01 AP=_RP=_Z_
G02/G03	顺时针/逆时针圆弧插补（运动指令，模态有效）	G2/G3 X_Y_I_J_F_；终点坐标和圆心 G2/G3 X_Y_CR=_F_；终点坐标和半径 G2/G3 AR=_I_J_F_；圆心角和圆心坐标 G2/G3 AR=_X_Y_F_；圆心角和终点坐标 在极坐标中：G2/G3 AP=_RP=_F_ 或者：　　　G2/G3 AP=_RP=_Z __F_
G04	暂停（特殊运行，程序段方式有效）	G4 F_或 G4 S_；自身程序段
G17/G18/G19	XY/ZX/YZ 平面选择（模态有效）	G17/G18/G19；该平面上的垂直轴为刀具长度补偿轴
G25	主轴转速下限或工作区域下限	G25 S_；自身程序段 G25 X_Y_Z_；自身程序段

续表

代　码	含　义	编程格式
G26	主轴转速上限或工作区域上限	G26 S_；自身程序段 G26 X_Y_Z_；自身程序段
G33	等螺距螺纹切削	S_M_；主轴速度和方向 G33 Z_K_；在Z轴方向带有补偿夹具的锥螺纹切削
G331	螺纹插补	N10 SPOS =；主轴处于位置调节状态 N20 G331 Z_K_S_；在Z轴方向不带补偿夹具攻螺纹
G332	不带补偿夹具切削内螺纹——退刀	G332 Z_K_；不带补偿夹具切削螺纹—Z退刀螺距符号同G331
G40	刀具半径补偿取消（模态有效）	G40 G0/G1 X_Y_
G41/G42	刀具半径补偿——左/右（模态有效）	G41/G42 G0/G1 X_Y_D_
G53	按程序段方式取消可设定零点偏置	G53
G54～G59	零点偏置（第1到第6可设定零点偏置，模态有效）	G54～G59
G70/G71	英制尺寸/公制尺寸（模态有效）	G70或G71
G74/G75	回参考点/固定点	G74X_Y_Z_或G75X_Y_Z_
G90/G91	绝对值/增量值编程（模态有效）	G90/G91
G94	进给率（mm/min），模态有效	G94 F_
G95	主轴进给率mm/r，模态有效	G95 F_
G110	极点尺寸，相对于上次编程的设定位置	G110 X_Y_；极点尺寸，直角坐标，如带G17 G110RP =_AP =_；极点尺寸，极坐标
G111	极点尺寸，相对于当前工件坐标系的零点	G111 X_Y_；极点尺寸，直角坐标，如带G17 G111RP =_AP =_；极点尺寸，极坐标
G112	极点尺寸，相对于上次有效的极点	G112 X_Y_；极点尺寸，直角坐标，如带G17 G112RP =_AP =_；极点尺寸，极坐标
G450	圆弧过渡	G450
G451	等距线的交点，刀具在工件转交处不切削	G451
G500	取消可设定零点偏置	G500

2. 常用的辅助功能

SINUMERIK 802D数控系统常用的辅助功能字M含义见表5-2。

表5-2　SINUMERIK 802D数控系统常用的辅助功能字M含义

代　码	含　义	代　码	含　义
M00	程序暂停，按启动键重新加工	M06	更换刀具
M01	程序有条件停止	M08	切削液开
M02	程序结束	M09	切削液关
M03	主轴顺时针旋转	M30	程序结束
M04	主轴逆时针旋转	M17	子程序结束
M05	主轴旋转停止		

3. 其他地址功能

SINUMERIK 802D 数控系统其他地址功能见表 5-3。

表 5-3　SINUMERIK 802D 数控系统其他地址功能

代　码	含　义	编程格式
CIP	中间点圆弧插补（运动指令，模态有效）	CIP X_Y_Z_I1_J1_K1_F_
D	刀具补偿号（0～9，整数，不带符号）	D_
TRANS/ATRANS	可编程偏置/附加的编程偏置	TRANS X_Y_Z_ ATRANS X_Y_Z_
ROT/AROT	可编程旋转/附加的可编程旋转	ROT RPL = _；在当前平面内旋转 ROT RPL = _；在当前平面内附加旋转
SCALE/ ACALE	可编程比例系数/附加的可编程比例系数	SCZLE X_Y_Z_；在所给定轴方向的比例系数 ASCZLE X_Y_Z_；在所给定轴方向的比例系数
MIRROR/AMIRROR	可编程镜像功能/附加的可编程镜像功能	MIRROR X0；改变方向的坐标轴 AMIRROR X0；
CALL	循环调用	CALL CTCLE82(…)；自身程序段
MCALL	模态子程序调用	N10 MCALL CTCLE82(…)；自身程序段，钻孔循环 N20 HOLES1(…)；排孔 N30 MCALL；自身程序段，模态调用结束
CYCLE82	钻削、沉孔加工	CALL CTCLE82(…)；自身程序段
CYCLE83	深孔钻削	CALL CTCLE83(…)；自身程序段
CYCLE840	带补偿夹具切削螺纹	CALL CTCLE840(…)；自身程序段
CYCLE84	带螺纹插补切削螺纹	CALL CTCLE84(…)；自身程序段
CYCLE85	铰孔	CALL CTCLE85(…)；自身程序段
CYCLE86	镗孔	CALL CTCLE86(…)；自身程序段
CYCLE88	钻孔	CALL CTCLE88(…)；自身程序段
HOLES1	钻削直线排列的孔	CALL HOLES1(…)；自身程序段
HOLES2	钻削圆弧排列的孔	CALL HOLES2(…)；自身程序段
POCKET3	铣矩形槽	CALL POCKET3(…)；自身程序段
POCKET4	铣圆形槽	CALL POCKET4(…)；自身程序段
CYCLE71	端面铣削	CALL CTCLE71(…)；自身程序段
CYCLE72	轮廓铣削	CALL CTCLE72(…)；自身程序段
CYC LE76	矩形过渡铣削	CALL CTCLE76(…)；自身程序段
CYC LE77	圆弧过渡铣削	CALL CTCLE77(…)；自身程序段
LONGHOLE	槽	CALL LONGHOLE(…)；自身程序段
SLOT1	圆上切槽	CALL SLOT1(…)；自身程序段
SLOT2	圆周切槽	CALL SLOT2(…)；自身程序段

5.3.3　基本指令和运动指令

1. 绝对数据输入指令和增量数据输入指令

【指令功能】G90 和 G91 指令分别实现绝对数据和增量数据的输入功能，可以用于所有坐标轴。在位置数据不同于 G90 和 G91 的设定值时，可以在程序段中通过 AC/IC 指令以绝对/相对尺寸方式进行输入。这两个指令不决定到达终点的轨迹，轨迹由G功能组中的其他G功能指令决定（如G0，G1，G2，G3……）。

【指令形式】

G90;　　绝对尺寸输入
G91;　　增量尺寸输入
X=AC(…);　　X轴以绝对尺寸输入，程序段方式
Y=IC　(…);　　Y轴以相对尺寸输入，程序段方式
Z=IC (…);　　Z轴以相对尺寸输入，程序段方式

【指令说明】在绝对值数据输入中，尺寸决定于当前坐标系。程序启动后，G90指令适用于所有坐标轴，并且一直有效，直到在后面的程序段中由G91指令替代为止（模态有效）。

在增量数据输入中，尺寸表示待运行轴的位移量，移动方向由符号来决定。G91指令适用于所有坐标轴，并且可以在后面的程序段中由G90指令替代。

当G90指令生效时，在某一特定程序段，IC指令允许某一单个坐标轴输入增量尺寸。当G91指令生效时，在某一特定程序段中，AC指令允许某一单个坐标轴输入绝对尺寸。

【例5-1】G90和G91指令编程示例。

```
N10  G90  G0  X30  Y80;        绝对尺寸
N20  X75  Y=IC(-45);           X仍然是绝对尺寸，Y是增量尺寸
…
N70  G91  X50  Y40;            转换为增量尺寸
N80  X20  Y=AC(18);            X仍然是增量尺寸，Y是绝对尺寸
```

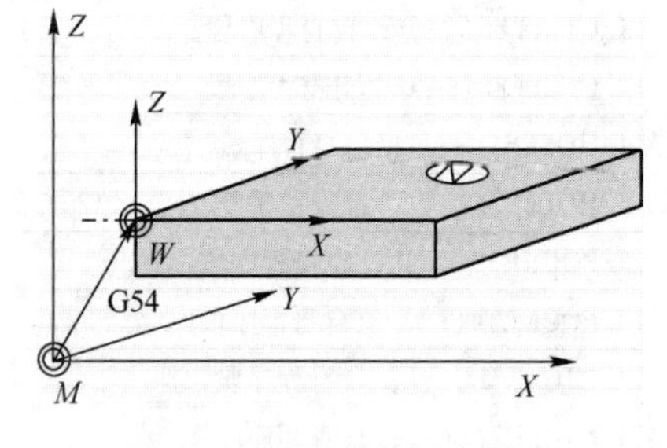

图5-2　可设定的零点偏置

2. 设定零点偏置指令

【指令功能】可设定的零点偏置给出工件零点在机床坐标系中的位置（工件零点以机床零点为基准偏移）。当工件装夹到机床上后，通过对刀求出偏移量，并通过操作面板输入到零点偏置区。程序可以通过选择相应的G54～G59调用此值，如图5-2所示。

【指令形式】

G54;　　第1可设定零点偏置
G55;　　第2可设定零点偏置
G56;　　第3可设定零点偏置
G57;　　第4可设定零点偏置
G58;　　第5可设定零点偏置
G59;　　第6可设定零点偏置
G500;　　取消可设定零点偏置——模态有效
G53;　　取消可设定零点偏置——程序段方式有效，可编程的零点偏置也一起取消
G153;　　同G53，取消附加的基本偏置

3. 平面选择指令

【指令功能】 平面选择指令 G17、G18、G19 分别用于指定程序段中刀具的圆弧插补平面和刀具半径补偿平面。对于钻头和铣刀，长度补偿的坐标轴为所选平面的垂直坐标轴。在笛卡儿直角坐标系中，3 个相互垂直的轴 *X*、*Y*、*Z* 分别构成 3 个平面，如图 5-3 所示。

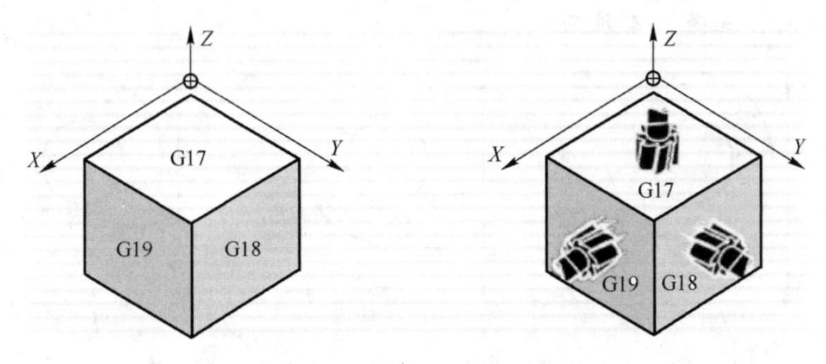

图 5-3 平面和坐标轴设置

【指令形式】

G17 选择 *XY* 面
G18 选择 *XZ* 面
G19 选择 *YZ* 面

4. 快速运动指令

【指令功能】 G00 指令用于快速定位刀具，未对工件进行切削加工。可以在多个轴上同时执行快速移动。

【指令形式】

G00 X_Y_Z_;

【指令说明】

☺ X、Y、Z 为终点坐标，坐标值取绝对值还是取增量值由 G90/G91 指令来决定。
☺ G00 快速运动时，按机床参数快速设定值移动，所编 F 进给率无效。G00 是模态指令。
☺ 使用 G00 指令时，刀具的实际运动路线并不一定是直线，而是一条折线。因此，要注意刀具是否与工件和夹具发生干涉。

5. 带进给率的直线插补指令

【指令功能】 G01 指令使刀具以直线的方式从起始点移动到目标位置，以地址 F 编程的进给速度运行，G01 也可以写成 G1，G1 后面所有坐标轴可以同时运行。

【指令形式】

G01 X_Y_Z_F_;

【指令说明】

☺ G01 指令后的坐标值取绝对值还是取增量值由 G90/G91 指令来决定。

☺ F的单位由直线进给率或旋转进给率指令确定。

6. 圆弧插补指令

【指令功能】圆弧插补指令使刀具在指定平面内按给定的进给速度F做圆弧运动，切削出圆弧轮廓。运动方向由G功能定义，G02指令执行顺时针方向圆弧插补；G03指令执行逆时针方向圆弧插补，如图5-4所示。

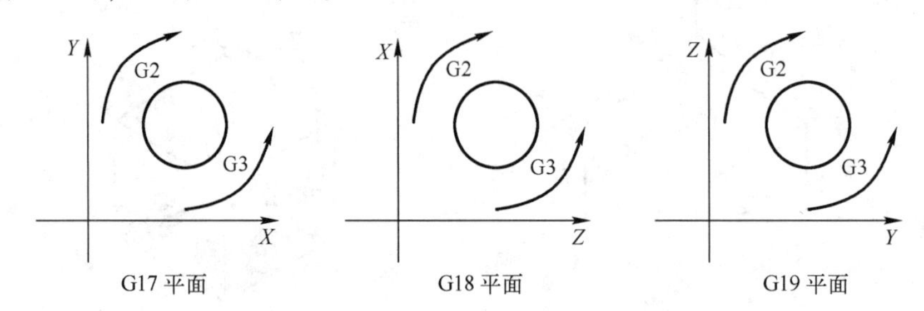

图5-4 圆弧插补G02/G03在3个平面中的方向规定

【指令形式】

```
G17 G02/G03   X_Y_I_J_F_;         圆弧终点和圆心
G17 G02/G03   CR =_X_Y_F_;        半径和圆弧终点
G17 G02/G03   AR =_I_J_F_;        圆心角和圆心
G17 G0/G03   AR =_X_Y_F_;         圆心角和圆弧终点
```

【指令说明】

☺ X、Y：圆弧终点坐标，坐标值取绝对值还是取增量值由G90/G91指令来决定。

☺ I、J：圆心相对于圆弧起点的增量坐标，与G90/G91指令无关。

☺ CR：圆弧半径。当圆心角 $a \leq 180°$ 时，CR为正；当圆心角 $a > 180°$ 时，CR为负。

☺ AR：圆心角，取值范围为0～360°。

☺ F：进给速度。

【注意】只有用圆心和终点定义的程序段才可以编制整圆。

【例5-2】铣削如图5-5所示的曲线轮廓。设A点为起刀点，刀中心从A点沿$A \to B \to C \to D$加工3段圆弧后，快速返回A点。程序代码如下：

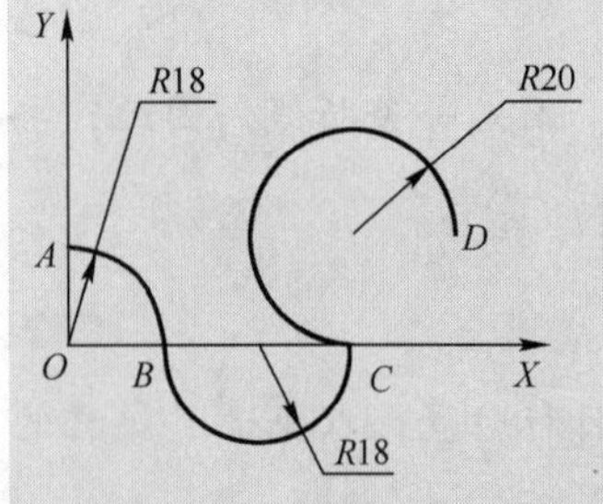

图5-5 G02、G03编程举例

```
SXWEC89
N10 T1 D1 M03 S500
N20 G54 G90 G0 X0 Y18
N30 G02 X18 Y0 I0 J-18F100;    采用终点和圆心进行圆弧编程
N30 G03 CR=18 X54 Y0;          采用终点和半径进行圆弧编程
N40 G02 X74 Y20 CR=-20;        采用终点和圆心进行圆弧编程
N50 G00 Z18
N60 M02
```

7. 螺旋插补指令

【指令功能】螺旋插补指令是两种运动的合成，一种是在G17、G18或G19平面内的圆弧插补运动，另一种是垂直于该平面的直线插补运动，如图 5-6 所示。

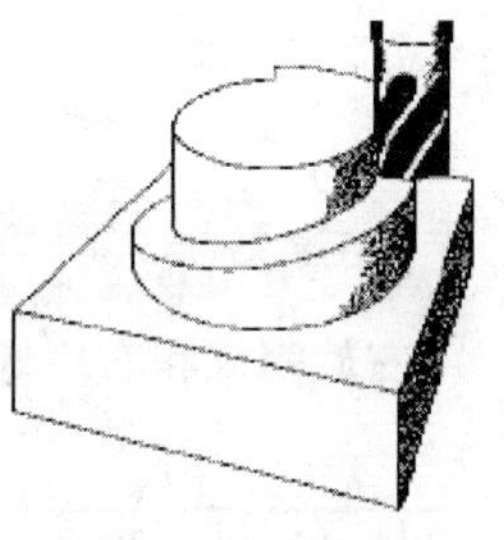
图 5-6　螺旋插补

【指令形式】

```
G17G02/G03 X_Y_Z_I_J_TURN = _
G17G02/G03 CR = _X_Y_Z_TURN = _
G17G02/G03 AR = _X_Y_Z_TURN = _
G17G02/G03 AR = _I_J_TURN = _
```

【指令说明】

☺ X、Y、Z 为圆弧终点坐标。

☺ I、J 为圆心位置。

☺ CR 为圆弧半径。

☺ AR 为圆心角。

☺ TURN 为圆弧经过起点的次数，即整圆的圈数，取值范围为 0 ～999。螺旋插补可用于铣削螺纹或油槽。

8. 螺纹切削指令

1）恒螺距螺纹切削指令

【指令功能】 G33 指令用于加工带恒定螺距的螺纹，该功能要求主轴有位置测量系统，如图 5-7 所示。钻削深度由坐标轴 *X*、*Y* 或 *Z* 定义，螺距由相应的 I、J 或 K 值决定。G33 是模态指令，一直保持有效，直到被同组其他指令取代为止（G0、G1、G2、…）。

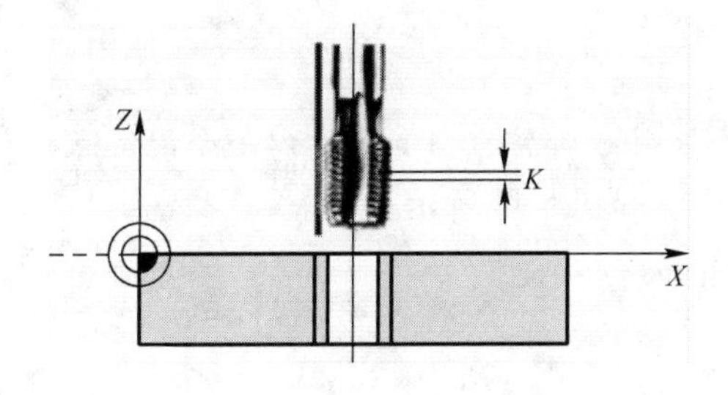

图 5-7　用 G33 指令攻螺纹

【左旋螺纹和右旋螺纹】 螺纹的旋向由主轴的旋转方向确定，M03 指定为右旋，M04 指定为左旋。

【指令说明】 用 G33 指令编程螺纹，加工螺纹的进给速度由主轴转速和螺距来决定，进给率不起作用。

【例 5-3】 攻制螺纹 5mm，查螺距表为 0.8mm，螺纹底孔已钻好，程序代码如下。

```
N10 G54 G0 G90 X10 Y10 Z5 S600 M03;    到起始点，主轴顺时针旋转
N20 G33 Z -25 K0.8;                    攻螺纹，终点 -25mm
N30 Z5 K0.8 M04;                       后退，主轴逆时针旋转
N40 G0 X_Y_Z_;
```

2）带补偿夹具攻丝指令

【指令功能】 G63 指令可以用于带补偿夹具的螺纹加工。编程的进给率 *F* 必须与主轴速

度和螺距相匹配。

$$F(\text{mm/min}) = S(\text{r/min}) \times 螺距(\text{mm/r})$$

【注意】 G63是非模态指令，只在本程序段有效。

【左旋螺纹和右旋螺纹】 螺纹的旋向由主轴的旋转方向确定，M3指定为右旋，M4指定为左旋。

3）螺纹插补指令

【指令功能】 螺纹插补要求主轴必须是位置控制的主轴，且具有位置测量系统。用G331指令加工螺纹，G332指令退刀。钻削深度由坐标轴X、Y或Z定义，螺距由相应的I、J或K值决定。主轴转速用S编程，不带M03/M04。

在G332指令中编程的螺距与在G331指令中编程的螺距是一样的。主轴自动反向。

在攻螺纹前，必须用“SPOS =”指令使主轴处于位置运行状态。

【左旋螺纹和右旋螺纹】 螺距的符号确定主轴方向，螺距为正时，主轴方向右旋（同M03）；螺距为负时，主轴方向左旋（同M04）。

【例5-4】 攻制螺纹5mm，查螺距表为0.8mm，螺纹底孔已钻好，程序代码如下：

```
N10 G54 G0 G90 X10 Y10 Z5 S600;     到起始点
N20 SPOS =0;                        主轴处于位置控制状态
N30 G331 Z -25 K0.8 S600;           攻螺纹，终点 -25mm，K为正，表示主轴右旋
N40 G332 Z5 K0.8;                   退刀，主轴左旋退出
N40 G0 X_Y_Z_;
```

9. 极坐标指令

【指令功能】 如果一个工件或部件，当其尺寸以一个固定点（极点）的半径和角度来设定时，往往要使用极坐标系，如图5-8所示。

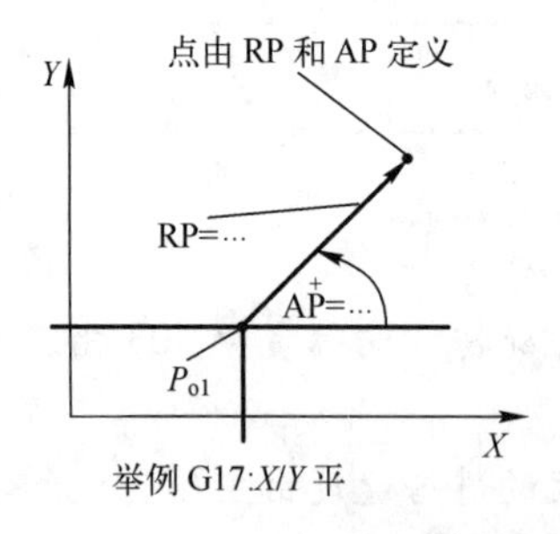

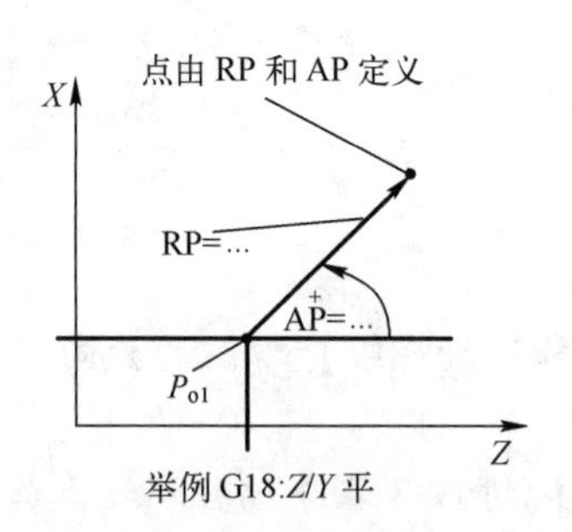

图5-8　在不同平面中正方向的极坐标半径和夹角

极坐标半径RP指该点到极点的距离。该值一直保存，只有当极点发生变化或平面改变后才重新编程。极坐标角度AP指与所在平面中的横坐标轴之间的夹角，该角度可以是正角，也可以是负角；该值一直保存，只有当极点发生变化或平面改变后才重新编程。

【编程格式】

```
G110    ;极点定义，相当于上次编程的设定位置（在平面中，如G17）
G111    ;极点定义，相当于当前工件坐标系的零点（在平面中，如G17）
G112    ;极点定义，相当于最后有效的极点平面不变
```

当一个极点已经存在，极点也可以用极坐标来定义。如果没有定义极点，当前工件坐标系的零点就作为极点使用。

【例 5-5】极坐标编程举例。

```
N10 G17                           ;XY 平面
N20 G111 X17 Y36                  ;在当前工件坐标系中的极点坐标
……
N80 G112 AP=45 RP=27.8            ;新的极点，相当于上一个极点，作为一个极坐标
N90 AP=12.5 RP=47.678             ;极坐标
N100 AP=26.3 RP=7.344 Z4          ;极坐标和 Z 轴(柱面坐标)
```

5.3.4　坐标变换指令

1. 零点偏置指令（TRANS，ATRANS）

【指令功能】在已有的坐标系中建立一个新的工件坐标系，新输入的尺寸均是以该零点为基准的数据尺寸，零点偏移可以在所有坐标轴中执行，如图 5-9 所示。

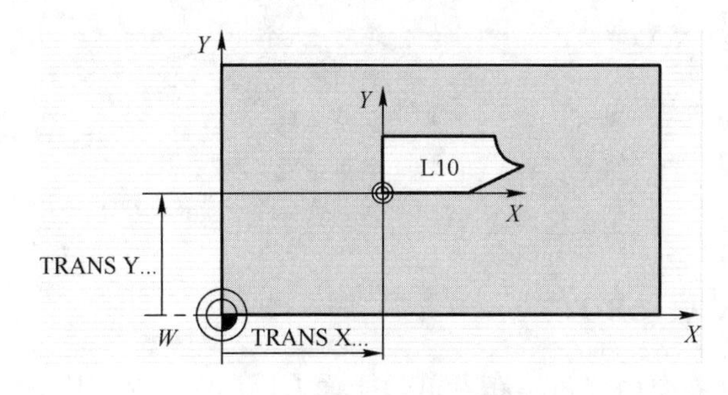

图 5-9　可编程的零点偏移

【指令形式】

```
TRANS   X_Y_Z_
ATRANS  X_Y_Z_
TRANS
```

【指令说明】

☺ TRANS 为绝对指令，参照当前工件原点（G54 ～ G59）进行工件原点的绝对平移。该指令必须在单独的程序段内进行编程。

☺ ATRAMS 为增量指令，参照现行有效的工件原点或当前已经进行过坐标系变换的原点，再次进行增量变换。

☺ X、Y、Z 为所规定的坐标轴上的偏移值。

☺ 不带坐标轴参数的 TRANS 指令可以撤销已经生效的全部坐标系变换。

【例 5-6】如图 5-10 所示，对于有多个相同轮廓的工件进行加工时，可以将该工件的轮廓加工顺序存储在子程序中，采用先设定这些工件零点的变换，然后再调用子程序的方法实现这些工件的加工。程序代码如下。

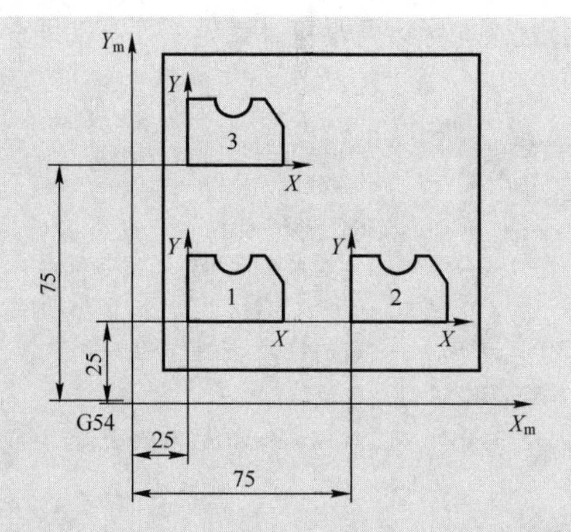

图5-10 用坐标系变换加工相同轮廓工件示意图

```
N10  G17  G54;                  选择加工平面，设定工件原点
N20  G0  X0  Y0  Z2;            接近起始点
N30  TRANS  X25  Y25;           绝对平移
N40  L10;                       调用子程序
N50  TRANS  X75  Y25;           绝对平移
N60  L10;                       调用子程序
N70  TRANS  X25  Y75;           绝对平移
N80  L10;                       调用子程序
…
```

2. 旋转指令（ROT、AROT）

【指令功能】旋转指令的作用是在当前的平面G17、G18或G19中，使编程图形按照指定的旋转中心执行旋转，如图5-11所示。

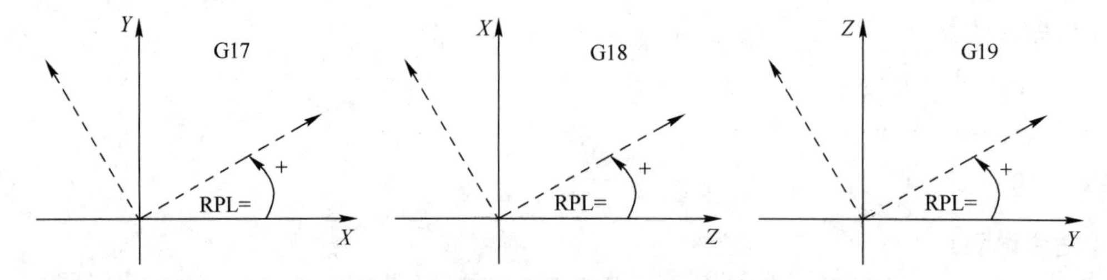

图5-11 在不同的平面中旋转角正方向的定义

【指令形式】

```
ROT  RPL = _;
AROT  RPL = _;
ROT;
```

【指令说明】旋转指令可以将当前工件坐标系在所选平面内（如G17、G18、G19）围绕其原点进行旋转，但必须在单独的程序段内进行编程。

☺ ROT：绝对旋转指令。

☺ AROT：增量旋转指令。

☺ RPL：指定坐标系的旋转角度（单位是°），在所选平面内坐标系按该角度旋转。
☺ 旋转方向：从第 3 坐标轴的正方向观察所选平面，逆时针的方向为正向。
☺ 可用单独的 ROT 指令撤销所有坐标系变换。

【例 5-7】 对如图 5-12 所示的图形用旋转变换指令进行编程。

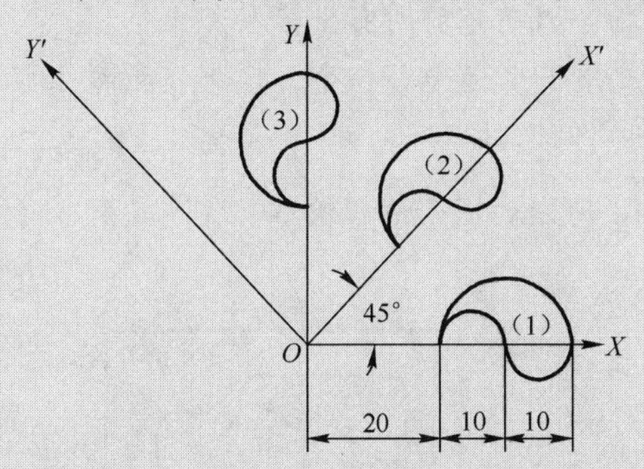

图 5-12　可编程旋转编程举例

【主程序代码】

```
FDE_66
N10 G54 G90 G17 S800 M03
N20 L10;                 调用子程序 L10 加工（1）
N30 ROT RPL=45;          旋转 45°
N40 L10;                 调用子程序 L10 加工（2）
N50 AROT RPL=45;         附加旋转 45°
N60 L10;                 调用子程序 L10 加工（3）
N70 ROT;                 取消旋转
N80 M05 M30
```

【子程序（（1）的加工程序）代码】

```
L10
N100 G90 G01 X20 Y0 F100;
N110 G2 X30 Y0 R5;
N120 G3 X40 Y0 R5;
N130 G3 X20 Y0 I-10 J0;
N140 G0 X0 Y0;
N150 RET;
```

3. 比例缩放指令（SCALE、ASCALE）

【指令功能】 使用 SCALE 和 ASCALE 指令可以使所有坐标轴按编程的比例系数进行放大或缩小若干倍，该指令必须在单独程序段内编程。

【指令形式】

```
SCALE  X_Y_Z_
ASCALE  X_Y_Z_
SCALE
```

【指令说明】

☺ SCALE：绝对缩放。以选定的 G54 ～ G59 为参考。

☺ ASCALE：增量缩放。以当前坐标系为参考。

☺ X、Y、Z：各坐标轴方向上的比例系数。

☺ 可用单独的 SCALE 指令撤销先前所有坐标系变换。

如果在 SCALE 指令后应用了坐标平移指令，比例系数对坐标平移值也有效。进行圆弧插补时，各轴必须用相同的比例系数。

【例 5-8】对如图 5-13 所示的图形进行编程。

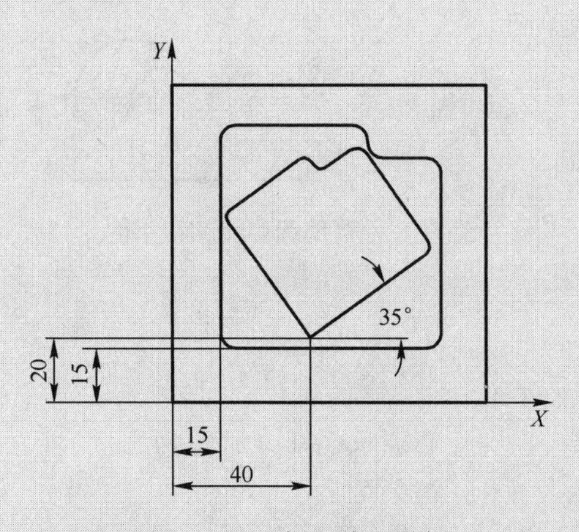

图 5-13 比例和偏置举例

```
N10  G17  G54;
N20  TRANS  X15  Y15;
N30  L10;
N40  TRANS  X40  Y20;
N50  AROT  RPL=35;            平面旋转 35°
N60  ASCALE  X0.7  Y0.7;      比例缩小
N70  L10;
…
```

4. 镜像加工指令（MIRROR 和 AMIRROR）

【指令功能】用 MIRROR 和 AMIRROR 指令可以使工件进行镜像加工。编制了镜像加工的坐标轴，其所有运动都以反向运行。

【指令形式】

```
MIRROR  X0  Y0  Z0
AMIRROR  X0  Y0  Z0
MIRROR
```

【指令说明】

☺ MIRROR：绝对镜像，以选定的 G54 ～ G59 为参考。

☺ AMIRROR：叠加镜像，以现行的坐标系为参考。

☺ X、Y、Z：将要进行方向变更的坐标轴，其后的数值没有影响，但必须要给定一个数值。

☺ 可用单独的 MIRROR 指令撤销先前所有坐标系变换。

该指令可以按控制系统的功能变更轨迹补偿指令（G41/G42 或 G42/G41），或者自动按新的加工方向进行加工。该情况同样适用圆弧的旋转方向（G02/G03 或 G03/G02）。

【例 5-9】 镜像加工举例如图 5-14 所示。程序代码如下。

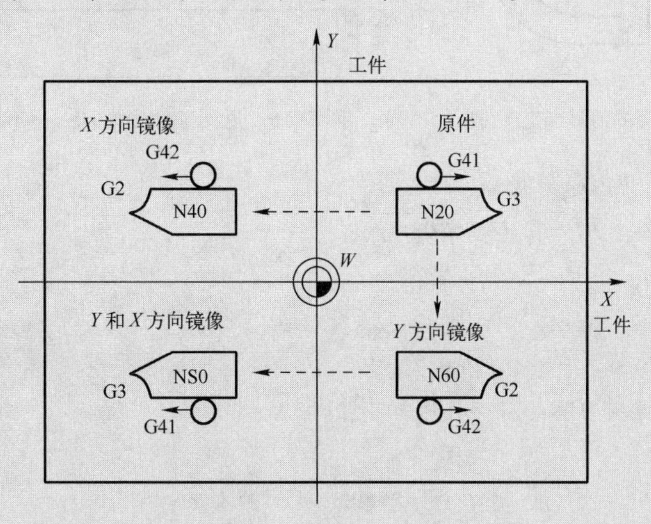

图 5-14　镜像加工举例

```
N10  G17  G54;          选择加工平面，设定工件原点
N20  L10;               带 G41 指令编程的轮廓子程序
N30  MIRROR  X0;        在 X 轴上改变方向加工
N40  L10;               调用镜像的轮廓子程序
N50  MIRROR  Y0;        在 Y 轴上改变方向加工
N60  L10;               调用镜像的轮廓子程序
N70  AMIRROR  X0;       在 Y 轴镜像的基础上 X 轴再镜像
N80  L10;               调用轮廓，镜像两次后再加工
N90  MIRROR;            取消镜像加工
```

5.3.5　刀具及刀具补偿指令

刀具补偿指令的作用是，编程时无须考虑刀具长度或半径，可以直接根据图纸对工件尺寸进行编程。刀具参数事先输入到刀具参数存储区，在程序中只要调用所需的刀具号及其补偿号，控制器利用这些参数就能自动计算所要求的补偿轨迹，从而加工出所要求的工件，如图 5-15 和图 5-16 所示。

1. T 指令

【指令功能】 用 T 指令编程可以选择更换刀具，有两种方法来执行：一种是用 T 指令直接更换刀具；另一种是仅用 T 指令预选刀具，另外还要用 M06 指令配合，才可以进行刀具更换。

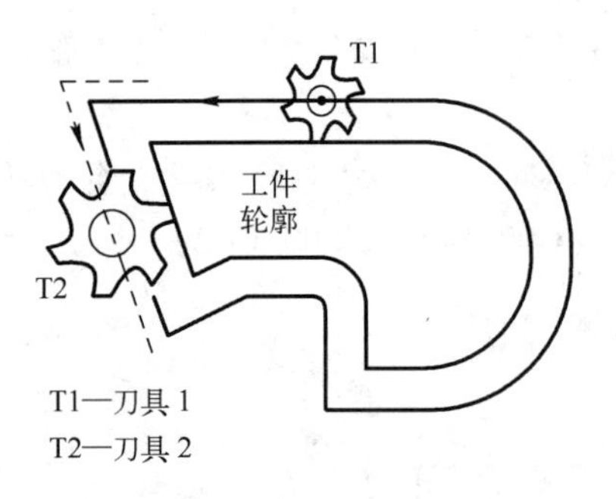

图5-15　用不同半径的刀具加工工件

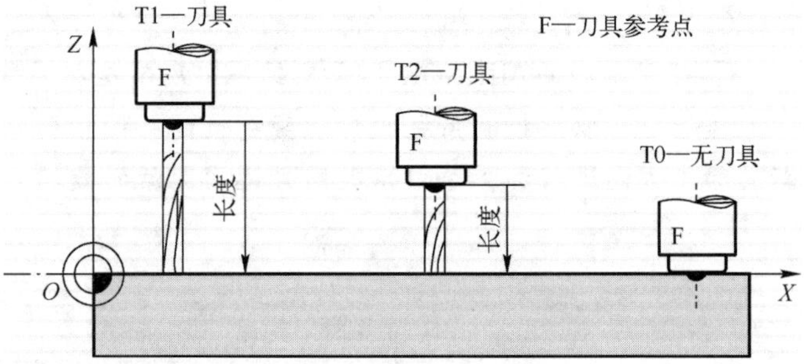

图5-16　返回工件位置Z0——不同长度的补偿

【**例5-10**】T指令编程举例。

不用M06指令更换刀具的程序代码如下：

N10 T1;	刀具1
. . .	
N80 T6;	刀具6

用M06指令更换刀具的程序代码如下：

N10 T8;	预选刀具8
N20 M06;	执行刀具更换，然后T8有效

2. D指令

【**指令功能**】一个刀具可以匹配1～9个不同补偿的数据组（用于多个切削刃）。用D指令及其相应的序号可以编程一个专门的切削刃。

【**指令形式**】

D_;	刀具补偿号1～9
D0;	补偿值无效

【**指令说明**】

☺ 刀具调用后，刀具长度补偿立即生效；如果没有编程D序号，则D1值自动生效。

☺ 先编程的长度补偿先执行，对应的坐标轴也先运行。

☺ 刀具半径补偿必须与G41/G42指令一起执行。

☺ 系统最多可以同时存储64个刀具补偿数据组。

【**例5-11**】D指令编程举例。

N10 T1;	刀具D1值生效
N20 G00 X_Y_;	对不同刀具长度的差值进行覆盖
N50 T4 D2;	更换成刀具4，对应于T4中D2值生效
N80 G00 ZD1;	刀具4中D1值生效，在此仅更换切削刃

3. 刀具半径补偿指令

【**指令功能**】当刀具半径补偿指令激活时，数控系统自动地为不同的刀具计算出等距离的刀具路径。

【指令形式】

```
G40 G00/G01 X_Y_;        取消刀具半径补偿
G41 G00/G01 X_Y_;        刀具半径左补偿，沿切削方向看，刀具在工件轮廓的左侧
G42 G00/G01 X_Y_;        刀具半径右补偿，沿切削方向看，刀具在工件轮廓的右侧
```

工件轮廓左侧/右侧补偿如图 5-17 所示。

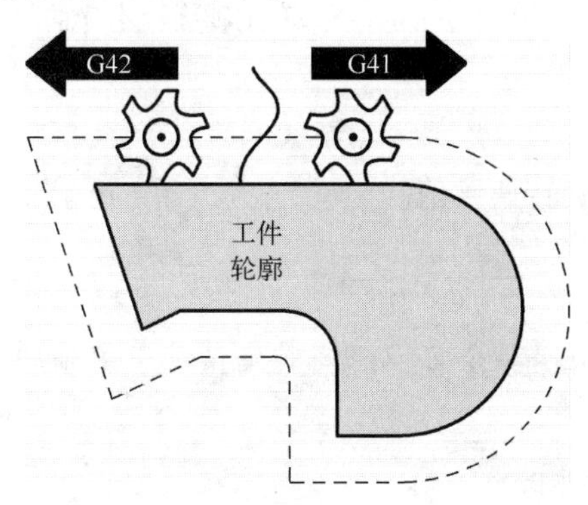

图 5-17　工件轮廓左侧/右侧补偿

【指令说明】

☺ 半径补偿必须在所选平面中进行。

☺ 只有在线性插补（G00、G01）时，才可以进行 G41/G42 指令的选择。

☺ 只有在线性插补（G00、G01）时，才可以取消补偿运行。

☺ 改变补偿方向时，可以直接用 G41/G42 指令编程，不必用 G40 指令进行中间过渡。

【例 5-12】对图 5-18 所示的样板零件进行铣削，深度为 5mm。

```
N10 T1 D1;                     1 号刀，补偿号 D1
N20 G54;                       建立工件坐标系
N30 G0 G17 G90 X－10 Y－10 Z5; 快速运动到起始点
N30 G1 Z－7F80 S600 M3;
N40 G41 G1 X0 Y0 F60;          刀具在轮廓左侧补偿
N50 Y50
N60 G02 X10 Y60 CR＝10
N70 G1 X20;
N80 G03 X60 Y60 CR＝20
N90 G01 X95;
N100 G03 X120 Y35 CR＝25
N110 G01 Y10
N120 G02 X110 Y0 CR＝10
N130 G01 X10
N140 G02 X0 Y10 CR＝10
N150 G40 X－10 Y－10;          取消刀具半径补偿
N160 G0 Z50
N170 M05
N180 M30
```

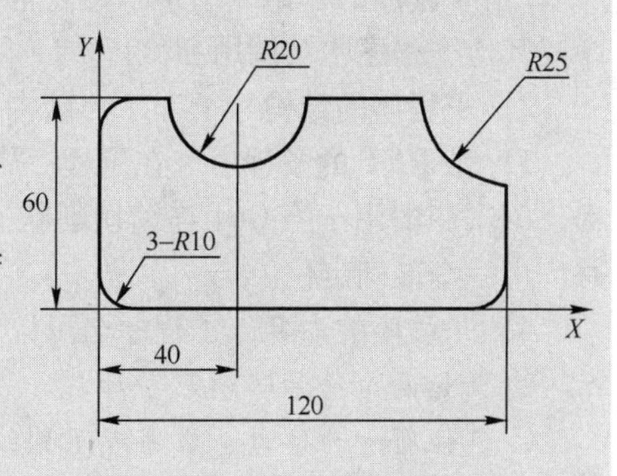

图 5-18　刀具半径补偿举例

5.3.6 主轴和进给指令

1. 进给指令格式

G94 F_;　直线进给率，单位为 mm/min
G95 F_;　旋转进给率，单位为 mm/r（只有主轴旋转才有意义）

2. 主轴转速 S

S 指令规定了机床主轴旋转速度值。

3. 主轴转速极限指令

【指令功能】主轴转速极限指令可以限定特定情况下主轴的极限值范围。
【指令形式】

G25　S_;　主轴转速下限
G26　S_;　主轴转速上限

【指令说明】G25 或 G26 指令均要求一独立的程序段，原先编程的转速 S 保持存储状态。

5.3.7 子程序

1. 使用子程序

1）子程序的作用　用于编写经常重复加工的某一确定的轮廓形状。子程序可以在主程序或其他子程序中被调用和执行。

2）子程序的结构　子程序的结构与主程序的结构相同，子程序以 M17 结束（返回）。

3）带 RET 的子程序　在子程序中，程序结尾符 RET 可以替换 M17，RET 必须单段编程，RET 一般用于当 G64 连续切削状态在返回时不被打断的情况下，而 M17 用于打断 G64 并产生一个准确定位。

4）子程序的命名　子程序名可以自由选取，但必须符合以下规定：

☺ 开始两个符号必须是字母。
☺ 其他符号为字母、数字或下划线。
☺ 最多 16 个字符。
☺ 不能用分隔符。

另外，子程序还可以使用地址字 L_，其后的值可以有 7 位（只能为整数）。子程序名 L6 专门用于换刀。

5）子程序嵌套　子程序不仅可以被主程序调用，也可以被其他子程序调用，这个过程称为子程序嵌套。子程序的嵌套深度为 8 层，也就是说，从主程序开始可以最多调用 7 层子程序。

2. 调用子程序

在一个程序中（主程序或子程序）可以直接用子程序名调用子程序，调用子程序要求占用一个独立的程序段。用 P 后的数字表示调用次数，示例如下：

N10 L789;　　　　　　调用子程序 L789
N20 AFESM7;　　　　　调用子程序 AFGSM7
N30 ABCEY85 P3;　　　调用子程序 ABCEY85，运行 3 次

5.3.8 固定循环

循环是用于特定加工过程的工艺子程序，如用于钻孔、铣槽切削或螺纹切削等。循环用于各种具体加工过程时，只要改变循环指令和参数就可以。编辑程序时，在面板上调用相应的循环指令，根据图形显示，修改参数即可。按确认键，需要的参数即传送进入程序。

表 5-4 所列的是 SIEMENS 系统常用的循环指令。

表 5-4　SIEMENS 系统常用的循环指令

符　号	含　义	符　号	含　义
CYCLE81	钻孔，中心钻孔	HOLES2	加工圆周孔
CYCLE82	中心钻孔	CYC LE71	端面铣削
CYCLE83	深度钻孔	CYC LE72	轮廓铣削
CYCLE84	刚性攻丝	CYC LE76	矩形过渡铣削
CYCLE840	带补偿卡盘攻丝	CYC LE77	圆弧过渡铣削
CYCLE85	铰孔 1（镗孔 1）	LONGHOLE	槽
CYCLE86	镗孔（镗孔 2）	SLOT1	圆上切槽
CYCLE87	铰孔 2（镗孔 3）	SLOT2	圆周切槽
CYCLE88	镗孔时可以停止 1（镗孔 4）	POCKET3	矩形凹槽
CYCLE89	镗孔时可以停止 2（镗孔 5）	POCKET4	圆形凹槽
HOLES1	加工排孔	CYC LE90	螺纹铣削

1. 中心钻孔（CYCLE 82）

【功能】 刀具以编程的主轴转速和进给速度钻孔，到达最终钻孔深度后，可实现孔底停留，退刀时以快速退刀。中心钻孔循环过程如图 5-19 所示。

【调用格式】

CYCLE82(RTP,RFP,SDIS,DP,DPR,DTB)

该固定循环中使用的主要参数见表 5-5。

表 5-5　CYCLE 82 的主要参数

参　数	含　义
RTP	返回平面（绝对值）
RFP	参考平面（绝对值）
SDIS	安全间隙（无符号输入）
DP	最终钻孔深度（绝对）
DPR	相当于参考平面的最终钻孔深度（无符号输入）
DTB	达到最终钻孔深度时的停顿时间（断屑）

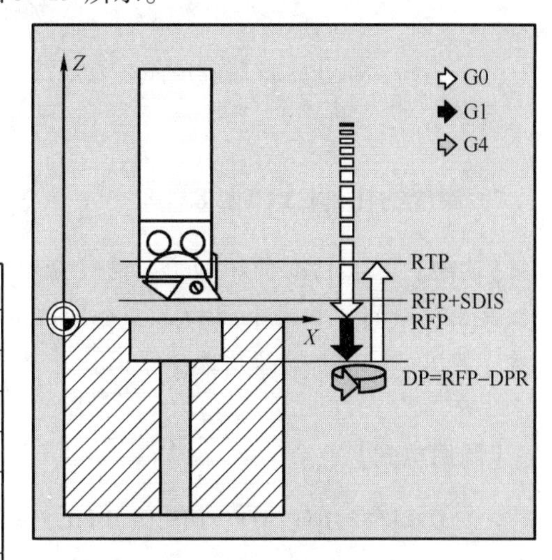

图 5-19　中心钻孔循环过程

【参数说明】

☺ RFP 和 RTP（参考平面和返回平面）：通常参考平面（RFT）和返回平面（RTP）具有不同的的值。返回平面到最终钻孔深度的距离大于参考平面到最终钻孔深度间的距离。

☺ SDIS（安全间隙）：安全间隙作用于参考平面。参考平面由安全间隙产生。安全间隙作用的方向由循环自动决定。

☺ DP 和 DPR（最终钻孔深度）：最终钻孔深度可以定义成参考平面的绝对值或相对值。如果是相对值定义，循环会采用参考平面和返回平面的位置自动计算相应的深度。如果一个值同时输入给 DP 和 DPR，最终钻孔深度则来自 DPR。

☺ DTB（停顿时间）：到达最终钻孔深度的停顿时间（断屑），单位为 s。

【例 5-13】 用钻削循环 CYCLE82 加工如图 5-20 所示的孔，孔底停留时间 2s，安全间隙 4mm。编制的程序如下所述。

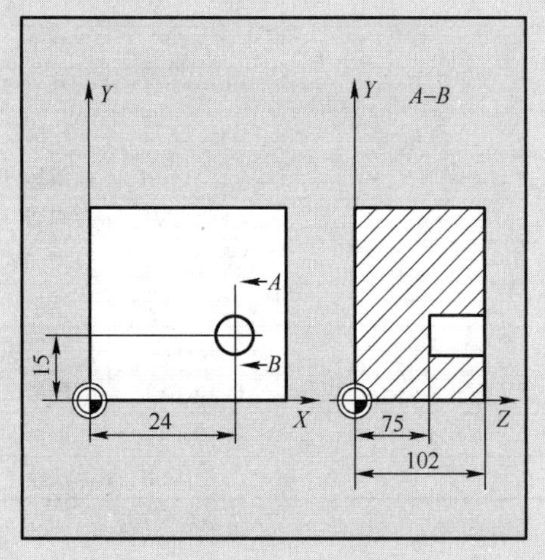

图 5-20　CYCLE82 循环编程举例

```
N10 G0 G17 G90 F200 S300 M03
N20 D1 T10 Z110                    ;到返回平面
N30 X25 Y15                        ;到钻孔位置
N40 CYCLE82(110,102,4,75,2)        ;调用循环
N50 M30                            ;程序结束
```

2. 深度钻孔（CYCLE 83）

【功能】 深孔钻削循环加工，通过分步钻入达到最终的钻深，钻削既可以在每步到钻深后，提出钻头到其参考平面加上安全间隙的位置达到排屑目的。也可以每次上提 1mm 以便断屑。调用循环指令前必须选择平面，并且已经选取钻头的刀具补偿值。循环过程如图 5-21 所示。

【调用格式】

```
CYCLE83(RTP,RFP,SDIS,DP,DPR,FDEP,FDPR,DAM,DTB,DTS,FRF,VARI)
```

该固定循环中使用的主要参数见表 5-6。

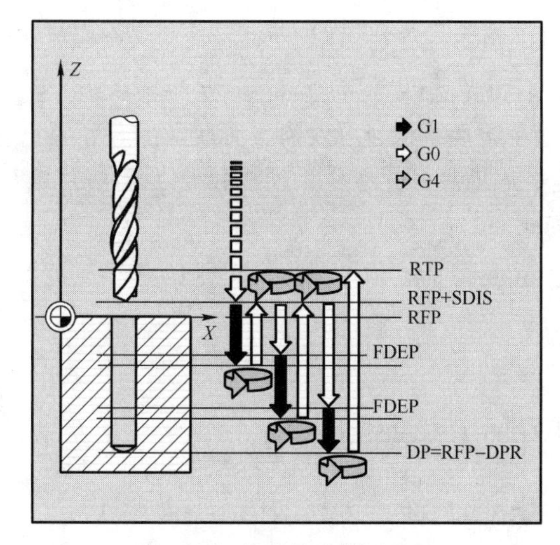

图 5-21　深度钻孔循环过程

表 5-6　CYCLE 83 的主要参数

参　数	含　义
RTP	返回平面（绝对值）
RFP	参考平面（绝对值）
SDIS	安全间隙（无符号输入）
DP	最终钻孔深度（绝对值）
DPR	相对于参考平面的最终钻孔深度（无符号输入）
FDEP	第一钻孔深度（绝对值）
FDPR	第一钻孔相对深度（无符号输入）
DAM	每次钻深（无符号输入）
DTB	孔底延时时间
DTS	在钻孔起始点的延时
FRF	第一钻孔时的进给率系数（无符号输入），取值范围为 0.001～1
VARI	加工类型： 断屑 = 0 排屑 = 1

【参数说明】

☺ 对于参数 RTP、RFP、SDIS、DP 和 DPR，参见 CYCLE82 循环。

☺ DP（或 DPR）、FDEP（或 FDPR）和 DAM：中央钻孔深度是以最终钻孔深度、首次钻孔深度和递减量为基础，首先，进行首次钻深，只要不超出总的钻深；从第 2 次钻深开始，冲程由上一次钻深减去递减量获得的，但要求钻深大于所编程的递减量；当剩余量大于两倍的递减量时，以后的钻削量等于递减量；最终的两次钻削行程被平分，所以始终大于 50% 的递减量。

☺ DTB（停顿时间）：DTB 编程了到达最终钻深的停顿时间（断屑），单位为 s。

☺ DTS（停顿时间）：起始点的停顿时间只在 VARI = 1（排屑）时执行。

☺ FRF（进给率系数）：对于此参数，可以输入一个有效进给率的缩减系数，该系数只适用于循环中的首次钻孔深度。

☺ VARI（加工类型）：如果参数 VARI = 0，钻头在每次到达钻深后退回 1mm，用于断屑；如果 VARI＝1（用于排屑），钻头每次移动到安全间隙前的参考平面。

【例5-14】用钻孔循环 CYCLE83 加工如图5-22所示的孔。首次钻孔时，停顿时间为零且加工类型为断屑。最后钻深和首次钻深的值为绝对值。第2次循环调用中编程的停顿时间为1s，选择加工类型是排屑，最终钻孔深度相对于参考平面。这两种加工下的钻孔轴都是 Z 轴。程序代码如下所述。

```
N10 G0 G17 G90 F50 S500 M04
N20 D1 T12
N30 Z155                                          ;到返回平面
N40 X80 Y120                                      ;到孔位置
N50 CYCLE83(155,150,1,5,0,100,20,0,0,1,0)         ;调用循环
N60 X80 Y60                                       ;到下一孔的孔位置
N70 CYCLE83(155,150,1, ,145, ,50,20,1,1,0.5,1)    ;调用循环
N80 M30                                           ;程序结束
```

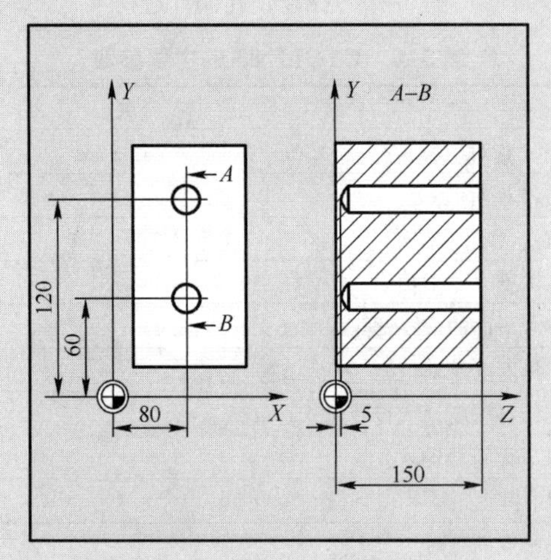

图5-22　CYCLE 83循环编程举例

3. 铰孔（镗孔）（CYCLE 85）

【**功能**】刀具按编程的主轴速度和进给率钻孔，直至到达定义的最终孔深度。向内、向外移动的进给率分别是参数 FFR 和 RFF 的值。CYCLE85 循环过程如图5-23所示。

【**调用格式**】

```
CYCLE85(RTP,RFP,SDIS,DP,DPR,DTB,FFR,RFF)
```

该固定循环中使用的主要参数见表5-7。

表5-7　CYCLE 85的主要参数

参　数	含　义
RTP	返回平面（绝对值）
RFP	参考平面（绝对值）
SDIS	安全间隙（无符号输入）
DP	最终钻孔深度（绝对值）
DPR	相对于参考平面的最终钻孔深度（无符号输入）

续表

参　　数	含　　义
DTB	最终钻孔深度时的停顿时间（断屑）
FFR	进给率
RFF	退回进给率

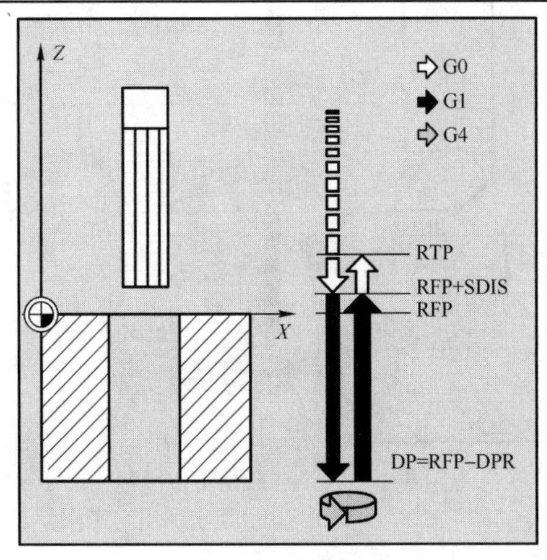

图 5-23　CYCLE 85 循环过程

【参数说明】

☺ 对于参数 RTP、RFP、SDIS、DP、DPR 和 DTB，参见 CYCLE82 循环。

☺ FFR（进给率）：钻孔时 FFR 下编程的进给率值有效。

☺ RFF（退回进给率）：从孔底退回到参考平面加上安全间隙时，RFF 下编程的进给率值有效。

【例 5-15】用镗削循环 CYCLE85 加工如图 5-24 所示的孔，无孔底停留时间，安全间隙为 2mm，程序代码如下所述。

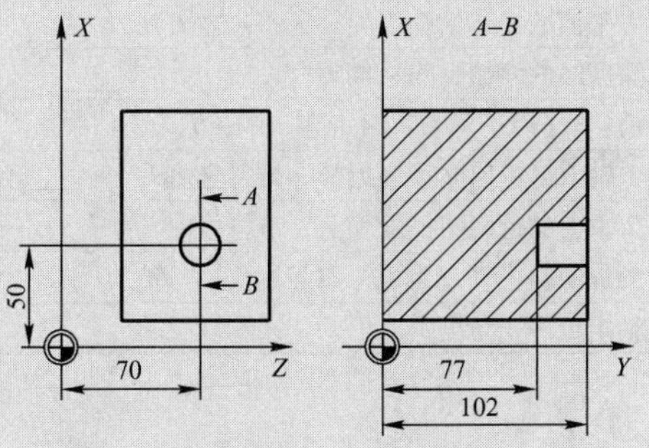

图 5-24　CYCLE 85 循环编程举例

```
N10 T2 D2                                  ;选刀,起用刀补偿
N20 G18 G90 F1000 S500 M03                 ;选择 XZ 平面
N30 G0 X50 Y105 Z70                        ;刀具到孔位置
N40 CYCLE85(105,102,2,,25,,300,450)        ;调用循环，未编程停顿时间
N50 M30                                    ;程序结束
```

4. 镗孔（CYCLE86）

【功能】刀具按照设置的主轴转速和进给率进行镗孔，直至达到最终深度。镗孔时，一

旦到达镗孔深度，便激活了主轴定位停止功能。然后，主轴从返回平面快速移动到设置的返回位置，如图5-25所示。

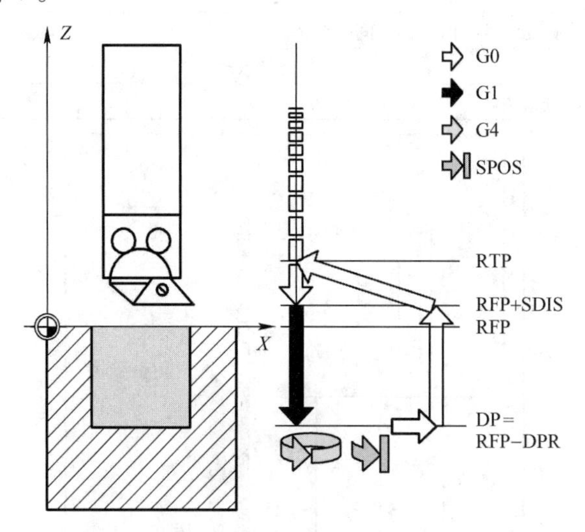

图5-25 CYCLE86循环过程

【调用格式】

CYCLE86（RTP，RFP，SDIS，DP，DPR，DTB，SDIR，RPA，RPO，RPAP，SPOS）

该固定循环中使用的主要参数见表5-8。

表5-8 CYCLE86的主要参数

参　数	含　义
RTP	返回平面（绝对值）
RFP	参考平面（绝对值）
SDIS	安全间隙（无符号输入）
DP	最终钻孔深度（绝对值）
DPR	相对于参考平面的最终钻孔深度（无符号输入）
DTB	最终钻孔深度时的停顿时间（断屑）
SDIR	旋转方向值：3（用于M03）/4（用于M04）
RPA	平面中第1轴上的返回路径（增量，带符号输入）
RPO	平面中第2轴上的返回路径（增量，带符号输入）
RPAP	镗孔轴上的返回路径（增量，带符号输入）
POSS	循环中主轴定位停止角度

【参数说明】

☺ 对于参数RTP、RFP、SDIS、DP、DPR和DTB，参见CYCLE82循环。

☺ DTB（停顿时间）：DTB设置到最终镗孔深度时的停顿时间。

☺ SDIR（旋转方向）：使用此参数，可以定义循环中进行镗孔时的旋转方向。如果参数的值不是3或4（M03/M04），则产生报警且不执行循环。

☺ RPA（第1轴的返回路径）：使用此参数定义在第1轴上（横坐标）的返回路径，当到达最终镗孔深度并执行了主轴定位停止后，执行此返回路径。

☺ RPO（第2轴的返回路径）：使用此参数定义在第2轴上（纵坐标）的返回路径，当到达最终镗孔深度并执行了主轴定位停止后，执行此返回路径。

☺ RPAP（镗孔轴上的返回路径）：使用此参数定义在镗孔轴上的返回路径，当到达最终镗孔深度并执行了主轴定位停止后，执行此返回路径。

☺ POSS（主轴位置）：使用 POSS 设置主轴定位停止的角度，该功能在到达最终镗孔深度后执行。

【注意】如果主轴在技术上能够进行角度定位，则可以使用 CYCLE86 指令。

【例 5-16】在 XY 平面中的（X70，Y50）处调用 CYCLE86 指令。编程的最终钻孔深度值为绝对值。未定义安全间隙。在最终钻孔深度处的停顿时间是 2s。工件的上沿在 Z110 处。在此循环中，主轴以 M03 旋转并停在 45°位置，如图 5-26 所示。程序代码如下所述。

```
N10 G0 G17 G90 F200 S300 M03
N20 T11 D1 Z112;                                  回到返回平面
N30 X70 Y50;                                      回到钻孔位置
N40 CYCLE86(112,110,  ,77,0,2,3,-1,-1,1,45);      使用绝对钻孔深度调用循环
N50 M30;                                          程序结束
```

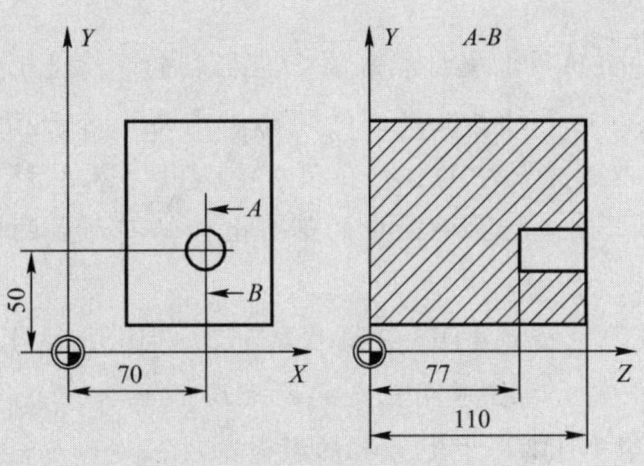

图 5-26　CYCLE86 循环编程举例

5. 钻孔样式循环

1）排孔（HOLES1）

【功能】HOLES1 循环可以用于铣削一排孔，如图 5-27 所示。孔的类型由已被调出的钻孔循环来决定。

【调用格式】

```
HOLES1(SPCA,SPCO,STA1,FDIS,DBH,NUM)
```

该循环中的主要参数见表 5-9。

表 5-9　HOLES1 的主要参数

参　数	含　义
SPCA	直线（绝对值）上参考点的平面的第 1 坐标轴（横坐标）
SPCO	此参考点（绝对值）平面的第 2 坐标轴（纵坐标）
STA1	与平面的第 1 坐标轴（横坐标）的角度，-180° < STA1 ≤ 180°
FDIS	第 1 个孔到参考点的距离（无符号输入）
DBH	孔间距（无符号输入）
NUM	孔的数量

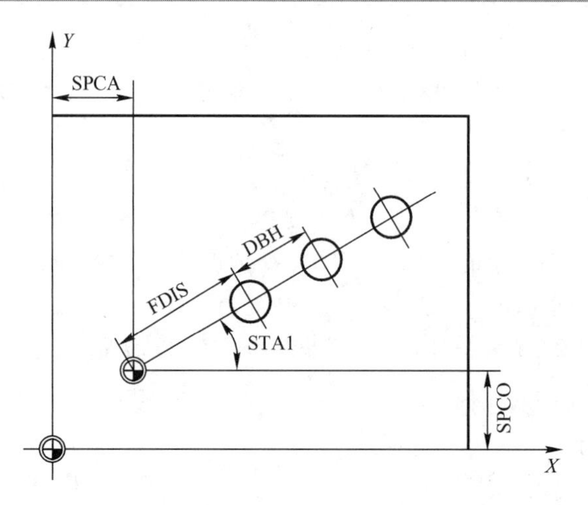

图 5-27 排孔循环 HOLES1

【参数说明】

☺ SPCA 和 SPCO（平面的第 1 坐标轴和第 2 坐标轴的参考点）：排孔形成的直线上的某一点定义成参考点，用于计算孔之间的距离。定义了这一点到第 1 个孔的距离。

☺ STA1（角度）：可以是平面中的任何位置，它是由 SPCA 和 SPCO 定义的点及直线和循环调用时有效的工件坐标系平面中的第 1 坐标轴间形成的角度来确定的，角度值以度数输入 STA1。

☺ FDIS 和 DBH（距离）：使用 FDIS 来编程第 1 孔与由 SPCAH 和 SPCO 定义的参考点间的距离。参数 DBH 定义了任何两孔之间的距离。

☺ NUM（数量）：参数 NUM 用于定义孔的数量。

【例 5-17】 用 HOLES1 程序加工 *ZX* 平面上在 *Z* 轴方向排列的孔。出发点定位在（Y30，X20），第一个孔与此参考点的距离为 10mm，其他的钻孔相互间的距离是 20mm。执行循环 CYCLE82 加工孔，钻孔深度为 80mm，如图 5-28 所示。

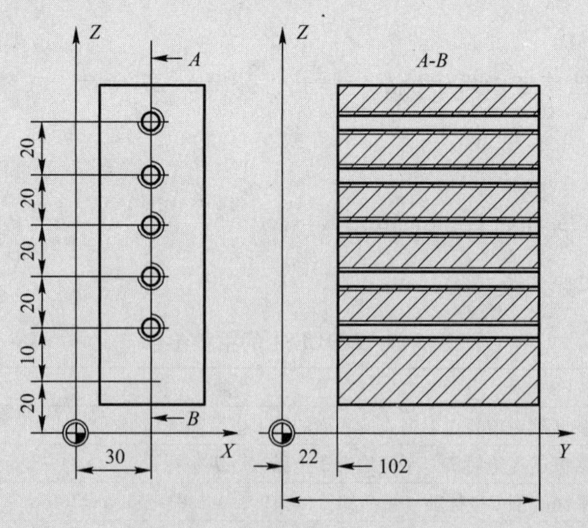

图 5-28 线形排列孔编程举例

程序代码如下所述。

```
N10 G90 F30 S500 M03 T10 D1;                    加工步骤的技术值定义
N20 G17 G0 X20 Z105 Y30;                        回到起始位置
N30 MCALL CYCLE82(105,102,2,22,0,1,);           调用钻孔循环
N40 HOLES1(20,30,0,10,20,5);                    调用排孔循环；循环从第一个孔开始加
                                                工，此循环中只回到钻孔位置
N50 MCALL;                                      取消调用
N60 M30;                                        程序结束
```

2）圆周孔（HOLES2）

【功能】 使用 HOLES2 循环可以加工圆周孔，如图 5-29 所示。加工平面必须在循环调用前定义。孔的类型由已经调用的钻孔循环决定。

【调用格式】

```
HOLES2(CPA,CPO,RAD,STA1,INDA,NUM)
```

HOLES2 循环的主要参数见表 5-10。

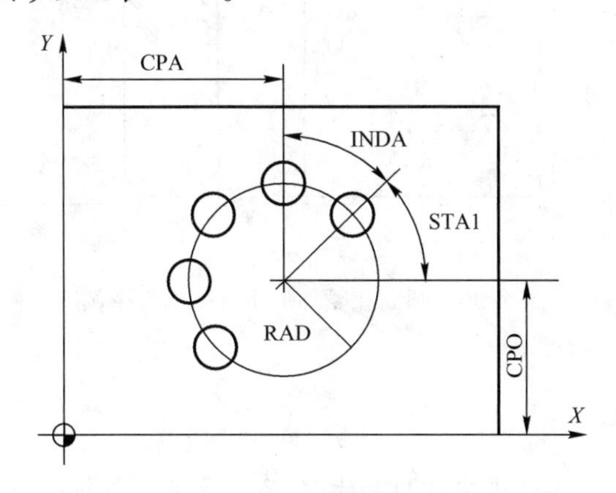

图 5-29　圆周孔循环 HOLES2

表 5-10　HOLES2 循环的主要参数

参　数	含　义
CPA	圆周孔的中心点（绝对值）平面的第 1 坐标轴（横坐标）
CPO	圆周孔的中心点（绝对值）平面的第 2 坐标轴（纵坐标）
RAD	圆周孔的半径（无符号输入）
STA1	起始角（$-180° < STA1 \leq 180°$）
INDA	增量角
NUM	孔的数量

【参数说明】

☺ CPA，CPO 和 RAD（中心点位置和半径）：加工平面中的圆周孔位置是由中心点（参数 CPA 和 CPO）和半径（参数 RAD）决定的，半径只允许为正值。

☺ 起始角 STA1 和增量角 INDA：定义孔的分布。参数 STA1 定义了循环调用前有效的工件坐标系中第 1 坐标轴的正方向（横坐标）与第 1 孔之间的旋转角。参数 INDA 定义了从第一个孔到下一个孔的旋转角。如果参数 INDA 的值为零，循环则会根据孔的数

量内部计算出所需的角度。

☺ NUM（数量）：参数NUM定义了孔的数量。

【例5-18】 先使用CYCLE82指令来加工4个孔，孔深为30mm。最后把钻孔深度定义成参考平面的相对值。圆周由平面中的中心点（X70，Y60）和半径42mm决定，起始角是33°。钻孔轴Z的安全间隙为2mm，如图5-30所示。程序代码如下所述。

```
N10 G90 F100 S180 M3 T1 D1;              技术值的定义
N20 G17 G0 X50 Y50 Z2;                   到起始位置
N30 MCALL CYCLE82(2,0,2,30,0);           钻孔循环的形式调用
N40 HOLES(70,60,42,33,0,4);              调用圆周孔循环
N50 MCALL;                               取消调用
N60 M30;                                 程序结束
```

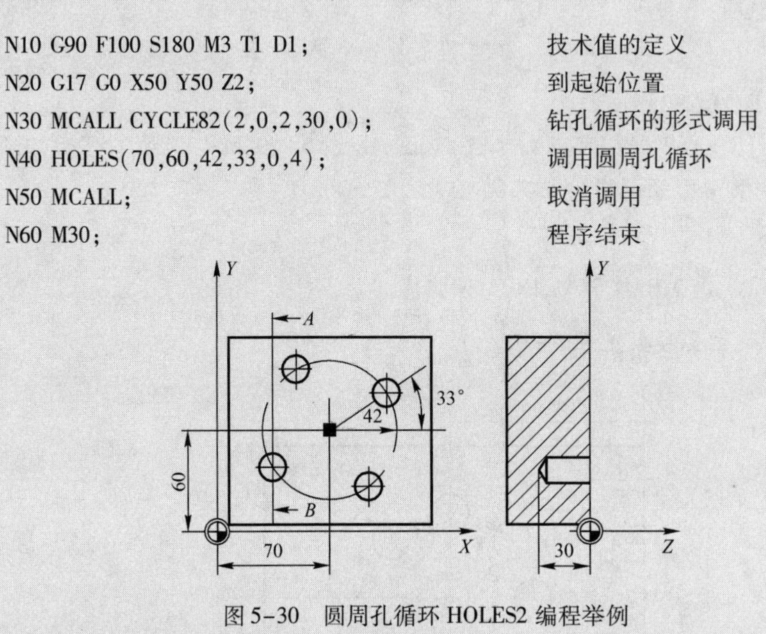

图5-30　圆周孔循环HOLES2编程举例

6. 矩形槽（POCKET3）

【功能】 利用此循环，通过设定相应的参数可以铣削一个与轴平行的矩形槽。循环加工分为粗加工和精加工。精铣时，要求使用带端面齿的铣刀。深度进给始终从槽中心点开始，在垂直方向执行，如图5-31所示。

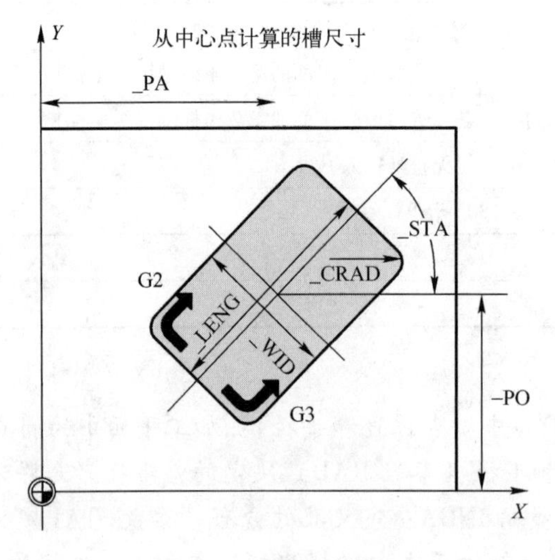

图5-31　矩形槽循环

【调用格式】

POCKET3(RTP, RFP, SDIS, DP, LENG, WID, CRAD, PA, PO, STA, MID, FAL, FALD, FFP1, FFD, CDIR, VARI, MIDA, AP1, AP2, AD, RAD1, DP1)

【参数说明】POCKET3 的主要参数见表 5-11。

表 5-11　POCKET3 的主要参数

参　数	含　义
RTP	返回平面（绝对值）
RFP	参考平面（绝对值）
SDIS	安全间隙（无符号输入）
DP	槽深（绝对值）
LENG	槽长（带符号从拐角测量）
WID	槽宽（带符号从拐角测量）
CRAD	槽拐角半径（无符号输入）
PA	槽中心点（绝对值），平面的第 1 轴
PO	槽中心点（绝对值），平面的第 2 轴
STA	槽纵向轴与平面第 1 轴间的夹角（无符号输入）
MID	进给最大深度（无符号输入）
FAL	槽边缘的精加工裕量（无符号输入）
FALD	槽底的精加工裕量（无符号输入）
FFP1	端面加工进给率
FFD	深度进给的进给率
CDIR	加工槽的铣削方向（0—顺铣，1—逆铣，2—用于 G02，3—由于 G03）
VARI	加工类型 UNITS DIGIT（1—粗加工，2—精加工）； TENS DIGIT（0—使用 G00 垂直于槽中心，1—使用 G01 垂直槽中心，2—沿螺旋状）
MIDA	在平面的连续加工中作为数值最大的进给宽度
AP1	槽长的空白尺寸
AP2	槽宽的空白尺寸
AD	距离参考平面的空白槽宽尺寸
RAD1	插入时螺旋路径的半径（相当于刀具中心点路径）
DP1	沿螺旋路径插入时每转（360°）的插入深度

【操作循序】

（1）粗加工时的动作循序：使用 G00 指令回到返回平面的槽中心；然后再同样以 G00 指令回到安全间隙前的参考平面；根据所选的插入方式并考虑已编程的空白尺寸对槽进行加工。

（2）精加工时的动作顺序：槽边缘精加工；槽底精加工。

【例 5-19】使用 POCKET3 指令加工一个在 *XY* 平面中的矩形槽，深度为 60mm，宽为 40mm，拐角半径 8mm 且深为 17.5mm，如图 5-32 所示。该槽与 *X* 轴的夹角为零，槽边缘的精加工裕量是 0.75mm，槽底的精加工裕量为 0.2mm，添加于参考平面的 *Z* 轴的安全间隙为 0.5mm。槽中心点位于（X50，Y40），最大进给深度为 4mm。

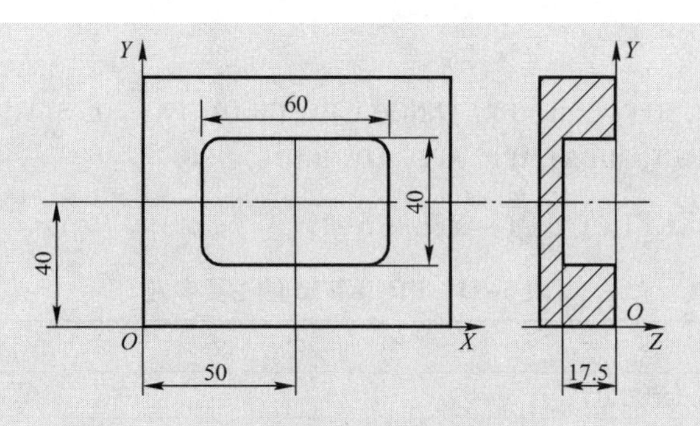

图5-32　矩形槽循环编程举例

程序代码如下所述。

```
N10 G90 S180 M03 T1 D1;                                              技术值的定义
N20 G17 G0 X50 Y40 Z5;                                               到起始位置
N30POCKET3(5,0,0.5,-17.5,50,40,8,60,40,0,4,0.75,0,2,1000,750,0,11,5,,,,,);   循环调用
N40 M30;                                                             程序结束
```

7. 圆形槽（POCKET4）

【功能】POCKET4循环用于加工在平面中的圆形槽。精加工时，需要使用带端面齿的铣刀。深度进给始终从槽中心点开始并垂直执行，这样可以在此位置适当进行预钻削，如图5-33所示。

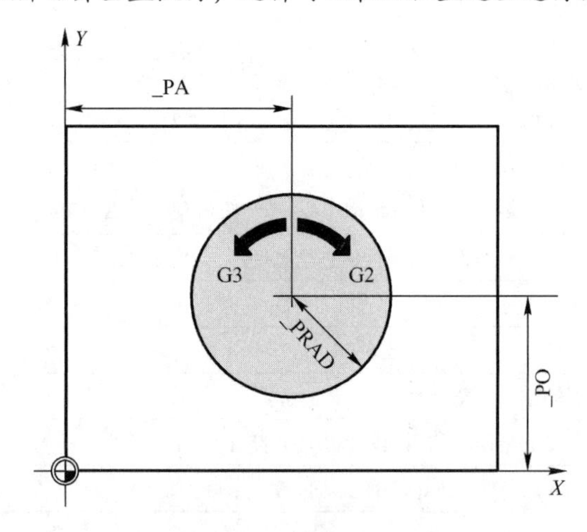

图5-33　圆形槽循环

【调用格式】

POCKET4(RTP, RFP, SDIS, DP, PRAD, PA, PO, MID, FAL, FALD, FFP1, FFD, CDIR, VARI, MIDA, AP1, AD, RAD1, DP1)

【参数说明】POCKET4的主要参数见表5-12。

表5-12　POCKET4的主要参数

参　数	含　义
RTP	返回平面（绝对值）
RFP	参考平面（绝对值）

续表

参　数	含　义
SDIS	安全间隙（无符号输入）
DP	槽深（绝对值）
PRAD	槽半径
PA	槽中心点（绝对值），平面的第 1 轴
PO	槽中心点（绝对值），平面的第 2 轴
MID	进给最大深度（无符号输入）
FAL	槽边缘的精加工裕量（无符号输入）
FALD	槽底的精加工裕量（无符号输入）
FFP1	端面加工进给率
FFD	深度进给的进给率
CDIR	加工槽的铣削方向（0—顺铣，1—逆铣，2—用于 G02，3—由于 G03）
VARI	加工类型 UNITS　DIGIT（1—粗加工，2—精加工）； TENS DIGIT（0—使用 G00 垂直于槽中心，1—使用 G01 垂直槽中心，2—沿螺旋状）
MIDA	在平面的连续加工中作为数值最大的进给宽度
AP1	槽半径的空白尺寸
AD	距离参考平面的空白槽宽尺寸
RAD1	插入时螺旋路径的半径（相当于刀具中心点路径）
DP1	沿螺旋路径插入时每转（360°）的插入深度

【操作循序】

（1）粗加工时的动作循序：使用 G00 指令回到返回平面的槽中心；然后再同样以 G00 指令回到安全间隙前的参考平面；根据所选的插入方式并考虑已编程的空白尺寸对槽进行加工。

（2）精加工时的动作顺序：槽边缘精加工；槽底精加工。

【例 5-20】 使用 POCKET4 指令加工一个在 *XY* 平面中的圆形槽，中心点为（X50，Y50），深度的进给轴为 *Z* 轴，未定义精加工裕量和安全间隙，采用逆铣加工方式加工槽，如图 5-34 所示。沿螺旋路径进行进给，使用半径为 10mm 的铣刀。程序代码如下所述。

```
N10 G90 S600 M03 T1 D1;                                              技术值的定义
N20 G17 G0 X60 Y40 Z5;                                               到起始位置
N30 POCKET4(3,0,0,-20,25,50,60,6,0,0,200,100,1,21,0,0,0,2,3);        循环调用
N40 M30;                                                             程序结束
```

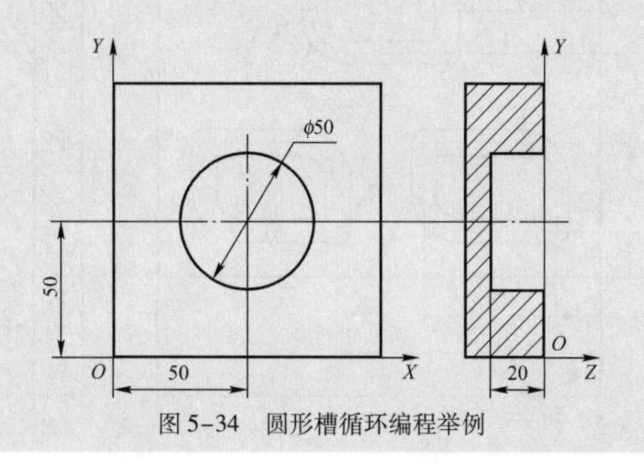

图 5-34　圆形槽循环编程举例

习题

（1）数控铣床的坐标系和数控车床的坐标系有何不同?

（2）刀具补偿有何作用？有几种刀具补偿方式?

（3）SIEMENS802D 数控系统铣床有哪些坐标变换指令？这些坐标变换指令有什么作用?

（4）SIEMENS802D 数控系统铣床有哪些螺纹加工指令?

（5）SIEMENS802D 数控系统铣床常用的固定循环指令有哪些？如何编程?

（6）如图 5-35 所示零件，试编制其加工程序。

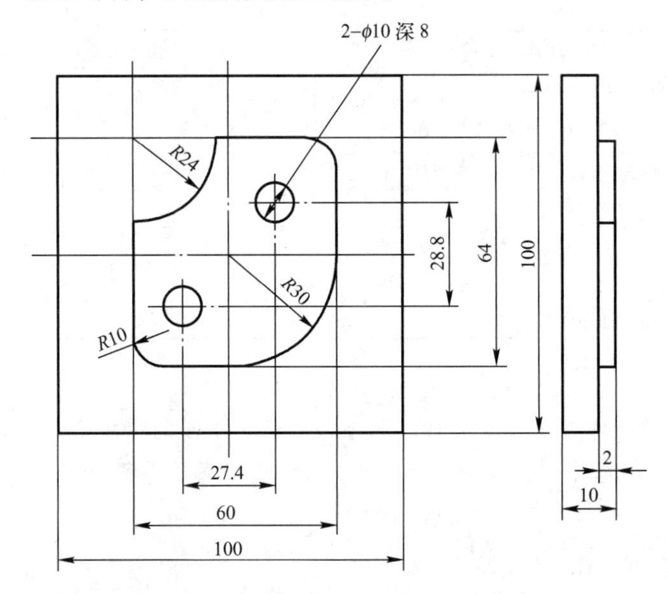

图 5-35 习题（6）图

（7）试用子程序编制切削如图 5-36 所示的 3 个槽的加工程序。

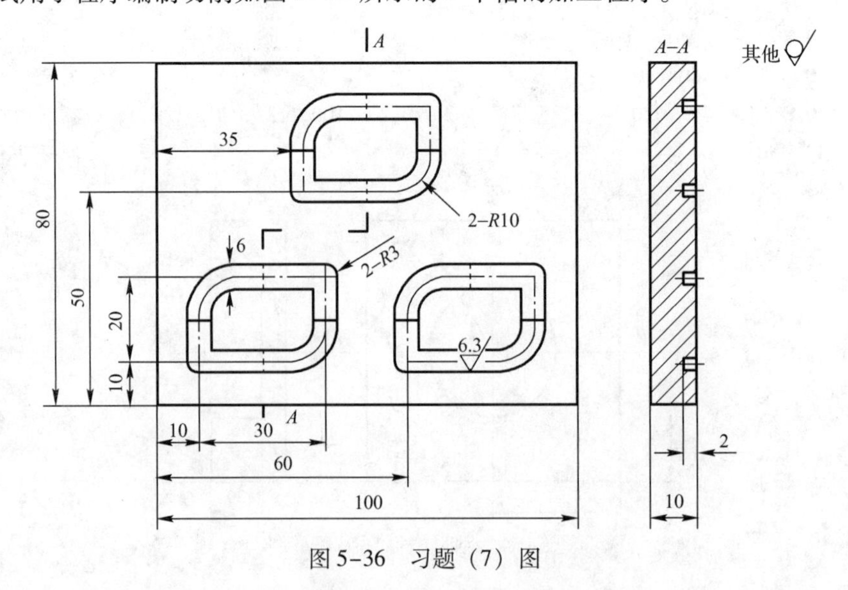

图 5-36 习题（7）图

（8）试用坐标转换指令和子程序编制切削如图 5-37 所示的 4 个槽的加工程序。

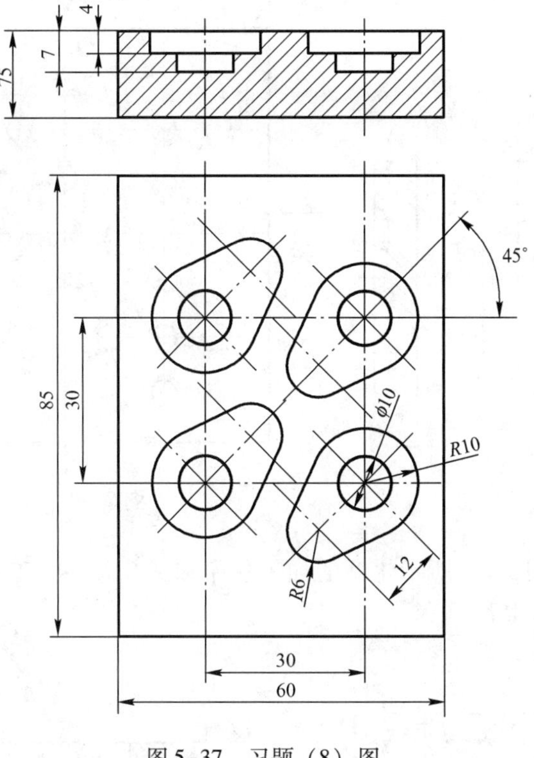

图 5-37　习题（8）图

（9）如图 5-38 所示，试编制其零件加工程序。

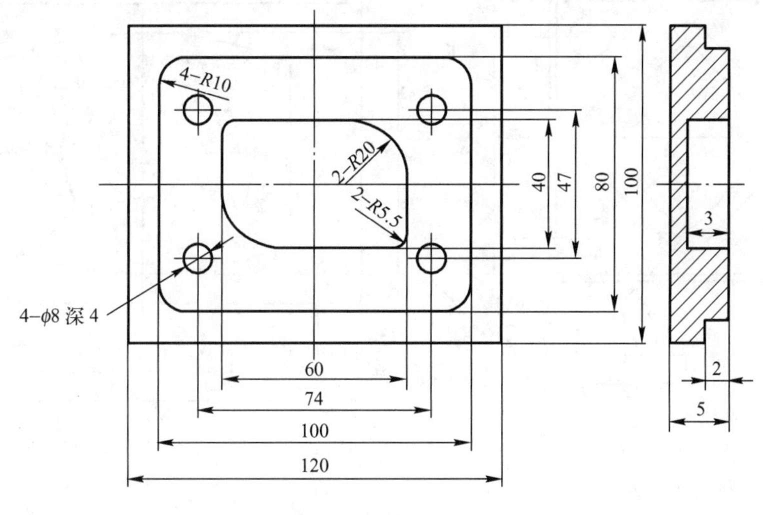

图 5-38　习题（9）图

（10）用 $\phi8$ 的立铣刀精加工如图 5-39 所示的内、外表面，采用刀具半径补偿指令编程。

（11）如图 5-40 所示，用固定循环指令编制孔加工程序。

（12）如图 5-41 所示，试编制外轮廓、内轮廓及钻孔程序，材料为铝块。

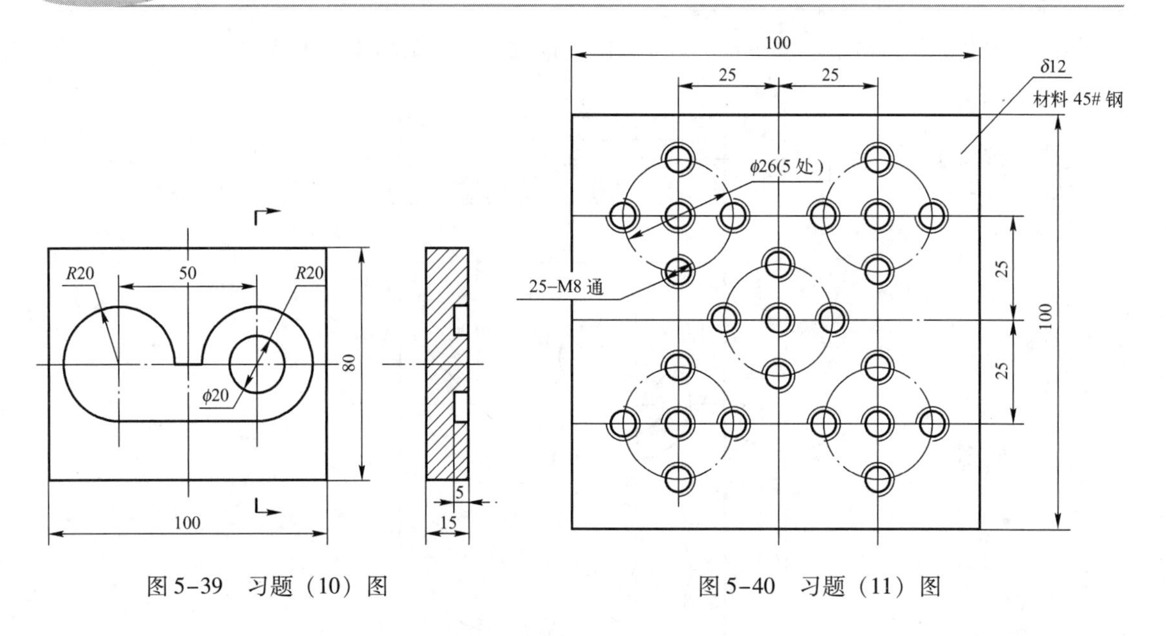

图 5-39　习题（10）图

图 5-40　习题（11）图

（13）分别编制如图 5-42 所示轮廓的加工程序和钻孔程序。工件毛坯尺寸为 150mm × 100mm × 20mm，材料为 45#钢。

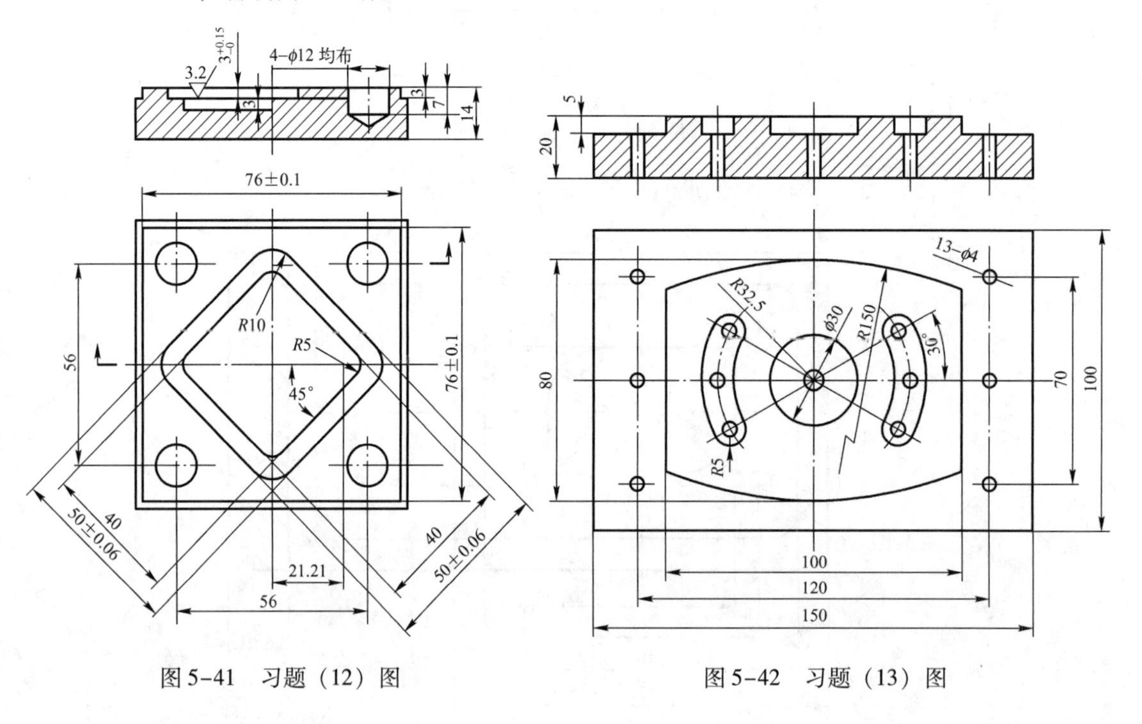

图 5-41　习题（12）图

图 5-42　习题（13）图

第 6 章　数控铣床操作及实训

6.1　数控铣床操作

6.1.1　数控控制面板

数控机床提供的各种功能均通过控制面板来实现。控制面板一般分为 CNC 系统操作面板和外部机床控制面板，图 6-1 和图 6-2 所示为 SIEMENS 802D 系统操作面板和外部机床控制面板。面板上各键名称分别见表 6-1 和表 6-2。

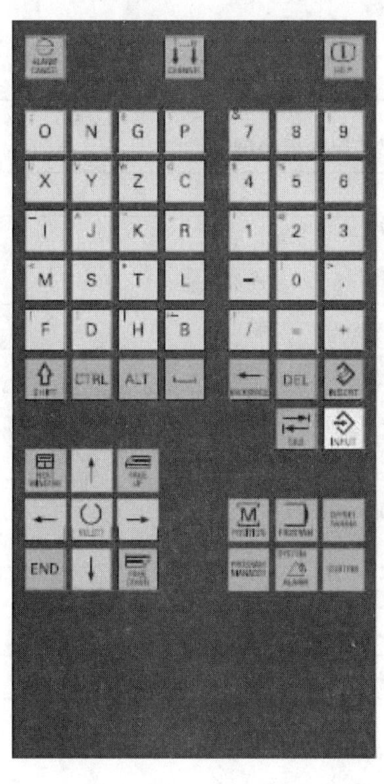

图 6-1　SIEMENS 802D 系统操作面板

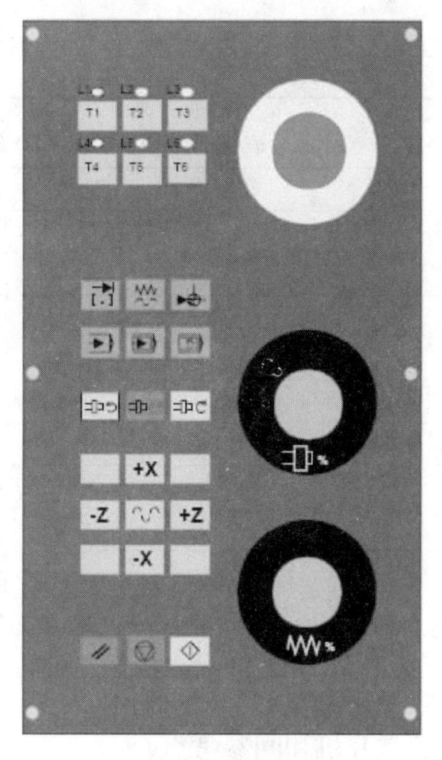

图 6-2　机床外部控制面板

表 6-1　SIEMENS 802D 系统操作面板各键名称

键	名　称	键	名　称
^	返回键	M POSITION	加工操作区域键
>	菜单扩展键	PROGRAM	程序操作区域键
ALARM CANCEL	报警应答键	OFFSET PARAM	参数操作区域键

续表

键	名　称	键	名　称
	通边转换器		程序管理操作区域键
	信息键		报警/系统操作区域键
	上档键		
CTRL	控制键		未使用
ALT	ALT 键		翻页键
	空格键		光标键
	删除键（退格键）		选择/转换键
DEL	删除键	END	
	插入键	J Z	字母键 上档键转换另一字符
	制表键	0 9	数字键 上档键转换另一字符
	回车输入键		

表 6-2　SIEMENS 802D 机床外部控制面板各键名称

键	名　称	键	名　称
	复位		单段
	数控停止		手动数据输入
	数控启动		主轴正转
	主轴速度协调		主轴反转
			主轴停
	增量选择		快速运行叠加
	连续进给方式	+X -X	X 轴点动
	参考点	+Z -Z	Z 轴点动
	自动方式		进给速度协调

6.1.2　开机和回参考点

（1）接通 CNC 和机床驱动电源，系统启动后进入“加工”操作区 JOG 运行方式，出现“回参考点”窗口，如图 6-3 所示。

（2）按下机床控制面板上的键，启动“回参考点”。在“回参考点”窗口中可以看到该坐标轴是否已经回到了参考点。○表示坐标轴未回到参考点；◕表示坐标轴已经回过参考点。

（3）分别按 +X 、 +Y 和 +Z 键使机床回参考点，如果选择了错误的回参考点方向，则不会产生运动。必须使每个坐标轴逐一回参考点，某轴到达零点后，显示◕。

（4）选择另一种运行方式（如 MDA、AUTO 或 JOG）可以结束“回参考点”功能。

【注意】“回参考点”只能在 JOG 方式下才可以进行。

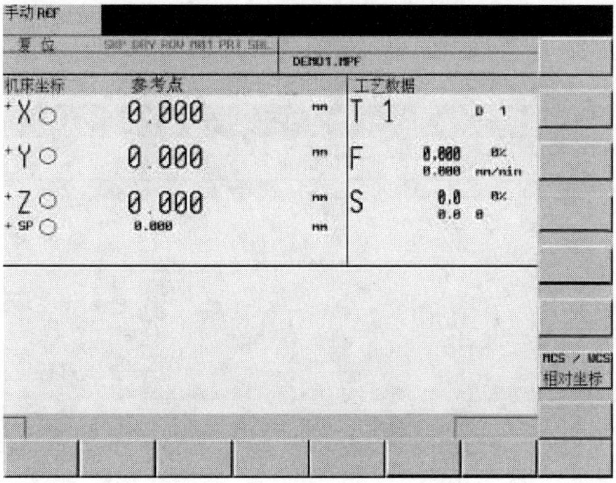

图 6-3　JOG 方式回参考点状态图

6.1.3　JOG（手动）运行方式

（1）按▭键，选择 JOG 手动运行方式。

（2）按下相应的 +X 、 +Y 或 +Z 键，可以使坐标轴正、负方向运行。

（3）需要时，可以通过倍率开关◎调节运行速度。

（4）如果同时按下相应的坐标轴键和▭键，则坐标轴以快进速度运行。

（5）选择▭键以步进增量方式运行时，坐标轴以选择的步进增量运行，步进量的大小在屏幕上显示，再按一次点动键就可以取消步进增量方式。

在“JOG”状态图上可以显示坐标位置、进给量、主轴转速和刀具号，如图 6-4 所示。

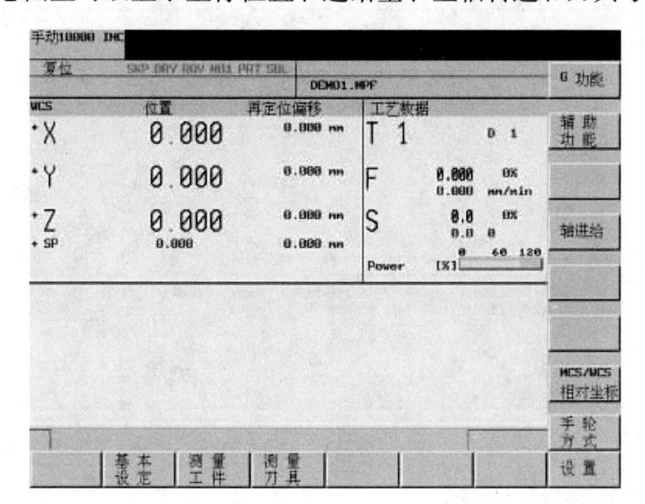

图 6-4　“JOG”状态图

“JOG”状态图中的各软键含义如下所述。

【测量工件】确定零点偏置。

【测量刀具】测量刀具偏置。

【设置】在该屏幕格式下，可以设置带有安全距离的退回平面，以及在MDA方式下自动执行零件程序时主轴的旋转方向。此外还可以在此屏幕下设定JOG进给率和增量值，如图6-5所示。

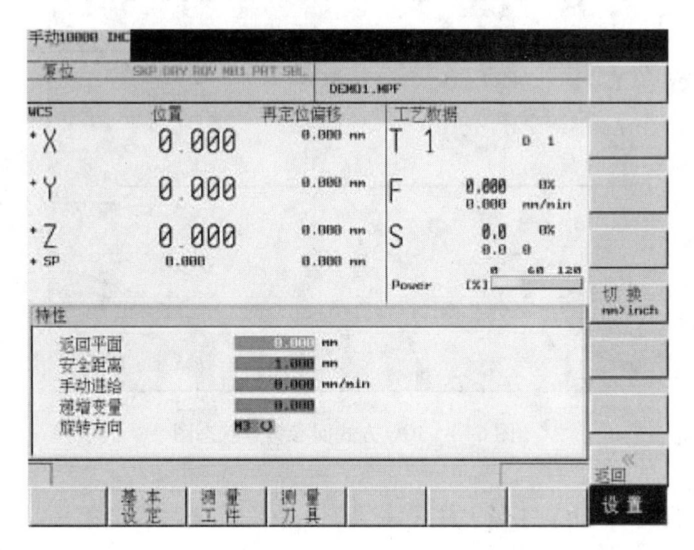

图6-5　设置状态图

【切换 mm >inch】用此功能可以在公制和英制尺寸之间进行转换。

6.1.4　MDA 手动输入方式

(1) 通过机床控制面板上的▣键，选择MDA运行方式，如图6-6所示。

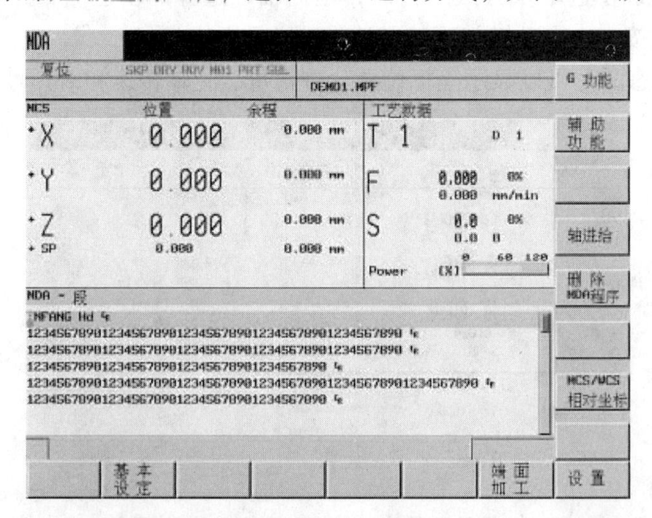

图6-6　MDA状态图

(2) 通过操作面板输入程序段。

(3) 按◇键，执行输入的程序段。

MDA 状态图上各软键含义如下所述。

【基本设定】 设定基本零点偏置。

【端面加工】 铣削端面加工。

【设置】 设置主轴转速、旋转方向等。

【G 功能】 G 功能窗口中显示所有有效的 G 功能。再按一次该键可以退出此窗口。

【辅助功能】 打开 M 功能窗口，显示程序段中所有有效的 M 功能。再按一次该键可以退出此窗口。

【轴进给】 按此键出现轴进给率窗口。再按一次该键可以退出此窗口。

【删除 MDA 程序】 用此功能键可以删除在程序窗口显示的所有程序段。

【MCS/WCS 相对坐标】 实际值的显示与所选的坐标系有关。

6.1.5　程序输入

1. 选择程序操作区

按【PROGRAM MANAGER】键，打开“程序管理”窗口，以列表形式显示零件程序及目录。程序管理器窗口如图 6-7 所示。

在程序目录中用光标移动键选择零件程序。为了更快地查找到程序，可以输入程序名的第一个字母，控制系统自动把光标定位到含有该字母的程序前。

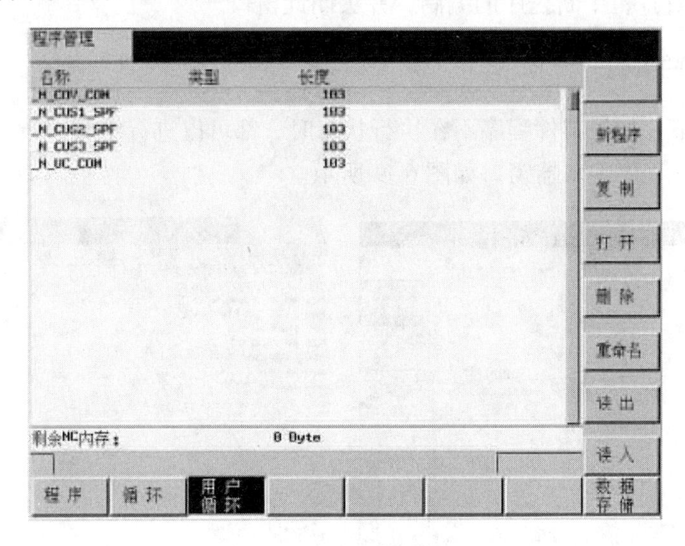

图 6-7　程序管理器窗口

程序管理窗口中的各软键含义如下所述。

【程序】 按程序键显示零件程序目录。

【执行】 按下此键选择待执行的零件程序，按数控启动键时启动执行该程序。

【新程序】 操作此键可以输入新的程序。

【复制】 操作此键可以把所选择的程序复制到另一个程序中。

【打开】 按此键打开待执行的程序。

【删除】 用此键可以删除光标定位的程序，并提示对该选择进行确认。按下确认键执行清除功能，按返回键取消并返回。

【重命名】 操作此键出现一个窗口，在此窗口中可以更改光标所定位的程序名称。输入新的程序名后按确认键，完成名称更改，用返回键取消此功能。

【读出】 按此键，通过 RS—232 接口把零件程序送到计算机中保存。

【读入】 按此键，通过 RS—232 接口装载零件程序。接口的设定请参照“系统”操作区域。零件程序必须以文本的形式进行传送。

【循环】 按此键显示标准循环目录，当用户具有确定的权限时，才可以使用此键。

【用户循环】 显示“用户循环”目录表。对应不同的存储级，可显示【新程序】、【复制】、【打开】、【删除】、【重命名】、【读出】和【读入】软键。

【数据储存】 保存数据。该功能将非永久性存储器中的内容保存到永久性的存储器中。

2. 输入新程序

（1）按【PROGRAM MANAGER】键，进入程序操作区，显示 NC 中已经存在的程序目录。

（2）按【新程序】键，出现一个对话窗口，在此输入新的主程序和子程序名称，如图 6-8 所示。主程序扩展名 . MPF 可以自动输入，而子程序扩展名 . SPF 必须与文件名一起输入。

（3）按字母键 J Z 输入新文件名。

（4）按【确认】键接收输入，生成新程序文件，现在可以对新程序进行编辑。

（5）用【中断】键中断程序的编制，并关闭此窗口。

3. 零件程序的编辑

在编辑功能下，如果零件程序不在执行状态时，都可以进行编辑，对零件程序的任何修改可立即被存储。程序编辑器窗口如图 6-9 所示。

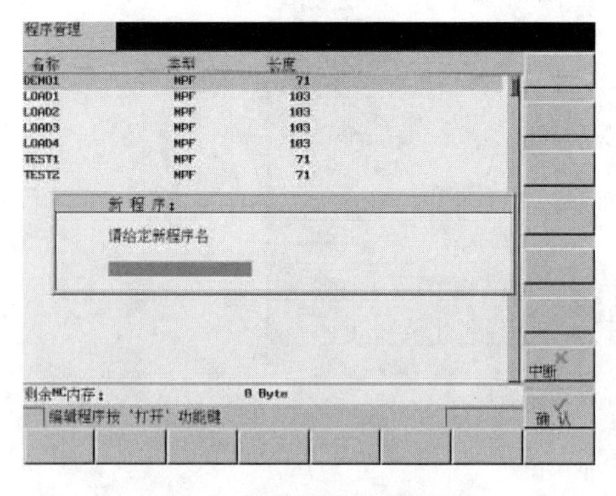

图 6-8　新程序输入屏幕格式

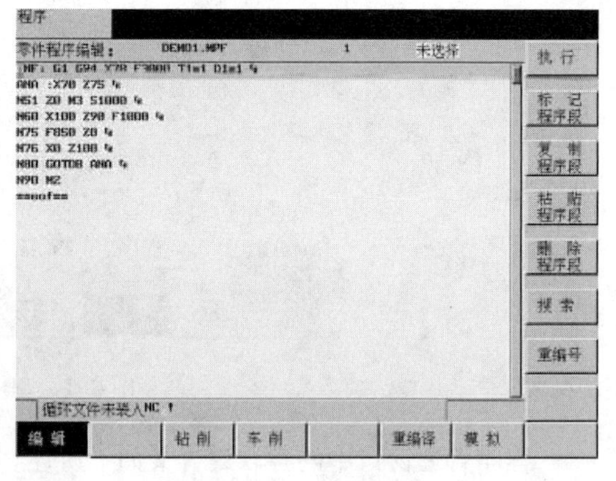

图 6-9　程序编辑器窗口

程序编辑器的各软键含义如下所述。

【编辑】 程序编辑器。

【执行】 执行所选择的程序。

【标记程序段】 选择一个文本程序段，直至当前光标位置。

【复制程序段】 复制一个程序段到剪贴板。

【粘贴程序段】把剪贴板上的文本粘贴到当前的光标位置。

【删除程序段】删除所选择的文本程序段。

【搜索】用【搜索】键和【搜索下一个】键在所显示的程序中查找字符串。

【重编译】在重新编译循环时，把光标移到程序中调用循环的程序段中，在其屏幕格式中输入相应的参数，如果所设定的参数不在有效范围内，则该功能会自动进行判别，并且恢复使用原来的默认值。

6.1.6　模拟图形

(1) 按⊡键，选择自动运行方式。

(2) 按【PROGRAM MANAGER】键，显示出系统中所有的程序。

(3) 按← ↑ ↓ →键，把光标移动到指定的程序上。

(4) 按【执行】键，选定待加工程序。

(5) 按【模拟】键，屏幕显示初始状态，如图6-10所示。

(6) 按◇键，模拟所选择的零件程序的刀具轨迹。

图6-10中的各软键含义如下所述。

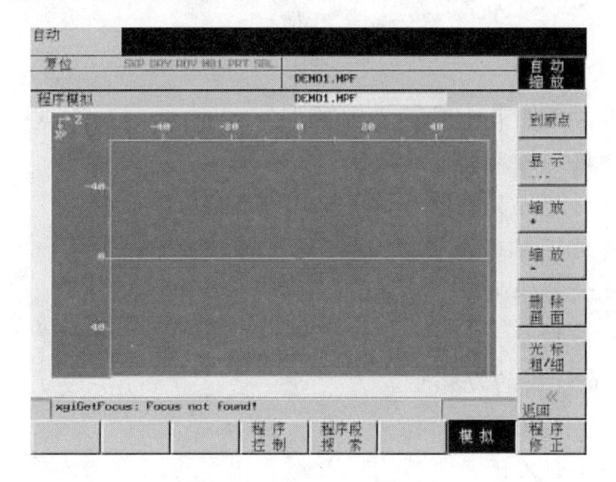

图6-10　模拟初始状态

【自动缩放】自动缩放编程的刀具轨迹。

【到原点】恢复到图形的基本设定。

【显示…】显示整个工件。

【缩放+】放大显示图形。

【缩放-】缩小显示图形。

【删除画面】删除显示的图形。

【光标粗/细】调整光标的步距大小。

6.1.7　输入刀具参数及刀具补偿

1. 刀具参数的输入

(1) 按【OFFSET PARAM】键，打开刀具补偿参数窗口，显示使用的刀具清单。可以通过光标键和【上一页】键、【下一页】键选出所要求的刀具。刀具补偿参数设置窗口如图6-11所示。

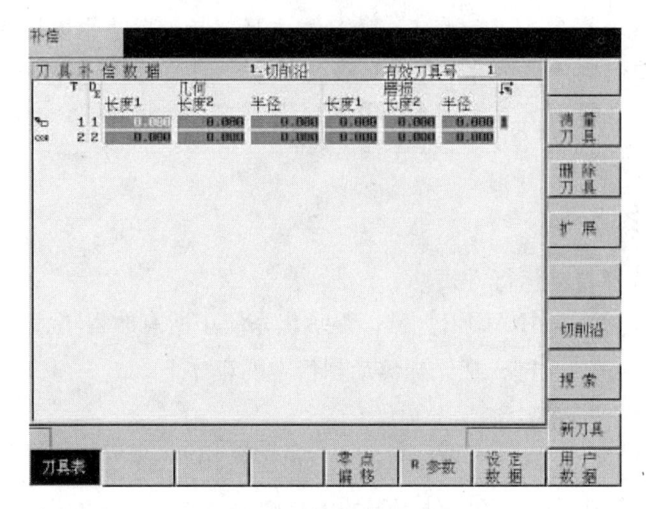

图6-11　刀具补偿参数设置窗口

（2）把光标移到输入区定位，然后输入数值。

（3）按键确认。

图6-11中各软键含义如下所述。

【测量刀具】手动确定刀具补偿参数。

【删除刀具】清除所有刀具补偿参数。

【扩展】显示刀具的所有参数。

【改变有效】刀具的补偿值立即生效。

【切削补偿】按此键打开一个子菜单，提供所有的功能，用于建立和显示其他的刀补。

【D≫】选择下一个较高的刀补号。

【≪D】选择下一个较低的刀补号。

【新刀沿】建立一个新刀沿。

【复位刀沿】复位刀沿的所有的补偿参数。

【搜索】输入待查找的刀具号，然后按确认键，如果所查找的刀具存在，则光标会自动移动到相应的行。

【新刀具】建立一把新刀具的刀具补偿。

2. 确定刀具补偿值

1）功能　利用确定刀具补偿值功能可以计算刀具T未知的几何长度。

2）前提条件　换入该刀具。在JOG方式下移动该刀具，使刀尖到达一个已知坐标值的机床位置，这可能是一个已知位置的工件。

如图6-12所示，利用F点的实际位置（机床坐标）和参考点，系统可以在所预选的坐标轴方向计算出刀具补偿值长度L或刀具半径。可以使用一个已经计算出的零点偏置（G54～G59）作为已知的机床坐标，使刀具运行到工件零点。如果刀具直接位于工件零点，则偏移值为零。

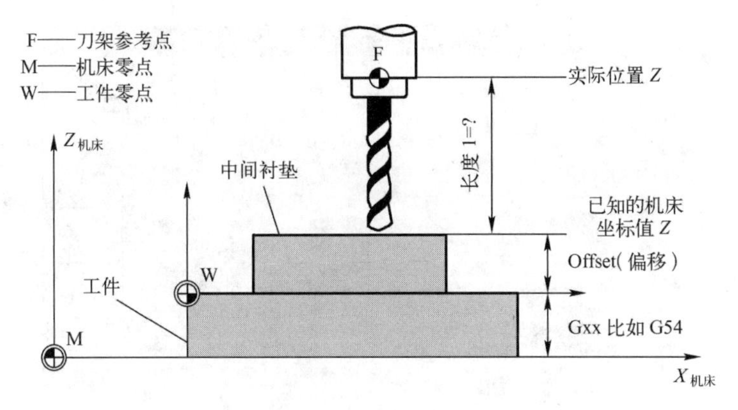

图 6-12　计算钻头的长度补偿，长度 L/Z 轴

3）操作步骤

（1）按【测量刀具】键，打开刀具补偿值窗口，自动进入位置操作区，如图 6-13 所示。

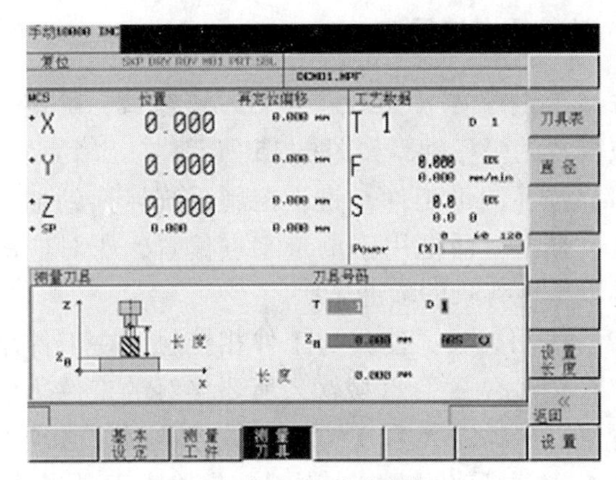

（a）“对刀” 窗口，长度测量

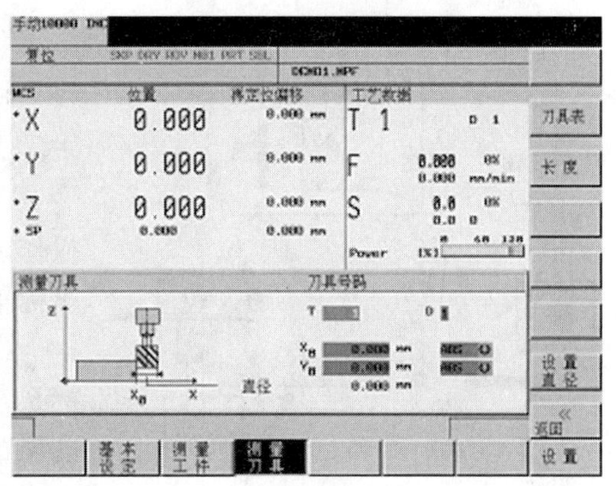

（b）刀具直径测量

图 6-13　刀具补偿值窗口

（2）在 X0、Y0 或 Z0 处记录一个刀具当前所在位置的数值，该值可以是当前的机床坐标值，也可以是一个零点偏置值。如果使用了其他数值，则补偿值以此位置为准。

（3）按软键【设置长度】或【设置直径】，系统根据所选择的坐标轴计算出它们相应的几何长度 L 或直径。

6.1.8　零点偏置

1. 输入/修改零点偏置

（1）按【OFFSET PARAM】和【零点偏移】键，进入零点偏移窗口，如图 6-14 所示。

（2）按 ← ↑ ↓ → 方向键，把光标移到待修改的地方。

（3）输入数值 0 ～ 9，通过移动光标或使用输入键输入零点偏置的数值。

（4）按回车键确认。

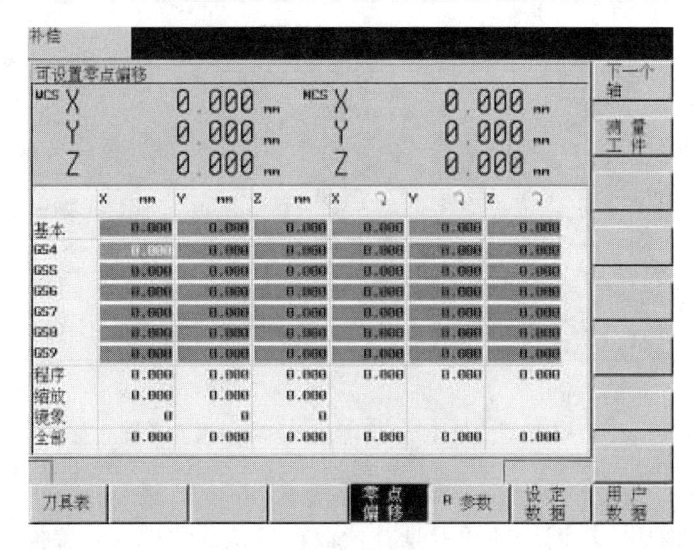

图 6–14　零点偏移窗口

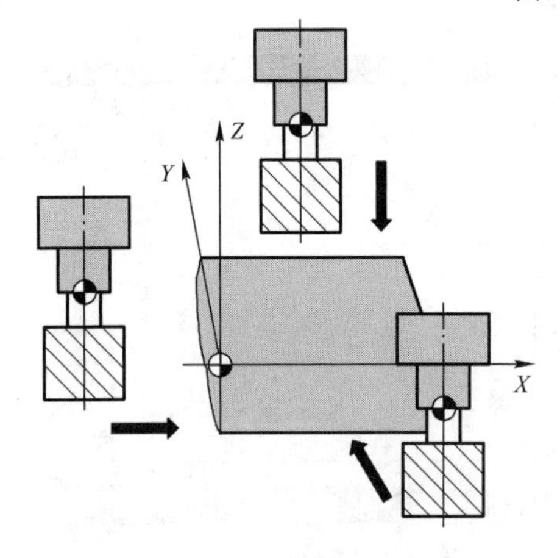

图 6–15　计算零点偏置值

2. 计算零点偏置值

选择零点偏置（如 G54 ～ G59）窗口，确定待求零点偏置的坐标轴，如图 6–15 所示。

（1）按【测量工件】键，控制系统转换到加工操作区，弹出对话框用于测量零点偏置，所对应的坐标轴以黑色背景的软键显示。

（2）移动刀具，使其与工件相接触，在工件坐标系“设定 Z 位置”区域输入所要接触的工件边沿的位置值。在确定 *X* 和 *Y* 方向的偏置值时，必须考虑刀具正、负移动的方向，对刀前先输入刀具半径，然后按【SELECT】键，选择对刀方向，改变正、负符号。

（3）按【计算】键进行零点偏置的计算，结果显示在零点偏置栏中，如图 6–16 所示。

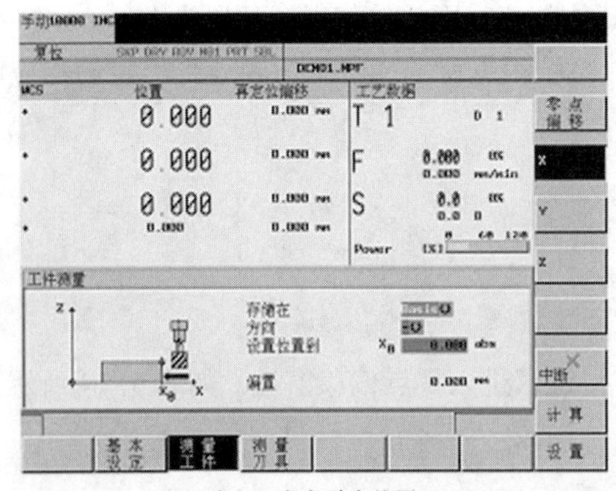

（a）确定 *X* 方向零点偏置

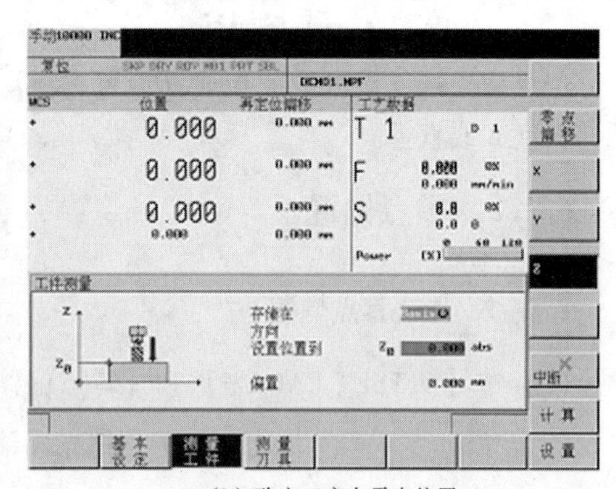

（b）确定 *Z* 方向零点偏置

图 6–16　确定 *X*、*Z* 方向零点偏置

6.1.9　NC 自动加工

1. 选择和启动零件程序

（1）按自动方式键□选择自动运行方式。

（2）按【PROGRAM MANAGER】键，显示出系统中的所有的程序。

（3）按方向← ↑ ↓ →键，把光标移动到要执行的程序上。

（4）用【执行】键选择待加工的程序，被选择的程序的程序名显示在屏幕区“程序名”下。

（5）按【程序控制】键，可以确定程序的运行状态，如图 6-17 所示。

（6）按□键执行零件程序。

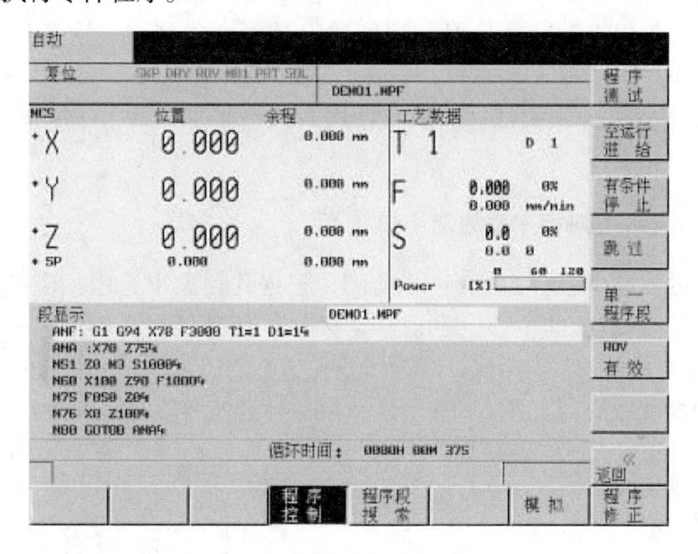

图 6-17　“程序控制”窗口

2. 停止、中断零件程序

（1）按□键停止加工的零件程序，按数控启动键可恢复被中断了的程序的运行。

（2）按□键中断加工的零件程序，按数控启动键重新启动，程序从头开始运行。

3. 中断后重新返回

（1）按□键，选择“自动方式”。

（2）按【程序段搜索】键，打开搜索窗口，准备装载中断点坐标。

（3）按【搜索断点】键，装载中断点坐标。

（4）按【计算轮廓】键，启动中断点搜索，使机床回中断点，执行一个到中断程序段起始点的补偿。

（5）按□键继续加工。

6.2 数控铣切削加工实训

6.2.1 数控铣床的对刀操作

对刀操作就是设定刀具上某一点在工件坐标系中坐标值的过程。对于圆柱形铣刀，一般是指刀刃底平面的中心；对于球头铣刀，是指球头的球心。实际上，对刀的过程就是在机床坐标系中建立工件坐标系的过程。

对刀前，应先将工件毛坯准确定位装夹在工作台上。对于较小的零件，一般安装在平口钳或专用夹具上；对于较大的零件，一般直接安装在工作台上，安装时要使零件的基准方向和 *X*、*Y*、*Z* 轴的方向相一致，并且保证切削时刀具不会碰到夹具或工作台，然后将零件夹紧。

常用的对刀方法是手工对刀法，一般要使用刀具、标准芯棒、百分表（千分表）、定心锥轴和寻边器等工具。

1. 以毛坯孔或外形的对称中心为对刀位置点

1）以定心锥轴找孔中心 如图6-18所示，根据孔径大小选用相应的定心锥轴，手动操作使锥轴逐渐靠近基准孔的中心，手动移动 *Z* 轴，使其能在孔中上、下轻松移动，记录下此时机床坐标系中的 *X*、*Y* 坐标值，即为所找孔中心的位置。

2）用百分表找孔中心 如图6-19所示，用磁性表座将百分表黏贴在机床主轴端面上，手动或低速旋转主轴。

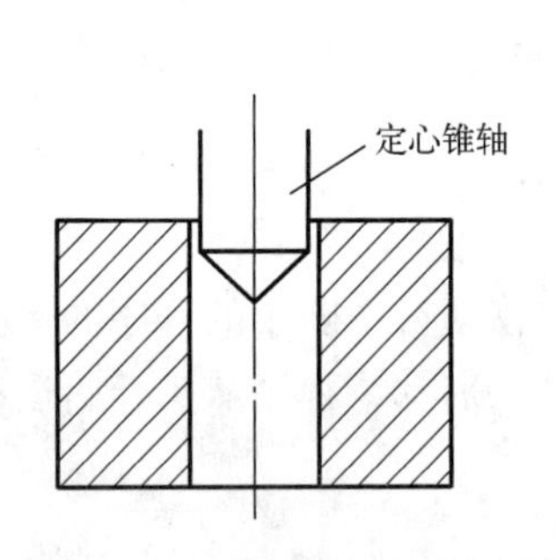

图6-18 以定心锥轴找孔中心

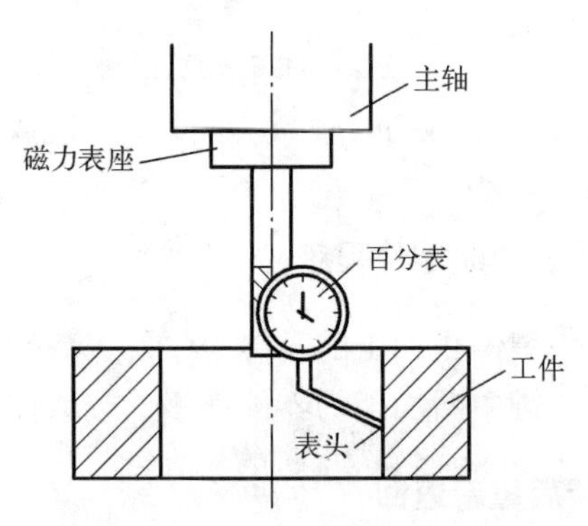

图6-19 用百分表找孔中心

然后，手动操作使旋转表头依 *X*、*Y*、*Z* 的顺序逐渐靠近被测表面，用步进移动方式逐步降低步进增量倍率，调整移动 *X*、*Y* 位置，使得表头旋转一周时，其指针的跳动量在允许的对刀误差内（如0.02mm），记录下此时机床坐标系中的 *X*、*Y* 坐标值，即为所找孔中心的位置。

3）用寻边器找毛坯对称中心 将电子寻边器装在主轴上，其柄部和触头之间有一个固定的电位差，当触头与金属工件接触时，即通过床身形成回路电流，寻边器上的指示灯就被点亮。逐步降低步进增量，使触头与工件表面处于极限接触（进一步即点亮，退一步则熄灭)，即为定位到工件表面的位置处。

如图 6-20 所示，先后定位到工件正对的两侧表面，记录下对应的 X_1、X_2、Y_1、Y_2 坐标值，则对称中心在机床坐标系中的坐标值应是 $(X_1+X_2)/2$ 和 $(Y_1+Y_2)/2$。

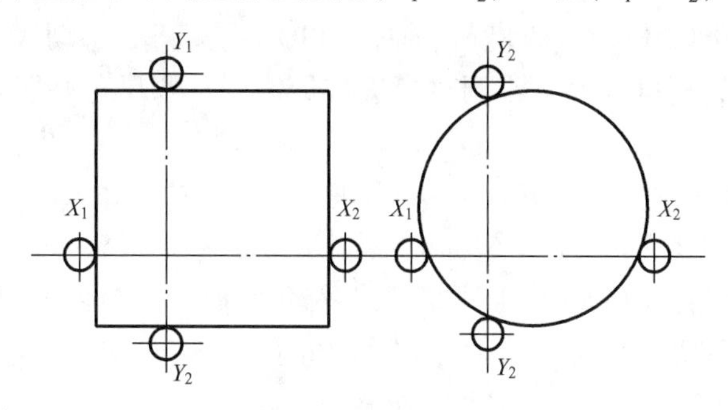

图 6-20　寻边器找对称中心

2. 以毛坯相互垂直的基准边线的交点为对刀位置点

如图 6-21 所示，使用寻边器或直接用刀具对刀。

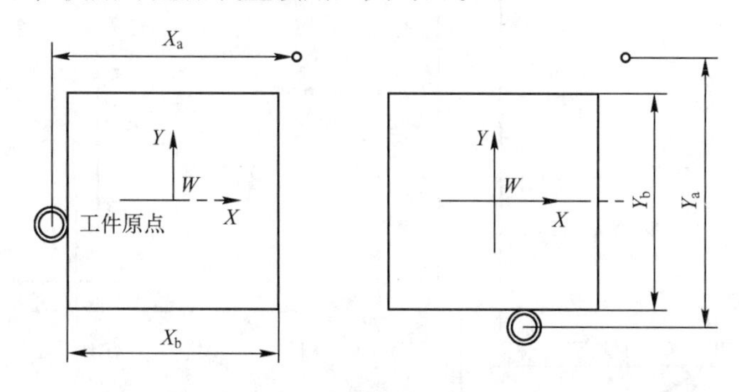

图 6-21　对刀操作时的坐标位置关系

(1) 按 X、Y 轴移动方向键，令刀具或寻边器移到工件左（或右）侧空位的上方。再让刀具下行，最后调整移动 X 轴，使刀具圆周刃口接触工件的左（或右）侧面，记录下此时刀具在机床坐标系中的 X 坐标 X_a；然后按 X 轴移动方向键使刀具离开工件左（或右）侧面。

(2) 用同样的方法移动到刀具圆周刃口接触工件的前（或后）侧面，记录下此时的 Y 坐标 Y_a；最后，让刀具离开工件的前（或后）侧面，并将刀具回升到远离工件的位置。

(3) 如果已知刀具或寻边器的直径为 D，则基准边线交点处的坐标应为 $(X_a+D/2, Y_a+D/2)$，工件原点坐标为 $(X_a+D/2+X_b/2, Y_a+D/2+Y_b/2)$。

3. 刀具 Z 向对刀

当对刀工具中心（即主轴中心）在 X、Y 方向上的对刀完成后，可取下对刀工具，换上基准刀具，进行 Z 向对刀操作。Z 向对刀点通常都是以工件的上、下表面为基准的，按 Z 轴移动方向键，令刀具或寻边器快速移到工件上方。再让刀具慢速下行，最后调整移动 Z 轴，使刀具圆周刃口接触工件上表面，记录下此时刀具在机床坐标系中的 Z 坐标值，然后按 Z 轴移动方向键使刀具离开工件。

下面以图6-22所示零件为例，简述对刀过程。

（1）回参考点。启动机床回参考点键，分别按【+Z】、【+X】、【+Y】键使机床回参考点。

（2）将ϕ20mm标准测量棒刀柄装入主轴，在JOG方式下，移动X轴靠近工件左侧，将ϕ10mm标准塞尺塞入，根据间隙大小调整步进增量值，在塞尺正好能够塞入时，记录下此时X坐标值。

移动Y轴靠近工件前侧，将ϕ10mm标准塞尺塞入，根据间隙大小调整步进增量值，在塞尺正好能够塞入时，记录下此时Y坐标值，如图6-22所示。

用加工所用刀具换下ϕ20mm标准测量棒，移动Z轴靠近工件上面，将ϕ10mm标准塞尺塞入，根据间隙大小调整步进增量值，在塞尺正好能够塞入时，记录下此时Z坐标值，如图6-23所示。

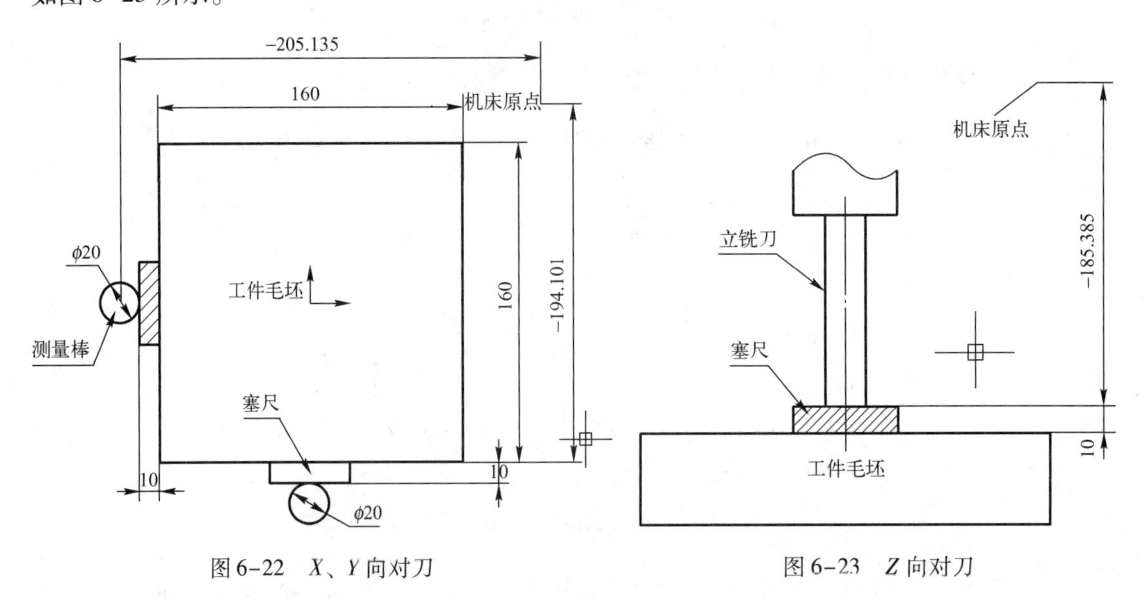

图6-22 X、Y向对刀　　图6-23 Z向对刀

（3）编程原点设定值（G54）的计算：

$$X=(-205.135+10+10+80)=-105.135\text{mm}$$

其中，-205.135mm为X坐标显示值；+10mm为测量棒半径值；+10mm为塞尺厚度；+80为工件长度的1/2。

$$Y=(-194.101+10+10+80)=-94.101\text{mm}$$

其中，-194.101mm为Y坐标显示值；+10mm为测量棒半径值；+10mm为塞尺厚度；+80为工件宽度的1/2。

$$Z=(-185.385-10)=-195.385\text{mm}$$

其中，-185.385mm为Z坐标显示值；10mm为塞尺厚度。

（4）设置编程原点，按【参数】键→按【零点偏移】键→将光标移动到G54～G59中的一个偏置代码上，如图6-24所示。将上面计算好的X、Y、Z值分别输入对应的位置。

由于每一把刀的X、Y值都一样（都设置在毛坯中心），但Z值不一样，所以需要Z向再对刀。

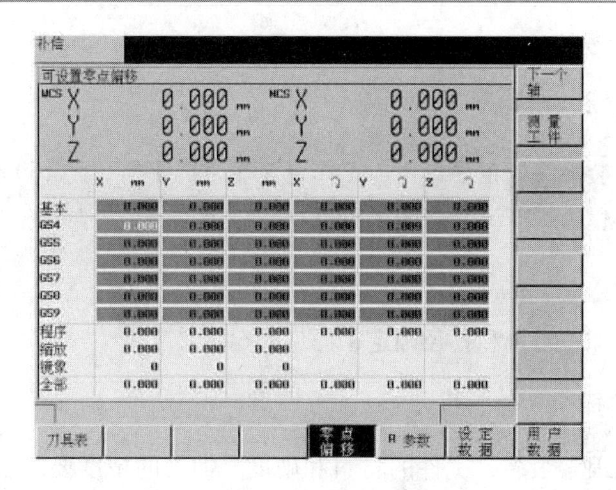

图 6-24　设置零点偏置

6.2.2　孔的加工

孔加工的特点是刀具在 *XY* 平面内定位到孔的中心，然后刀具在 *Z* 方向做一定的切削运动，孔的直径由刀具的直径来决定，根据实际选用刀具和编程指令的不同可以实现钻孔、铰孔、镗孔、攻丝等孔加工形式。一般来说，较小的孔可以用钻头一次加工完成，较大的孔可以先钻孔再扩孔，或者用镗刀进行镗孔，也可以用铣刀按轮廓加工的方法铣出相应的孔。如果孔的位置精度要求较高，可以先用中心钻钻出孔的中心位置。刀具在 *Z* 方向的切削运动可以用插补命令 G01 来实现，但一般都使用钻孔固定循环指令来实现孔的加工。

例如，如图 6-25 所示的零件要加工各孔，其他表面已经完成，零件材料为 45 号钢。

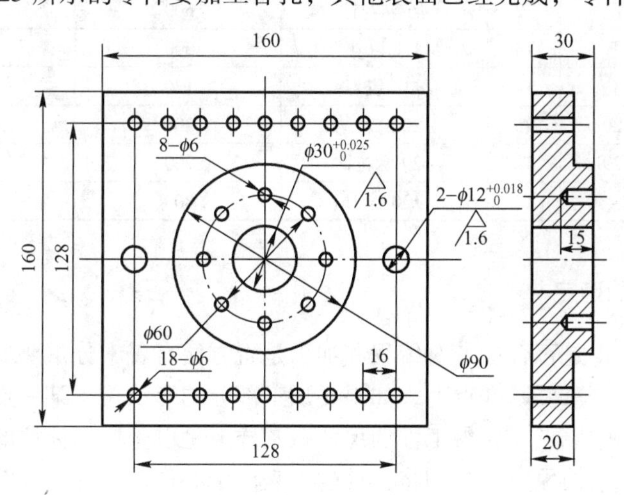

图 6-25　孔的加工

1. 加工方法确定

图 6-25 所示零件中有通孔、盲孔，需钻、铰和镗孔加工。为防钻偏，φ30mm 孔和 φ12mm 孔用中心钻钻孔引正，然后再钻孔。根据图示各孔尺寸精度及表面粗糙度要求，各孔加工方案如下所述。

☺ φ30mm 孔：钻中心孔→钻孔→扩孔→镗孔。

☺ φ12mm 孔：钻中心孔→钻孔→铰孔。

☺ ϕ6mm 孔：钻孔。

2. 确定零件装夹

选用机用平口钳装夹，校正平口钳与工作台 X 轴方向平行，将 160mm×30mm 侧面贴近固定钳口后压紧，并校正零件上表面的平行度。

3. 刀具选择

各工步刀具根据加工裕量和孔径确定，详见表 6-3。

4. 切削用量的选择

影响切削用量的因素很多，工件的材料和硬度、加工的精度要求、刀具的材料和耐用度、是否使用切削液等都直接影响到切削用量的大小。在数控程序中，决定切削用量的参数是主轴转速 S 和进给速度 F，主轴转速 S、进给速度的 F 值的选择与普通机床上加工时的值相似，可以通过计算的方法得到，也可以查阅金属切削工艺手册，或者根据经验数据给定。

5. 拟定数控加工工艺卡片

孔加工数控工艺卡片见表 6-3。

表 6-3 孔加工数控工艺卡片

工步号	工步内容	刀具号	刀具规格/mm	主轴转速/(r/min)	进给速度/(mm/min)	备注
1	钻中心孔	T1	ϕ3 中心钻	1200	100	
2	钻 26—ϕ6mm 孔	T2	ϕ6 麻花钻	500	80	
3	钻 2—ϕ12mm 孔	T3	ϕ11.8 麻花钻	500	80	
4	铰 2—ϕ12mm 孔	T4	ϕ12 铰刀	120	30	
5	钻 ϕ30mm 孔至 ϕ20mm	T5	ϕ20 麻花钻	300	60	
6	扩 ϕ30mm 孔全 ϕ29mm	T6	ϕ29 麻花钻	200	40	
7	镗 ϕ30mm 孔	T7	ϕ30 镗刀	800	60	

6. 工件坐标系的确定

工件坐标系确定得是否合适，对编程和加工是否方便有着十分重要的影响。一般将工件坐标系的原点选在一个重要基准点上，如果要加工部分的形状关于某一点对称，则一般将对称点设为工件坐标系的原点；如果工件的尺寸在图样上是以坐标来标注的，则一般以图纸上的零点作为工件坐标系的原点。本例将工件的上表面中心作为工件坐标系的原点。

7. 程序的编制

```
NBA_123
N5 G54 G90                    ;建立工件坐标系，绝对坐标编程(在启动程序前，主轴上装入 φ3 中心钻)
N10 M03 S1200 F100 M08        ;主轴正转，冷却液开
N15 G01 Z100 T1 D1            ;Z 轴定位，调用 1 号刀具和 1 号长度补偿
N20 X0 Y0                     ;孔坐标定位，准备钻孔
N25 MCALL CYCLE81(20,0,2,-2,2) ;模态调用孔固定循环
```

```
N30 X64 Y0                                  ;点坐标，钻孔循环
N35 X-64 Y0                                 ;点坐标，钻孔循环
N40 MCALL                                   ;取消模态调用
N45 G00 Z150 M05 M09                        ;Z 轴快速定位，冷却液关，主轴停转
N50 M00                                     ;程序暂停，手动换刀
N55 M03 S500 F80 M08                        ;主轴正转，冷却液开
N60 G00 Z100 T2 D1                          ;Z 轴定位，调用 2 号刀具和 1 号长度补偿
N65 MCALL CYCLE81(20,0,2,-15,15,)           ;模态调用孔固定循环，钻 φ6mm
N70 HOSES2(0,0,60,0,45,8)                   ;调用圆周孔循环，钻圆周孔
N75 MCALL                                   ;取消模态调用
N80 MCALL CYCLE81(10,-10,2,-32,22)          ;模态调用孔固定循环
N85 HOSES1(-64,64,0,64,16,9);               ;调用排孔循环，钻上面排 φ6mm 孔
N90 HOSES1(-64,-64,0,64,16,9)               ;调用排孔循环，钻下面排 φ6mm 孔
N95 MCALL                                   ;取消模态调用
N100 G00 Z150 M05 M09                       ;Z 轴快速定位，主轴停转，冷却液关
N105 M00                                    ;程序暂停，手动换刀
N110 M03 S500 F80 M08                       ;主轴正转，冷却液开
N115 G00 Z100 T3 D1                         ;Z 轴定位，调用 3 号刀具和 1 号长度补偿
N120 MCALL CYCLE82(10,-10,2,-32,2)          ;模态调用孔固定循环，钻 φ12mm 孔
N125 X64 Y0                                 ;点坐标，钻孔循环
N130 X-64 Y0                                ;点坐标，钻孔循环
N135 MCALL                                  ;取消模态调用
N140 G00 Z150 M05 M09                       ;Z 轴快速定位，主轴停转，冷却液关
N145 M00                                    ;程序暂停，手动换刀
N150 M03 S120 F30 M08                       ;主轴正转，冷却液开
N155 G00 Z100 T4 D1                         ;Z 轴定位，调用 4 号刀具和 1 号长度补偿
N160 MCALL CYCLE85(10,-10,2,-32,22,40,200)  ;模态调用孔固定循环，铰 φ12mm 孔
N165 X64 Y0                                 ;点坐标，钻孔循环
N170 X-64 Y0                                ;点坐标，钻孔循环
N175 MCALL                                  ;取消模态调用
N180 G00 Z150 M05 M09                       ;Z 轴快速定位，主轴停转，冷却液关
N185 M00                                    ;程序暂停，手动换刀
N190 M03 S300 F60 M08                       ;主轴正转，冷却液开
N200 G00 Z100 T5 D1                         ;Z 轴定位，调用 5 号刀具和 1 号长度补偿
N205 X0 Y0                                  ;X 和 Y 轴孔定位
N210 CYCLE82(20,0,2,-32,30,2)               ;模态调用孔固定循环，钻 φ30mm 至 φ20mm 孔
N215 G00 Z150 M05 M09                       ;Z 轴快速定位，主轴停转，冷却液关
N220 M00                                    ;程序暂停，手动换刀
N225 M03 S200 F40 M08                       ;主轴正转，冷却液开
N230 G00 Z100 T6 D1                         ;Z 轴定位，调用 6 号刀具和 1 号长度补偿
N235 X0 Y0                                  ;X 和 Y 轴孔定位
N240 CYCLE82(20,0,2,-32,2)                  ;模态调用孔固定循环，钻 φ30mm 至 φ29mm 孔
N245 G00 Z150 M05 M09                       ;Z 轴快速定位，主轴停转，冷却液关
N250 M00                                    ;程序暂停，手动换刀
```

```
N255 M03 S800 F60 M08                          ;主轴正转，冷却液开
N260 G00 Z100 T7   D1                          ;Z轴定位，调用7号刀具和1号长度补偿
N265 X0 Y0                                     ;X和Y轴孔定位
N270 CYCLE 85(20,0,2,-32,32,60,150)            ;调用孔固定循环，镗φ30mm孔
N275 G00 Z150 M05 M09                          ;Z轴快速定位，主轴停转，冷却液关
N280 M30                                       ;程序结束
```

6.2.3 轮廓加工

轮廓加工是指用圆柱形铣刀的侧刃切削工件，加工成一定尺寸和形状的轮廓。轮廓加工一般根据工件轮廓的坐标来编程，而用刀具半径补偿的方法使刀具向工件轮廓一侧偏移，以切削成形准确的轮廓轨迹。如果要实现粗、精切削，也可以用同一程序段，通过改变刀具半径补偿值来实现粗切削和精切削。如果切削工件的外轮廓，刀具切入和切出时要注意避让夹具，并使切入点的位置和方向，以利于刀具切入时受力平稳。如果切削工件的内轮廓，更要合理选择切入点、切入方向和下刀位置，避免刀具碰到工件上不该切削的部位。

1. 零件图纸要求

如图6-26所示，零件要求精加工内、外轮廓，加工深度为5mm。工件材料为HT200，毛坯上、下表面和侧面已经加工平整。

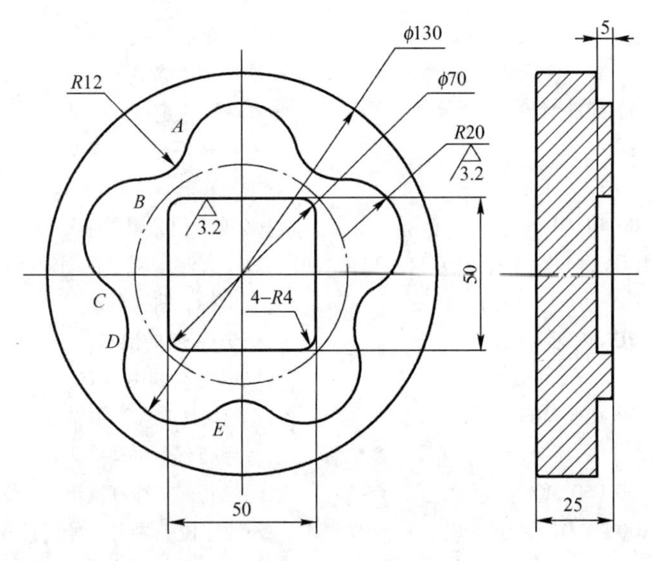

图6-26　内、外轮廓加工

2. 加工方案确定

☺ 用 ϕ8mm 立铣刀精铣削内轮廓，精加工裕量0.3mm。

☺ 用 ϕ12mm 立铣刀精铣削外轮廓，精加工裕量0.3mm。

3. 数学处理

计算出圆弧切点坐标 $A(-19.4066, 39.8385)$、$B(-31.8892, 30.7667)$、$C(-43.8831, -6.1468)$、$D(-39.1152, -20.8210)$和 $E(-7.7147, -43.6348)$。

4. 工件坐标系选择

X、*Y* 轴的零点选在零件的对称中心上，*Z* 轴的零点选在零件的上表面上。

5. 刀具和切削参数选择

内、外轮廓数控加工工艺卡片见表6-4，表中列出了刀具和切削参数。

表6-4　内、外轮廓数控加工工艺卡片

工步号	工步内容	刀具号	刀具规格/mm	主轴转速/(r/min)	进给速度/(mm/min)	备注
1	精铣内轮廓	T1	ϕ8 立铣刀	1000	300	
2	精铣外轮廓	T2	ϕ12 立铣刀	1000	200	

加工程序如下所述。

```
LUKNFW_123                              ;主程序
N10 G54 G90                             ;建立坐标系，绝对坐标编程
N20 M03 S1000                           ;主轴正转
N30 T1 D1                               ;调用1号刀具和1号半径补偿 D1 =4
N40 G00 Z50 M08                         ;Z 轴快速定位，冷却液开
N50 X0 Y0                               ;X 轴、Y 轴快速定位
N60 G00 Z -5                            ;Z 轴切削进给
N70 G41 X25 Y0 F300                     ;切入轮廓，建立半径补偿
N80 X25 Y21                             ;切削直线
N90 G03 X21 Y25 CR =4                   ;切削圆弧
N100 G01 X -21 Y25                      ;切削直线
N110 G03 X -25 Y21 CR =4                ;切削圆弧
N120 G01 X -25 Y -21                    ;切削直线
N130 G03 X -21 Y -25 CR =4              ;切削圆弧
N140 G01 X21 Y -25                      ;切削直线
N150 G03 X25 Y -21 CR =4                ;切削圆弧
N160 G01 X25 Y0                         ;切削直线
N170 G40 X0                             ;切出轮廓，取消半径补偿
N180 G00 Z150 M05 M09                   ;Z 轴快速定位，冷却液关，主轴停转
N190 M00                                ;程序暂停，手动换刀
N200 M03 S1000 M08                      ;主轴正转，冷却液开
N210 G00 Z50 T2 D1                      ;Z 轴快速定位，调用2号刀具和1号半径补偿 D1 =6
N220 X -50 Y35                          ;X 轴、Y 轴快速定位
N230 G01 Z -5 F50                       ;Z 轴切削进给
N240 G41 X -31. 8892 Y30. 7667          ;切入轮廓，建立半径补偿
N250 G03 X -19. 4066 Y39. 8358 CR =12   ;切削逆圆弧
N260 G02 X19. 4066 Y39. 8358 CR =20     ;切削顺圆弧
N270 G03 X31. 8892 Y30. 7667 CR =12     ;切削逆圆弧
N280 G02 X43. 8831 Y - 6. 1468 CR =20   ;切削顺圆弧
N290 G03 X39. 1152 Y -20. 8210 CR =12   ;切削逆圆弧
```

```
N300 G02 X7.7147 Y-43.6348 CR=20       ;切削顺圆弧
N310 G03 X-7.7147 Y-43.6348 CR=12      ;切削逆圆弧
N320 G02 X-39.1152 Y-20.8210 CR=20     ;切削顺圆弧
N330 G03 X-43.8831 Y-6.1468 CR=12      ;切削逆圆弧
N340 G02 X-31.8892 Y30.7667 CR=20      ;切削顺圆弧
N350 G01 G40 X-50 Y35                  ;切出轮廓，取消半径补偿
N360 G00 Z150 M09 M05                  ;Z轴快速定位，冷却液关，主轴停转
N370 M30                               ;程序结束
```

6.2.4 挖槽加工

挖槽加工是轮廓加工的扩展，既要保证轮廓边界，又要将轮廓内（或外）的多余材料铣掉，根据图样要求的不同，挖槽加工通常有如图6-27所示的4种形式。其中，图（a）所示为铣掉一个封闭区域内的材料；图（b）在铣掉一个封闭区域内的材料的同时，要留下中间的凸台（一般称为岛屿）；图（c）所示为岛屿和外轮廓边界的距离小于刀具直径，使加工的槽形成了两个区域；图（d）所示为要铣掉凸台轮廓外的所有材料。

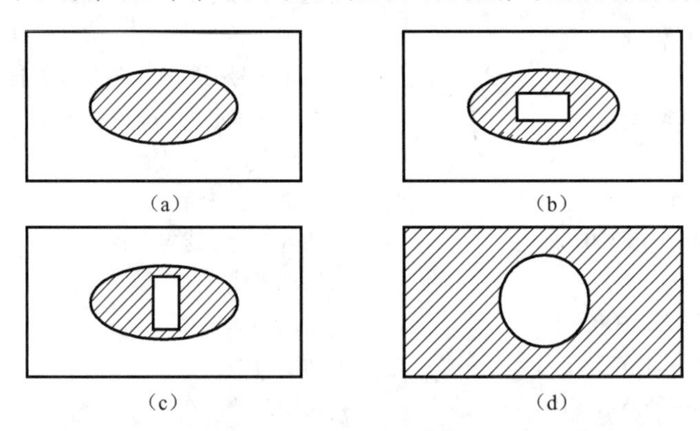

图6-27 挖槽加工的常见形式

根据以上特征和要求，挖槽时应注意以下事项。

☺ 对于挖槽的编程和加工要选择合适的刀具直径，刀具直径太小将影响加工效率；刀具直径太大可能使某些转角处难于切削，或者由于岛屿的存在而形成不必要的区域。

☺ 由于圆柱铣刀垂直切削时受力情况不好，因此要选择合适的刀具类型。一般选择双刃的键槽铣刀，可以选择斜向下刀或螺旋下刀，以改善下刀切削时刀具的受力情况。

☺ 当刀具在一个连续的轮廓上切削时，使用一次刀具半径补偿。刀具在另一个连续的轮廓上切削时，应注意重新使用一次刀具半径补偿，以避免过切或留下多余的凸台。

☺ 切削如图6-27（d）所示的形状时，不能用图纸上所示的外轮廓作为边界，因为将这个轮廓作为边界时角上的部分材料可能铣不掉。

例如，如图6-28所示的零件，中间$\phi28$的圆孔与外圆$\phi130$已经加工完成，现需要在数控铣床上铣出直径$\phi120$～$\phi40$、深5mm的圆环槽和7个腰形通槽。

1. 工艺方法确定

根据工件的形状尺寸特点，确定以中心内孔和外形装夹定位，先加工圆环槽，再铣7个腰形通槽。

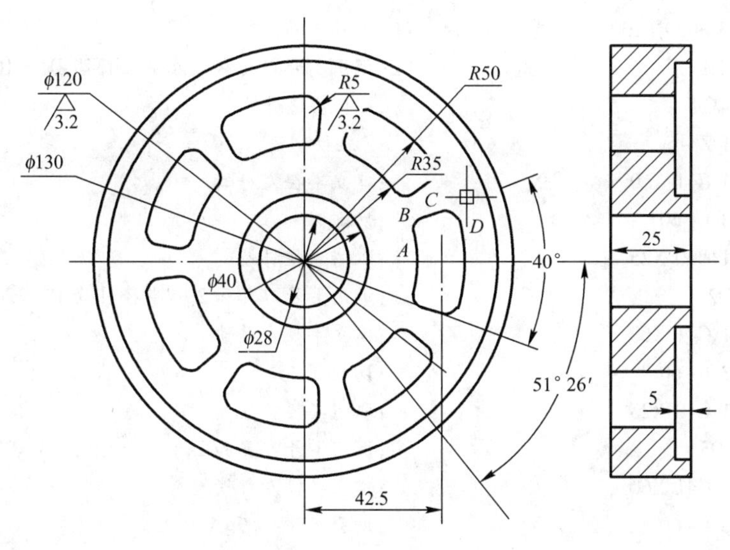

图 6-28　槽的加工

【铣圆环槽方法】 采用 ϕ20mm 的铣刀，按 ϕ120mm 的圆形轨迹编程，采用逐步加大刀具补偿半径的方法，直到铣出 ϕ 40mm 的圆为止。

【铣腰形通孔方法】 采用 ϕ8mm 的铣刀，以正右方的腰形槽为基本图形编程，并且在深度方向分 3 次进刀切削，其余 6 个槽孔通过旋转变换功能铣出。由于腰形槽孔宽度与刀具尺寸的关系，只需沿槽形周围切削一周即可全部完成，不需要再改变径向刀补重复进行。

2. 数学处理

计算出正右方槽孔的主要节点的坐标分别为 *A*(34.128,7.766)、*B*(37.293,13.574)、*C*(42.024,15.296)和 *D*(48.594,11.775)。

3. 拟订数控加工工艺卡片

孔加工数控工艺卡片见表 6-5。

表 6-5　孔加工数控工艺卡片

工步号	工步内容	刀具号	刀具规格/mm	主轴转速/(r/min)	进给速度/(mm/min)	备注
1	铣削圆环槽	T1	ϕ20 键槽铣刀	600	100	
2	铣腰形通槽	T2	ϕ8 键槽铣刀	600	100	

4. 工件坐标系选择

X、*Y* 轴的零点选在零件的对称中心上，*Z* 轴的零点选在零件的上表面上。

5. 程序编制

【主程序代码】

```
GFT_665
N5 G54 G90 G0 Z100                ;建立工件坐标系，绝对坐标编程，Z 轴快速定位
```

```
N10 M03 S600 F100                 ;主轴正转
N15 T1 D1                         ;调用1号刀具和1号半径补偿 D1 = 10
N20 G0 X35                        ;X 轴快速进给
N25 G01 Z-5                       ;Z 轴切削进给
N30 G01 G41 X60                   ;建立半径左补偿
N35 G03 I-60                      ;切削圆
N40 G01 G40 X25                   ;取消半径补偿
N45T1 D2                          ;调用1号刀具和2号半径补偿 D2 = 20
N50 G01 G41 X60                   ;建立半径左补偿
N55 G03 I-60                      ;切削圆
N60 G01 G40 X25                   ;取消半径补偿
N65 T1 D3                         ;调用1号刀具和2号半径补偿 D3 = 30
N70 G01 G41 X60                   ;建立半径左补偿
N75 G03 I-60                      ;切削圆
N80 G01 G40 X25                   ;取消半径补偿
N85 G00 Z50 M05                   ;Z 轴快速定位
N90 M00                           ;程序暂停，手动换刀
N95 N95 M03 S600 F80              ;主轴正转
N100 G00 Z100 T2 D1               ;Z 轴快速定位，调用2号刀具，1号长度补偿 D1
N105 ABC100                       ;调用子程序
N110 ROT RPL = 51.43              ;坐标系旋转 51.43°
N1115 ABC100                      ;调用子程序
N120 AROT RPL = 51.43             ;坐标系附加旋转 51.43°
N125 ABC100                       ;调用子程序
N130 AROT RPL = 51.43             ;坐标系附加旋转 51.43°
N135 ABC100                       ;调用子程序
N140 AROT RPL = 51.43             ;坐标系附加旋转 51.43°
N145 ABC100                       ;调用子程序
N150 AROT RPL = 51.43             ;坐标系附加旋转 51.43°
N155 ABC100                       ;调用子程序
N160 AROT RPL = 51.43             ;坐标系附加旋转 51.43°
N165 ABC100                       ;调用子程序
N170 ROT                          ;删除坐标系旋转
N175 G00 Z100 M05                 ;Z 轴快速定位，主轴停转
N180 M30                          ;程序结束
```

【子程序代码】

```
ABC100
N5 X42.5 Y10                      ;X 轴快速定位
N10 G01 Z-12 F100                 ;Z 轴切削进给
N15 ABC110                        ;调用嵌套子程序
N20 G01 Z-20 F100                 ;Z 轴切削进给
N25 ABC110                        ;调用嵌套子程序
N30 G01 Z-28 F100                 ;Z 轴切削进给
```

```
N35 ABC110                          ;调用嵌套子程序
N40 G00 Z50                         ;Z 轴快速定位
N45 G00 X0 Y0                       ;X 轴、Y 轴回零点
N50 M17                             ;子程序结束
```

【嵌套子程序代码】

```
ABC110
N10 G01 G42 X34.128 Y7.766          ;直线切入圆弧端点，建立半径右补偿
N20 G02 X37.293 Y13.574 CR=5        ;切削圆弧
N30 G01 X42,024 Y15.296             ;切削直线
N40 G02 X48.594 Y11.775 CR=5        ;切削圆弧
N50 G02 Y-11.775 CR=50              ;切削圆弧
N60 G02 X42.024 Y-15.296 CR=5       ;切削圆弧
N70 G01 X37.293 Y-13.574            ;切削直线
N80 G02 X34.128 Y-7.766 CR=5        ;切削圆弧
N90 G03 Y7.766 CR=35                ;切削圆弧
N100 G40 G01X42.5 Y0                ;直线切出取消半径补偿
N110 M17                            ;嵌套子程序结束
```

6.2.5　综合加工

图 6-29 所示的泵盖零件材料为 HT200，毛坯尺寸为 170mm × 110mm × 30mm，小批量生产，试分析该零件的数控铣削加工工艺，编写加工程序和主要操作步骤。

1. 工艺分析

在进行工艺分析时，主要从 3 个方面考虑，即精度、粗糙度和效率。理论上的加工工艺必须达到图样要求，同时又能充分合理地发挥机床功能。

1）零件图纸分析　该零件主要由平面、外轮廓及孔系组成。其中 ϕ32H7 和 2 × ϕ6H8 三个内孔的表面粗糙度要求较高，为 *R*a1.6 μm，而 ϕ12H7 内孔的表面粗糙度为 *R*a0.8 μm；ϕ32H7 内孔表面对 *A* 面有垂直度要求，上表面对 *A* 面有平行度要求，该零件材料为铸铁，切削性能较好。

根据上述分析，ϕ32H7 孔、2 × ϕ6H8 和 ϕ12H7 孔的粗、精应分开进行，以保证表面粗糙度要求。同时应以底面 *A* 定位，提高装夹刚度以满足 ϕ32H7 内表面的垂直要求。

2）定位基准选择　工件的定位基准遵循六点定位原则。在选择定位基准时，要保证工件定位准确，装卸方便，能迅速完成工件的定位和夹紧，保证各项加工的精度，应尽量选择工件上的设计基准为定位基准。根据以上原则，首先以上面为基准加工基准面 *A*，然后以底面和外形定位加工上面、台阶面和孔系。在铣削外轮廓时，采用“一面两孔”定位方式，即以底面 *A*、ϕ32H7 和 ϕ12H7 定位。

2. 工件的装夹

加工中心采用工序集中的原则加工零件。在一次装夹中，可连续对多个待加工表面自动完成铣、钻、扩、铰和镗等粗、精加工，对批量生产和特殊零件的加工应设计专用夹具，一般工件使用通用夹具。本例所加工的泵体零件外形简单，加工上、下表面和孔系采用平口钳

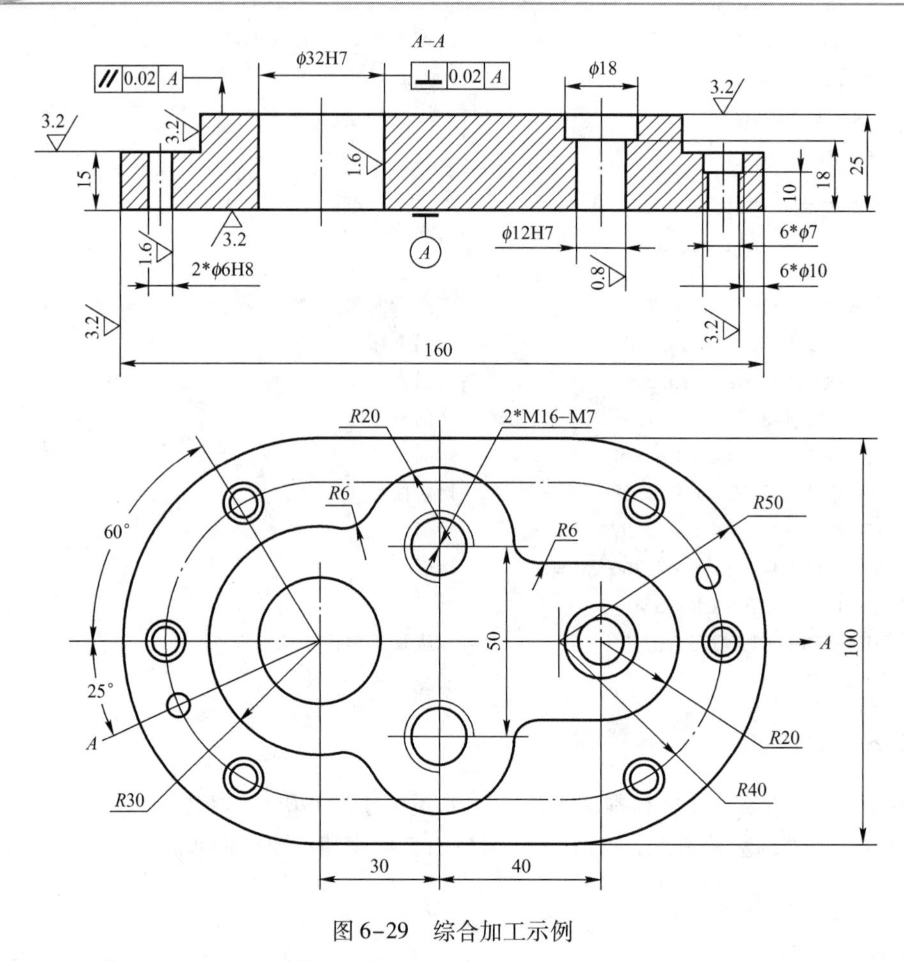

图6-29　综合加工示例

装夹，在铣削外轮廓时采用“一面两孔”定位夹紧方式。

3. 确定编程坐标系、对刀位置及对刀方法

根据工艺分析，工件坐标原点（X_0、Y_0）设在上表面的中心，Z 点设在上表面。编程原点确定后，编程坐标、对刀位置与工件坐标原点重合，对刀方法可根据机床选择，本例选用手动对刀。

4. 加工方法选择

（1）上、下表面及台阶面的粗糙度为 Ra3.2 μm，可选择粗铣→精铣方案。

（2）孔加工前，为便于钻头引正，先用中心钻加工中心孔，然后再钻孔。该零件孔系加工方案的选择如下所述。

☺ 孔 φ32H7：表面粗糙度为 Ra1.6 μm，选择“钻→粗镗→半精镗→精镗”方案。

☺ 孔 φ12H7：表面粗糙度为 Ra0.8 μm，选择“钻→粗铰→精铰”方案。

☺ 孔 6×φ7：表面粗糙度为 Ra3.2 μm，无尺寸公差要求，选择“钻→铰”方案。

☺ 孔 2×6H8：表面粗糙度为 Ra1.6 μm，选择“钻→铰”方案。

☺ 孔 φ18 和 6×φ10：表面粗糙度为 Ra12.5 μm，无尺寸公差要求，选择“钻→锪孔”方案。

☺ 螺纹孔 2×M16-H7：采用先钻底孔后攻螺纹的加工方法。

5. 刀具选择

☺ 零件上、下表面采用端铣刀加工，根据侧吃刀量选择端铣刀直径，使铣刀工作时有合理的切入/切出角，并且铣刀直径应尽量包容工件整个加工宽度，以提高加工精度和效率，并减小相邻两次进给之间的接刀痕迹。

☺ 台阶及其轮廓采用立铣刀加工，铣刀半径受轮廓最小曲率半径限制，取 $R=6$。

☺ 孔加工各工步的刀具直径根据加工裕量和孔径来确定。

该零件加工所选刀具详见表 6-6。

表 6-6　泵盖零件数控加工刀具卡片

产品名称或代号		数控铣工艺分析实例	零件名称	泵盖　零件图号	
序号	刀具编号	刀具规格名称	数量	加工表面	备注
1	T01	φ125 硬质合金端面铣刀	1	铣削上、下表面	
2	T02	φ12 硬质合金立铣刀	1	铣削台阶面及其轮廓	
3	T03	φ3 中心钻	1	钻中心孔	
4	T04	φ27 钻头	1	钻 φ32H7 底孔	
5	T05	内孔镗刀	1	粗镗、半精镗和精镗 φ32H7 孔	
6	T06	φ11.8 钻头	1	钻 φ12H7 底孔	
7	T07	φ18×11 锪钻	1	锪 φ18 孔	
8	T08	φ12 铰刀	1	铰 φ12H7 孔	
9	T09	φ14 钻头	1	钻 2×M16 螺纹底孔	
10	T10	90°倒角铣刀	1	2×M16 螺孔倒角	
11	T11	M16 机用丝锥	1	攻 2×M16 螺纹孔	
12	T12	φ6.8 钻头	1	钻 6×φ7 孔	
13	T13	φ10×5.5 锪钻	1	锪 6×φ10 孔	
14	T14	φ7 铰刀	1	铰 6×φ7 孔	
15	T15	φ5.8 钻头	1	钻 2×φ6H8 底孔	
16	T16	φ6 铰刀	1	铰 2×φ6H8 底孔	
17	T17	φ35 硬质合金立铣刀	1	铣削轮廓	

6. 切削用量选择

本例中，零件材料的切削性能较好，铣削平面、台阶面及轮廓时，留 0.5mm 精加工裕量，孔加工精镗裕量为 0.2mm，精铰裕量为 0.1mm。

选择主轴转速与进给速度时，先查切削用量手册，确定切削速度与每齿进给量，然后按下列公式计算进给速度与主轴转速：

$$v_f = fn = f_z Zn$$

$$n = 1000v_c / \pi D$$

式中，v_f 为进给速度；n 为刀具转速；Z 为刀具齿数；f 为刀具进给量；f_z 为刀具每齿进给量；D 为工件或刀具直径。

7. 拟订数控铣削加工工艺卡片

泵盖数控加工工序卡片见表6-7。

表6-7 泵盖数控加工工序卡片

<table>
<tr><td rowspan="2">单位名称</td><td rowspan="2"></td><td>产品名称或代号</td><td>零件名称</td><td>零件图号</td></tr>
<tr><td>数控铣削工艺分析</td><td>泵盖</td><td></td></tr>
<tr><td>工序号</td><td>程序编号</td><td>夹具名称</td><td>使用设备</td><td>车间</td></tr>
<tr><td></td><td></td><td>平口虎钳和一面两销自制夹具</td><td></td><td></td></tr>
</table>

工步号	工步内容	刀具号	刀具规格	主轴转速 /mm	进给速度 /(mm·min^{-1})	背吃刀量 /mm	备注
1	粗铣定位基准面A	T1	ϕ125	200	50	2	
2	精铣定位基准面A	T1	ϕ125	200	25	0.5	
3	粗铣上表面	T1	ϕ125	200	50	2	
4	精铣上表面	T1	ϕ125	200	25	0.5	
5	粗铣台阶面及其轮廓	T2	ϕ12	800	50	4	
6	精铣台阶面及其轮廓	T2	ϕ12	1000	25	0.5	
7	钻所有孔的中心孔	T3	ϕ3	1200			
8	钻ϕ32H7底孔至ϕ27	T4	ϕ27	200	40		
9	粗镗ϕ32H7孔至ϕ30	T5		500	80	1.5	
10	半精镗ϕ32H7孔至ϕ31.6	T5		700	70	0.8	
11	精镗ϕ32H7	T5		900	60	0.2	
12	钻ϕ12H7底孔至ϕ11.8底孔	T6	ϕ11.8	600	60		
13	锪ϕ18孔	T7	ϕ18×11	150	30		
14	粗铰ϕ12H7	T8	ϕ12	100	40	0.1	
15	精铰ϕ12H7	T8	ϕ12	100	30		
16	钻2×M16螺纹底孔至ϕ14	T9	ϕ14	450	60		
17	2×M16螺纹孔倒角	T10	90°倒角铣刀	300	40		
18	攻2×M16螺纹孔	T11	M16	100	200		
19	钻6×ϕ7底孔至ϕ6.8	T12	ϕ6.8	700	70		
20	锪6×ϕ10孔	T13	ϕ10×5.5	150	30		
21	铰6×ϕ7孔	T14	ϕ7	100	25	0.1	
22	钻2×ϕ6H8底孔至ϕ5.8	T15	ϕ10	900	80		
23	铰2×ϕ6H8孔	T16	ϕ6	100	25	0.1	
24	一面两孔定位粗铣外轮廓	T17	ϕ35	600	40	2	
25	一面两孔定位精铣外轮廓	T17	ϕ35	600	25	0.5	

8. 部分加工程序

（1）加工ϕ32H7孔的程序代码如下所述。

```
GHJ_543                                          ;程序名
N10 G54 G90 M03 S200                             ;建立工件坐标系，主轴正转
N20 G00 Z50 T4 D1                                ;Z 轴快速定位，调用 4 号刀和 1 号刀补
N30 G00 X-30 Y0 M08                              ;X、Y 轴定位，冷却液开
N40 CYCLE82(20,0,2,-30,30,1)                     ;调用钻孔加工固定循环
N50 G00 Z150 M09 M05                             ;Z 轴快速定位，主轴停转，冷却液关
N60 M00                                          ;程序暂停，手动换刀
N70 M03 S500 M08                                 ;主轴正转，冷却液开
N80 G00 Z50 T5 D1 F80                            ;Z 轴快速定位，调用 5 号刀和 1 号刀补
N90 G01 X-30 Y0                                  ;X、Y 轴定位
N100 CYCLE85(20,0,2,-30,30,1,80,150)             ;调用镗孔加工固定循环
N110 G00 Z150 M09 M05                            ;Z 轴快速定位，主轴停转，冷却液关
N120 M30                                         ;程序结束
```

（2）钻 $6\times\phi7$ 底孔至 $\phi6.8$，锪 $6\times\phi10$ 孔，铰 $6\times\phi7$ 孔程序代码如下所述。

```
FER_369                                          ;程序名
N10 G54 G90                                      ;建立工件坐标系，绝对坐标编程
N20 T12 D1                                       ;调用 12 号刀和 1 号刀补
N30 M3 S700 F70                                  ;主轴正转
N40 G0 Z100 M08                                  ;Z 轴快速定位，冷却液开
N50 MCALL CYCLE82(20,0,2,-30,30,0)               ;模态调用钻孔加工固定循环
N60 X-70 Y0                                      ;孔坐标
N70 X-50 Y34.641                                 ;孔坐标
N80 X50 Y34.641                                  ;孔坐标
N90 X70 Y0                                       ;孔坐标
N100 X50 Y-34.641                                ;孔坐标
N110 X-50 Y-34.641                               ;孔坐标
N120 MCALL                                       ;取消模态调用
N130 G0 Z150 M09                                 ;Z 轴快速定位，冷却液关
N140 M05                                         ;主轴停转
N150 M00                                         ;程序暂停，手动换刀
N160 M03 S150 F30                                ;主轴正转
N170 G0 Z100 T13 D1                              ;Z 轴快速定位，调用 5 号刀和 1 号刀补
N180 MCALL CYCLE82(20,0,2,-8,8,0)                ;模态调用钻孔加工固定循环
N190 X-70 Y0                                     ;孔坐标
N200 X-50 Y34.641                                ;孔坐标
N210 X50 Y34.641                                 ;孔坐标
N220 X70 Y0                                      ;孔坐标
N230 X50 Y-34.641                                ;孔坐标
N240 X-50 Y-34.641                               ;孔坐标
N250 MCALL                                       ;取消模态调用
N260 G0 Z150 M09                                 ;Z 轴快速定位，冷却液关
N270 M05                                         ;主轴停转
N280 M03 S100 F25                                ;主轴正转
```

```
N300 G0 Z100 T14 D1 M08                    ;Z轴快速定位，调用14号刀和1号刀补，冷却液开
N310 MCALL CYCLE85(20,0,2,-28,28,0,25,50)  ;模态调用铰孔加工固定循环
N320 X-70 Y0                               ;孔坐标
N330 X-50 Y34.641                          ;孔坐标
N340 X50 Y34.641                           ;孔坐标
N350 X70 Y0                                ;孔坐标
N360 X50 Y-34.641                          ;孔坐标
N370 X-50 Y-34.641                         ;孔坐标
N380 MCALL                                 ;取消模态调用
N390 G0 Z150 M09 D0                        ;Z轴快速定位，冷却液关，取消刀补
N400 M05                                   ;主轴停转
N410 M02                                   ;程序结束
```

（3）精铣外轮廓的程序代码如下：

```
JIE_987                                    ;程序名
N10 G54 G90 M03 S600                       ;建立工件坐标系，绝对坐标编程
N20 G00 Z150 T17 D1                        ;Z轴快速定位，调用17号刀和1号刀补
N30 X90 Y-60                               ;X、Y轴快速定位
N40 Z-28 M08                               ;Z轴快速定位，冷却液关
N50 G01 G41 X0 Y-50 F25                    ;切入轮廓，建立半径补偿
N60 X-30                                   ;切削直线
N70 G02 X-30 Y50 CR=50                     ;切削圆弧
N80 G1 X30                                 ;切削直线
N90 G2 X30 Y-50 CR=50                      ;切削圆弧
N100 G1 X0 Y-50                            ;切削直线
N110 G40 X-90 Y-60                         ;切出轮廓，取消半径补偿
N120 G0 Z150                               ;Z轴快速定位
N130 M05 M09                               ;主轴停转，冷却液关
N140 M30                                   ;程序结束
```

习题

（1）数控铣床操作步骤有几步？分别是什么？

（2）简述如何用G54指令建立工件坐标系。

（3）简述SIEMENS802D数控铣床程序输入的步骤。

（4）简述SIEMENS802D数控铣床设置刀具补偿的步骤。

（5）加工如图6-30所示的凸轮零件，材料为45#钢，要求完成下列实训内容。

① 零件数控铣削加工工艺分析，包括零件图分析、装夹方案、加工顺序、刀具卡、切削用量和工序卡片。

② 编写数控铣削加工程序。

③ 完成零件的加工并进行精度检验。

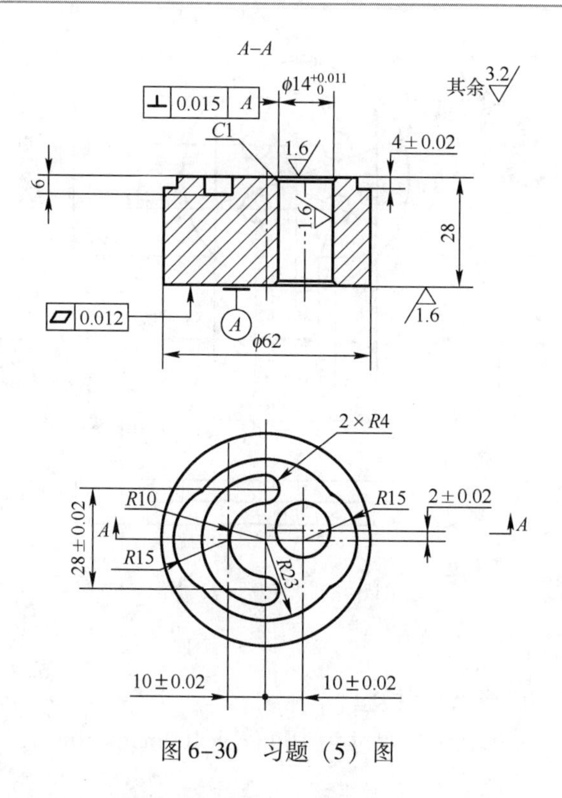

图 6–30　习题（5）图

（6）如图 6–31 所示零件，材料为 HT200，要求完成下列实训内容。

① 零件数控铣削加工工艺分析，包括零件图分析、装夹方案、加工顺序、刀具卡、切削用量和工序卡片。

② 编写数控铣削加工程序。

③ 完成零件的加工并进行精度检验。

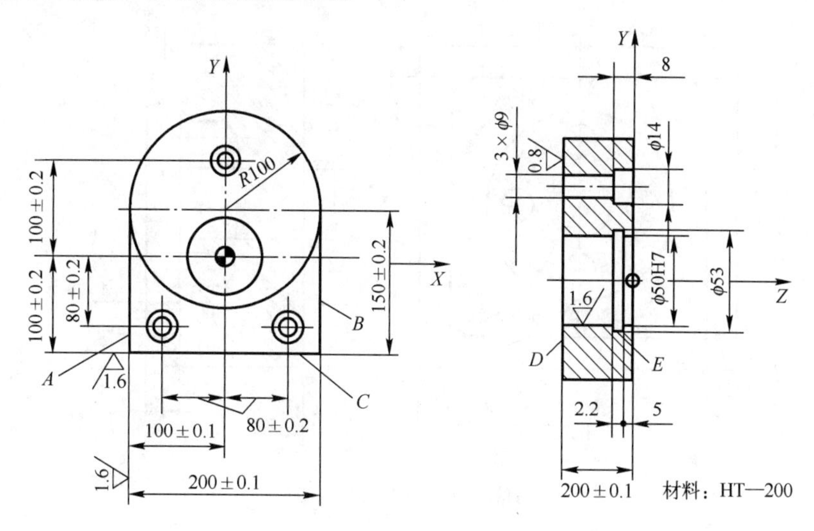

图 6–31　习题（6）图

（7）加工如图 6–32 所示凸轮零件，材料为 40Cr 钢，要求完成下列实训内容。

① 零件数控铣削加工工艺分析，包括零件图分析、装夹方案、加工顺序、刀具卡、切削用量和工序卡片。

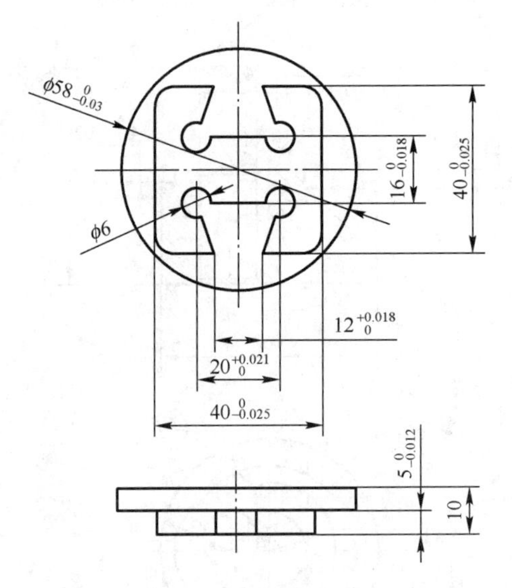

图 6-32　习题（7）图

② 编写数控铣削加工程序。

③ 完成零件的加工并进行精度检验。

（8）如图 6-33 所示零件，毛坯尺寸为 100mm × 100mm × 50mm，材料为 45#钢，要求完成下列实训内容。

① 零件数控铣削加工工艺分析，包括零件图分析、装夹方案、加工顺序、刀具卡、切削用量和工序卡片。

② 编写数控铣削加工程序。

③ 完成零件的加工并进行精度检验。

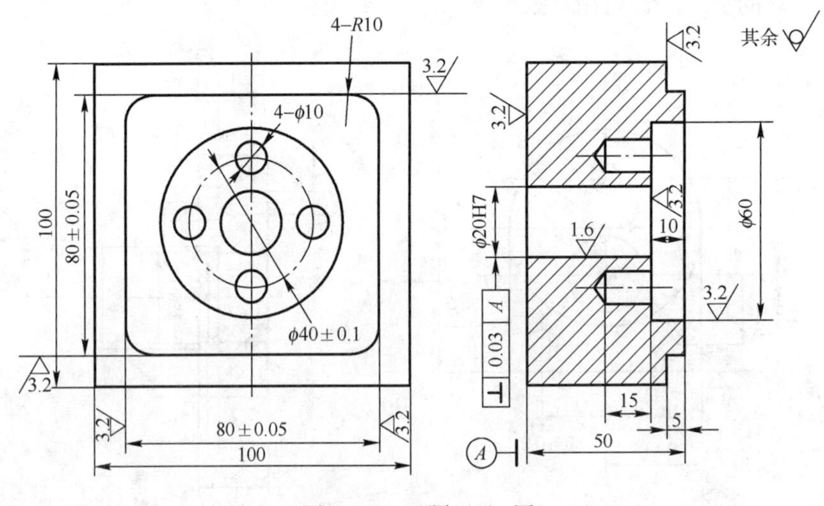

图 6-33　习题（8）图

（9）如图 6-34 所示零件，毛坯尺寸为 80mm × 80mm × 30mm，材料为 HT200，要求完成下列实训内容。

① 零件数控铣削加工工艺分析，包括零件图分析、装夹方案、加工顺序、刀具卡、切削用量和工序卡片。

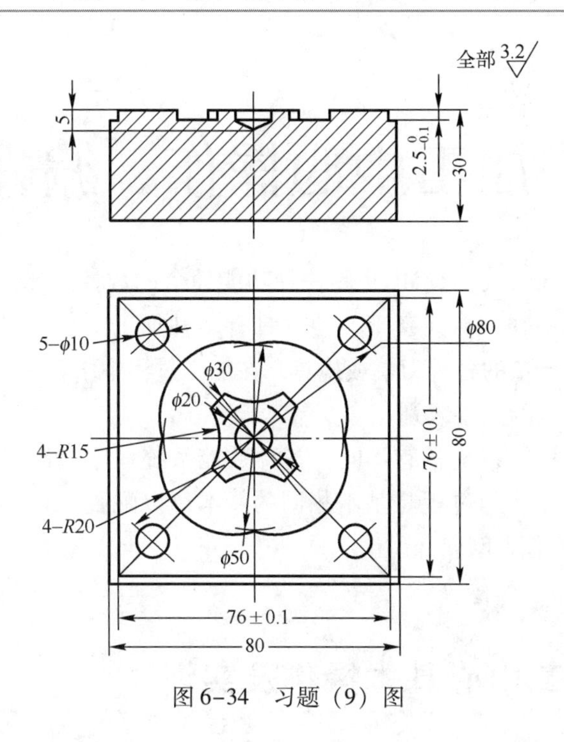

图 6-34　习题（9）图

② 编写数控铣削加工程序。

③ 完成零件的加工并进行精度检验。

第7章　加工中心操作、编程及实训

加工中心（Machining Center，MC）是一种功能较全的数控机床。它把铣削、镗削、钻削、螺纹加工等功能集中在一台设备上，使其具有多种加工工艺手段。加工中心设置有刀库，刀库中存放着不同数量的各种刀具或检具，在加工过程中由程序自动选用和更换，这是它与数控铣床、数控镗床的主要区别。

加工中心所配置的数控系统各有不同，各种数控系统程序编制的内容和格式也有所不同，但是程序编制方法和使用过程是基本相同的。本章以配置 FANUC 0i—MC 数控系统的 TH5650 立式镗铣加工中心为例展开讨论。

7.1　加工中心基本操作及实训

7.1.1　加工中心的自动换刀装置

1）刀库　在加工中心上使用的刀库主要有两种，即盘式刀库和链式刀库。盘式刀库装刀容量相对较小，一般有 1 ～ 24 把刀具，主要适用于小型加工中心；链式刀库装刀容量大，一般有 1 ～ 100 把刀具，主要适用于大中型加工中心。

2）刀具的选择方式　按数控系统装置的刀具选择指令从刀库中将所需要的刀具转换到取刀位置，称为自动选刀。在刀库中选择刀具通常采用两种方法，即顺序选择刀具和任意选择刀具。

【顺序选择刀具】装刀时，所用刀具按加工工序设定的刀具号顺序插入刀库对应的刀座号中，使用时按顺序转到取刀位置，用过的刀具放回原来的刀座内。该方法驱动控制较简单，工作可靠，但刀具号与刀座号一致，增加了换刀时间。

【任意选择刀具】刀具号在刀库中不一定与刀座号一致，由数控系统记忆刀具号与刀座号的对应关系，根据数控指令任意选择所需要的刀具，刀库将刀具送到换刀位置。采用此方法时，主轴上的刀具采用就近放刀原则，相对会减少换刀时间。

3）换刀方式　加工中心的换刀方式一般有两种，即机械手换刀和主轴换刀。

【机械手换刀】由刀库选刀，再由机械手完成换刀动作，这是加工中心普遍采用的形式。机床结构不同，机械手的形式及动作也不一样。

【主轴换刀】通过刀库和主轴箱的配合动作来完成换刀，适用于刀库中刀具位置与主轴上刀具位置一致的情况。一般是采用把盘式刀库设置在主轴箱可以运动到的位置，或者整个刀库能移动到主轴箱可以到达的位置。换刀时，主轴运动到刀库上的换刀位置，由主轴直接取走或放回刀具。多用于采用 40 号以下刀柄的中小型加工中心。

7.1.2　加工中心的换刀指令

换刀一般包括选刀指令和换刀动作指令。选刀指令用 T 表示，其后是所选刀具的刀具号。如选用 2 号刀，写为“T02”。T 指令的格式为 T× ×，表示允许有两位数，即刀具最多允许有 99 把。

M06 是换刀动作指令，数控装置读入 M06 代码后，送出并执行 M05（主轴停转）、M19（主轴准停）等信息，接着换刀机构动作，完成刀具的变换。

不同的加工中心，其换刀程序也是不同的，通常选刀和换刀分开进行。换刀完毕启动主轴后，方可执行后面的程序段。选刀可以与机床加工重合起来，即利用切削时间进行选刀。多数加工中心都规定了换刀点位置。主轴只有运动到这个位置，机械手或刀库才能执行换刀动作。一般立式加工中心规定的换刀点位置在机床 Z 轴零点处，卧式加工中心规定在机床 Y 轴零点处。

编制换刀程序一般有两种方法。

【方法一】

```
…
N100 G91 G28 Z0;
N110 T02 M06;
…
N800 G91 G28 Z0;
N810 T03 M06;
…
```

即一把刀具加工结束，主轴返回机床原点后准停，然后刀库旋转，将需要更换的刀具停在换刀位置，接着进行换刀，再开始加工。选刀和换刀先后进行，机床有一定的等待时间。

【方法二】

```
…
N100 G91 G28 Z0;
N110 T02 M06;
N120 T03;
…
N800 G91 G28 Z0;
N810 M06;
N810 T04;
…
```

这种方法的找刀时间与机床的切削时间重合，当主轴返回换刀点后立刻换刀，因此整个换刀过程所用的时间比方法一要短一些。在单机作业时，可以不考虑这两种换刀方法的区别，但在柔性生产线上则有实际的作用。

7.1.3 加工中心操作面板

配置 FANUC 0i—MC 系统的 TH5650 立式镗铣加工中心操作面板由显示器、MDI 面板和机床操作面板组成。

1. 显示器与 MDI 面板

显示器与 MDI 面板如图 7-1 所示。MDI 键盘上各功能键及软键功能见第 4 章 4.1 节。

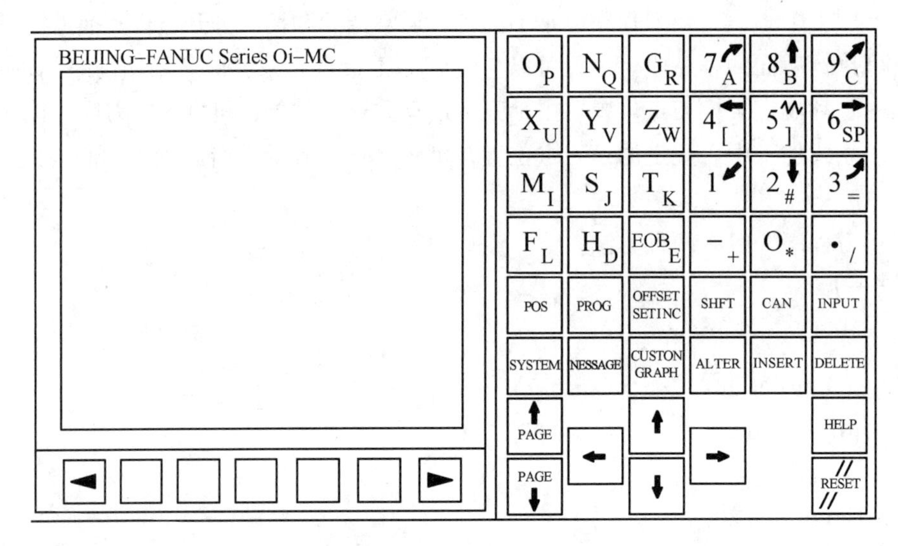

图 7-1　显示器与 MDI 面板

2. 机床操作面板

机床操作面板如图 7-2 所示。机床操作面板上各键名称与功能见表 7-1。

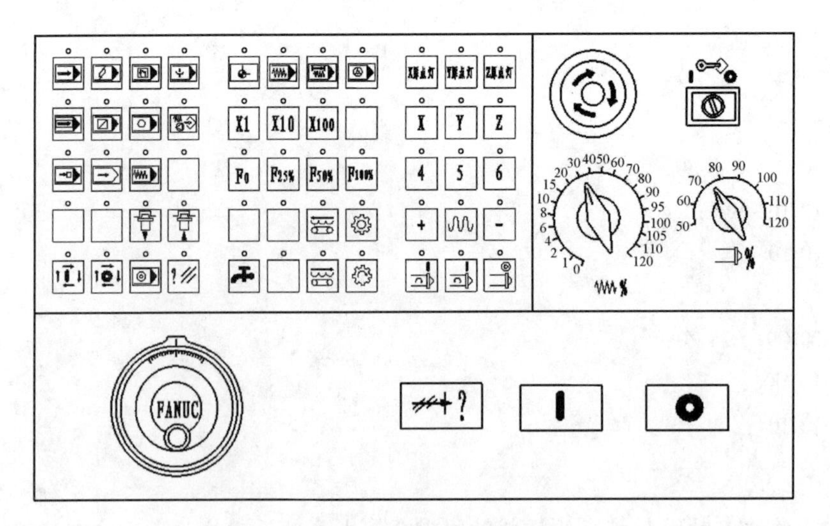

图 7-2　机床操作面板

表 7-1　机床操作面板上各键名称与功能

按　键	名　称	功　能
	自动工作方式	在此方式下，执行加工程序
	编辑工作方式	在此方式下，进行工件程序的编辑
	手动数据输入方式	（1）当选择了 MDI 面板上【PROG】键时，可以输入并执行程序指令； （2）当选择了 MDI 面板上【SYSTEM】键时，并按下软键【PARAM】，可以设定和修改参数
	在线加工方式	在此方式下，可进行在线加工
	返回参考点方式	在此方式下，手动进行 X、Y、Z 三个坐标的返回参考点
	手动连续进给方式	在此方式下，手动进行 X、Y、Z 三个坐标的连续进给
	增量进给方式	在此机床中无实际意义
	手轮操作方式	在此方式下，手轮生效，可进行 X、Y、Z 三个坐标的微量进给
	单段按钮	在自动方式下，按下此按钮后，程序在执行过程中，每执行完一个程序段即停止，需再按一下循环启动按钮，来执行下一个程序段
	跳读按钮	在自动方式下，按下此按钮后，将程序段前带“/”的程序段跳过，不执行
	可选停按钮	在自动方式下，按下此按钮后，执行程序中的 M01 指令时，停止自动操作，再按一下循环启动按钮，程序继续执行
	手动绝对值	按下此按钮，在自动操作中介入手动操作时，其移动量进入绝对记忆中
	程序再启动按钮	用于自动操作停止后，程序从指定的程序段重新启动
	机械锁住按钮	按下此按钮后，各轴不移动，但显示器屏幕上显示坐标值的变化
	空运行按钮	在自动方式下，按下此按钮，各轴不以编程速度而以手动进给速度移动。此功能通常用于空切检验刀具的运动
	主轴刀具松开按钮	在手动方式下，按下此按钮，可将主轴刀具松开
	主轴刀具夹紧按钮	在手动方式下，按下此按钮，可将主轴刀具夹紧
	循环启动按钮	在 MDI 方式或自动方式下，按一下此按钮自动运行开始
	循环停止按钮	自动运行时，按此按钮自动运行停止，但主轴不停。再按一下循环启动按钮，自动运行继续
	进给暂停指示灯	自动操作中用 M00 程序停止时，该按钮指示灯亮
	PLC 报警清除按钮	当显示器上有 PLC 报警文本时，按住此键的同时按 MDI 面板上【RESET】键来清除报警文本
	冷却启动按钮	按下此按钮，冷却液喷出，且指示灯亮；再按此按钮，冷却停止，且指示灯灭
	排屑传送器启动按钮	按下此按钮，排屑传送器启动，且指示灯亮；再按此按钮，排屑传送器停，且指示灯灭
	排屑传送器倒屑启动按钮	按下此按钮，排屑传送器倒屑启动，且指示灯亮；再按此按钮，排屑传送器倒屑停，且指示灯灭
	刀套调整按钮	在手动方式下，当 D499 设置为 1 时，按一下此按钮，可以调整刀库位置
	刀套步进按钮	在手动方式下，按一下此按钮，刀套转动一个位置。刀套停在正常的位置上时，指示灯亮

续表

按　键	名　称	功　能
+	正方向按钮	在手动方式下，按住此按钮，使所选择的坐标轴正向运动
-	负方向按钮	在手动方式下，按住此按钮，使所选择的坐标轴负向运动
	快速选择按钮	按此键，同时按正方向 + 或负方向 - ，可进行手动快速运动。运动速度受 F0 F25% F50% F100% 控制
	主轴正转按钮	在手动方式下，按一下此按钮，主轴以一固定速度正向旋转。当NC启动后，没有使用过主轴转速指令时，主轴转速为D55设定的转速；使用过主轴转速指令时，主轴转速为最近使用过的主轴转速
	主轴反转按钮	在手动方式下，按一下此按钮，主轴以一固定速度反向旋转。主轴转速值同主轴正转
	主轴停止按钮	（1）在手动方式下，按一下此按钮，可以停止主轴。 （2）在自动方式下，循环启动后，按循环停止按钮，主轴旋转不停，按此按钮，可以停止主轴
	程序保护锁	防止工件程序被修改，当钥匙锁上时，程序修改无效
	超程解除按钮	机床出现超程后，数控系统处于急停状态，在显示器屏幕上显示“NOT READY”字样，按住此键的同时按MDI面板上【RESET】键，系统重新启动，“NOT READY”消失，在手动方式下，把超程坐标反方向开出，脱离超程开关后，松开此键
I	NC启动按钮	在机床总电源接通后，按此按钮NC启动的同时显示器屏幕点亮
O	NC停止按钮	按此按钮切断NC电源。在机床总电源断电前，必须先断NC电源
	急停按钮	当加工中心发生紧急状况时，按下此按钮后，加工中心所有动作立即停止；欲解除时，顺时针方向旋转此钮（切不可往外硬曳，以免损坏此按钮），即可恢复待机状态。在重新运行前，必须执行返回参考点操作
	进给速度倍率旋钮	在自动方式下，用以选择程序指定的进给速度倍率，以改变进给速度；在手动连续进给方式下，选择连续进给的速度倍率，以改变手动连续进给速度
	主轴转速倍率旋钮	自动或手动操作主轴时，通过此开关来调整主轴的转速大小
	手摇脉冲发生器	在手轮操作方式下，旋转手摇脉冲发生器可运行选定的坐标轴
X原点灯 Y原点灯 Z原点灯	参考点返回指示灯	在返回参考点方式或自动运行回参考点指令时，当机床到达参考点后，指示灯亮
X Y Z	坐标轴按钮	在手动方式下，按下其中的一个坐标轴按钮，其指示灯亮，且选定该轴为欲移动的坐标轴
4 5 6	坐标轴按钮	在此机床中无实际意义
X1 X10 X100	手轮倍率按钮	在手轮操作方式下，通过选择此倍率旋钮（X1、X10、X100分别表示一个脉冲移动0.001mm、0.01mm、0.1mm），以改变手轮进给速度
F0 F25% F50% F100%	快速运动倍率按钮	对自动及手动运转时的快速进给速度进行调整

7.1.4　基本操作实训

1. 开机实训

（1）检查 CNC 机床的外观是否正常。
（2）打开外部总电源，启动空气压缩机。
（3）等气压达到规定值后，将伺服柜左上侧总空气开关合上。
（4）按下操作面板上的 NC 启动按钮，系统将进入自检。
（5）自检结束后，检查位置屏幕是否显示。如果通电后出现报警，就会显示报警信息，必须排除故障后才能继续以后的操作。
（6）检查风扇电动机是否旋转。

2. 返回参考点实训

开机后，为了使数控系统对机床零点进行记忆，必须进行返回参考点的操作，其操作步骤如下所述。

按返回参考点方式→按快速运动倍率按钮F50%（或F25%、F100%）→Z→+→X→+→Y→+，等三个按钮上面的指示灯全部亮后，机床返回参考点结束。加工中心返回参考点后，按下【POS】键可以看到综合坐标显示页面中的机械坐标 X、Y、Z 皆为 0。

【注意】有时因紧急情况而按下急停按钮和机床锁住按钮，运行程序后，需重新进行机床返回参考点操作，否则数控系统会对机床零点失去记忆而造成事故。

3. 主轴启动实训

（1）按手动数据输入方式→【PROG】→【程序】→【S】→【3】→【0】→【0】→【M】→【3】→【EOB】→【INSERT】。
（2）按循环启动按钮，此时主轴做正转。
（3）按手动连续进给方式或手轮操作方式，此时主轴停止转动；按，此时主轴正转；按→，此时主轴反转。在主轴转动时，通过转动可使主轴的转速发生修调，其范围为 50% ～ 120%。

4. 手动连续进给实训

1）手动连续进给　首先按下手动连续进给方式按钮，接着旋转进给速度倍率旋钮，将进给速率设定至所需要数值，然后按下坐标轴按钮X Y Z，选择要移动的轴，最后持续按方向按钮-或+，实现坐标轴的手动连续移动。

2）快速进给　首先按下手动连续进给方式按钮，接着按下快速运动倍率按钮F0 F25% F50% F100%，将快速进给速率设定至所需要数值，然后按下坐标轴按钮X Y Z，选择要移动的轴，同时持续按方向按钮-（或+）和快速选择按钮，实现坐标轴的快速移动。

5. 手轮进给实训

首先按下手轮操作方式按钮，接着按下手轮倍率按钮X1 X10 X100，将手轮进给速率设定至所需要数值，然后按下坐标轴按钮X Y Z，选择要移动的轴，最后转动手轮，顺时针转动坐标轴正向移动；逆时针转动坐标轴负向移动，从而实现坐标轴的移动。

6. 加工程序的输入和编辑实训

通过MDI面板对程序的输入和编辑操作，FANUC 0i—MC与FANUC 0i—TB数控系统相同，相关内容见第4章4.1节。此时输入以下给定的程序，为自动工作方式时运行程序做准备。

```
O0100;
G92 X200 Y200 Z20;
/S500 M03;
G00 G90 X-100 Y-100 Z0;
G01 X100 F500;
/Y100;
X-100;
Y-100;
M01;
G91 G28 Z0;
G28 X0 Y0;
M30;
```

7. 自动运行实训

1）MDI运行　在手动数据输入方式中，通过MDI面板可以编制最多10行（10个程序段）的程序并被执行。MDI运行适用于简单的测试操作，因为程序不会存储到内存中，一旦执行完毕就被清除。MDI运行过程如下所述。

（1）按下手动数据输入方式按键→【PROG】→【程序】，进入手动数据输入编辑程序界面。

（2）输入所需程序段（与通常程序的输入与编辑方法相同）。

（3）把光标移回到O0000程序号前面。

（4）按循环启动按键执行。

2）自动运行　以前面输入的O0100程序为例，自动运行过程如下所述。

（1）执行Z、X、Y返回参考点操作。

（2）打开O0100程序，确认程序无误且光标在O0100程序号前面。

（3）把进给速度倍率旋钮旋至10%；主轴转速倍率旋钮旋至50%。

（4）按下自动工作方式按键后，按下循环启动按键，使加工中心进入自动操作状态。

（5）把主轴转速倍率开关逐步调大至120%，观察主轴转速的变化；把进给倍率开关逐步调大至120%，观察进给速度的变化。理解自动加工时程序给定的主轴转速与切削速度能通过对应的倍率开关实时地调节。

（6）程序执行完后，按下单段按键，按下循环启动按键，重新运行程序，此时执行完一个程序段后，进给停止，必须重新按下循环启动按键，才能执行下一个程序段。

（7）程序执行完后，按下跳读按键、可选停按键与空运行按键后，按循环启动按键，注意观察机床运行的变化，对照表 7-1 中跳读按键、可选停按键与空运行按钮的功能，理解其在自动运行程序进行零件加工时的实际意义。

（8）程序执行完后，按下机械锁住按键，并按下循环启动按键，此时由于机床锁住，程序能运行，但无进给运动。通常可以使用此功能，发现程序中存在的问题。使用此功能后，需重新执行返回参考点操作。

8. 装刀与自动换刀实训

加工中心在运行时，是从刀库中自动换刀并装入的，所以在运行程序前，要把刀具装入刀库。装刀与自动换刀过程如下所述。

（1）按加工程序要求，在机床外将所用刀具安装好，并设定好刀具号，如 T1 为面铣刀，T2 为立铣刀，T3 为钻。

（2）按下手动数据输入方式按键→【PROG】→【程序】，输入“T01 M06；程序段”。

（3）把光标移回到 O0000 程序号前面，按下循环启动按键。

（4）待加工中心换刀动作全部结束后，按下手动连续进给方式按键或手轮操作方式按键，若此时主轴有刀具，左手拿稳刀具，右手按下主轴刀具松开按键，取下主轴刀具后，按下主轴刀具夹紧按键（停止吹气）；主轴无刀具后，左手拿稳刀具 T1，将刀柄放入主轴锥孔，右手按下主轴刀具松开按键后，按下主轴刀具夹紧按键，将刀具 T1 装入主轴。

（5）重复第（2）～（4）步，将 T1 分别换成 T2 和 T3，将刀具 T2 和 T3 装入主轴。

上述步骤完成后，此时主轴上为 T3 刀具。执行返回参考点操作，分别运行下面 O0101 与 O0102 两个数控程序，加深对两种换刀方法的理解。

```
O0101;
T01 M06;
G01 G91 X-100 F200;
T02 M06;
G01 G91 Y-100;
T03 M06;
M30;

O0102;
T01 M06 T02;
G01 G91 X-100 F200;
M06 T03;
G01 G91 Y-100;
M06 ;
M30;
```

9. 冷却液的开关实训

按下冷却启动按键，开启冷却液，且指示灯亮；再按此按键，冷却停止，且指示灯灭。

【注意】在自动工作方式时，应在程序中使用M8指令开启冷却液和M9指令关闭冷却液，当然，如果需要，也可通过此手动方法开启或关闭冷却液。

10. 排屑实训

在手动连续进给方式或手轮操作方式下，按下排屑传送器启动按键进行切屑的排出。

11. 关机实训

（1）按下急停按键，然后按下NC停止按键。
（2）关闭伺服柜左上侧总空气开关。
（3）关闭空气压缩机，关闭外部总电源。

7.2 加工中心对刀操作及实训

7.2.1 机床坐标系与工件坐标系

1. 机床坐标系

机床坐标系是机床上固有的坐标系，符合右手直角笛卡儿坐标系规则。对于不同的机床，坐标系原点（即机床零点）的位置有所不同，一般设定在各坐标轴的正方向最大极限处。机床零点的位置一般都是由机床设计和制造单位确定的，它是机床坐标系的原点，同时也是其他坐标系与坐标值的基准点，对一台已调整好的机床，其机床零点已经确定，通常不允许用户改变。

机床参考点在机床坐标系中的坐标值是由机床厂家精确测量并输入数控系统中的，用户不得改变。通常数控机床在接通电源后，其机床坐标系所处的位置是不确定的，必须按照一定的操作方法和步骤建立正确的机床坐标系，这就是回零操作，又称为返回参考点操作。当返回参考点的操作完成后，显示器即显示出机床参考点在机床坐标系中的坐标值，表明机床坐标系已经建立。需要指出的是，回零并不是指回机床零点，而是回机床参考点。只有当所设定的机床参考点在机床坐标系中的各坐标轴值均为零时，机床参考点才与机床零点重合。由此可知，机床参考点是用于间接确定机床零点位置的基准点。

2. 工件坐标系

工件坐标系是在数控编程时用于定义工件形状和刀具相对工件运动的坐标系，为保证编程与机床加工的一致性，工件坐标系也应符合右手笛卡儿坐标系规则。工件装夹到机床上时，应使工件坐标系与机床坐标系的坐标轴方向保持一致。工件坐标系的原点称为工件零点或编程零点。为了编程方便，可以根据计算最方便的原则来确定某一点为工件零点。在加工中心上加工工件时，工件零点一般设在进刀方向一侧工件外轮廓表面的某个角上或对称中心上。工件零点与机床零点间的坐标距离称为工件零点偏置，该偏置值需预先保存到数控系统中。在加工时，通过零点偏置指令（如 G54）调用，工件零点偏置能自动加到工件坐标系上，使数控系统可以按机床坐标系确定加工时的绝对坐标值。因此，编程人员可以不考虑工件在机床上的实际安装位置，而利用数控系统的零点偏置功能通过工件零点偏置值补偿工件在工作台上的位置误差。

3. 机床坐标系与工件坐标系间的联系

机床坐标系不在编程中使用，常用它来确定工件坐标系，即建立工件坐标系的参考点。

1）用 G92 指令设定工件坐标系 G92 指令通过设定刀具起点相对于要建立的工件坐标原点的位置建立坐标系，即以程序原点为基准，确定刀具起始点的坐标值，并把这个设定值存储在存储器中，作为所有加工尺寸的基准。

使用 G92 指令时，要预先确定对刀点在工件坐标系中的坐标值，并编入程序中。加工时，操作者必须严格按照工件坐标系规定的刀具位置设置起刀点，以确保在机床上设定的工件坐标系与编程时在零件上规定的工件坐标系在位置上重合一致。

指令格式；G92 X_Y_Z_;

其中，X、Y、Z 为当前刀位点在工件坐标系中的坐标值。

2）用 G54～G59 指令设定工件坐标系 用 G54 ～ G59 指令设定工件坐标系必须预先通过偏置界面输入各个工件坐标系原点在机床坐标系中的坐标值，该坐标值就是工件坐标系的零点偏置值。编程时，只需根据图纸和所设定的坐标系进行编程，无须考虑工件与夹具在机床工件台上的位置，但操作者必须使机床手动回零后，测量所用工件坐标系原点（即程序原点）在机床坐标系中的坐标，然后通过界面设置，把该坐标值（也就是零点偏置值）存入工件坐标系所对应的偏置存储器中。

【注意】

(1) G54 与 G55 ～ G59 的区别：G54 ～ G59 设置加工坐标系的方法是一样的，只是当电源接通时，自动选择 G54 坐标系。

(2) G92 与 G54 ～ G59 的区别：G92 指令与 G54 ～ G59 指令都是用于设定工件加工坐标系的，但在使用中是有区别的。G92 指令是通过程序来设定、选用加工坐标系的，它所设定的加工坐标系原点与当前刀具所在的位置有关，该加工原点在机床坐标系中的位置是随当前刀具位置的不同而改变的。

(3) G54 ～ G59 的修改：G54 ～ G59 指令是通过 MDI 在设置参数方式下设定工件加工坐标系的，一旦设定，加工原点在机床坐标系中的位置是不变的，它与刀具的当前位置无关，除非再通过 MDI 方式进行修改。

(4) 常见错误：当执行程序段“G92 X50 Y100”时，常会认为是刀具在运行程序后到达工件坐标系（X50，Y100）点上。其实，G92 指令程序段只是设定加工坐标系，并不产生任何动作，这时刀具已在加工坐标系中的（X50，Y100）点上。

G54 ～ G59 指令程序段可以和 G00、G01 指令组合，如 G54 G90 G01 X10 Y10，运动部件在选定的加工坐标系中进行移动。程序段运行后，无论刀具的当前点在哪里，它都会移动到加工坐标系中的（X10，Y10）点上。

7.2.2 与对刀有关的操作实训

1. 坐标位置显示方式操作实训

加工中心坐标位置显示方式有综合、绝对和相对3种。按下【POS】键后分别按下【绝对】键、【相对】键、【综合】键可进入相应的页面。相对坐标可以在任何位置进行清零及坐标值的预定处理，特别是在对刀操作中利用坐标位置的清零及预定可以带来许多方便。

1）相对坐标清零 进入相对坐标界面，按【X】键（或【Y】键、【Z】键）→按【起源】键，此时 X 轴（或 Y 轴、Z 轴）的相对坐标被清零。另外，也可按【X】键（或【Y】键、【Z】键）、【0】键→按【预定】键，同样可以使 X 轴（或 Y 轴、Z 轴）的相对坐标清零。

2）相对坐标预定 如果预定 Y 轴的相对坐标为50，进入相对坐标界面，按【Y】键、【5】键、【0】键→按【预定】键即可。

3）所有相对坐标清零 进入相对坐标界面，按【X】键（或【Y】键、【Z】键）→按【起源】键→按【全轴】键，此时相对坐标值将显示全部为零。

2. 刀具半径偏置量和长度补偿量的设置

刀具半径偏置和长度补偿量的设置步骤如下所述。

（1）在任何方式下按【OFFSET/SETTING】键→按【补正】键，进入刀具补偿存储器界面。

（2）利用【←】、【→】、【↑】、【↓】四个箭头键可以把光标移动到所要设置的位置。

（3）输入所需值→按【INPUT】键或【输入】键，设置完毕；如果按【+输入】键则把当前值与存储器中已有的值相加。

3. 工件坐标系 G54～G59 的设置

工件坐标系 G54 ～ G59 的设置步骤如下所述。

（1）在任何方式下按【OFFSET/SETTING】键→按【坐标系】键，进入工件坐标系设置页面。

（2）按【PAGE↓】键可进入其余设置界面。

（3）利用【↑】、【↓】键可以把光标移动到所要设置的位置。

（4）输入所需值→按【INPUT】键或【输入】键，设置完毕；如果按【+输入】键则把当前值与存储器中已有的值相加。

7.2.3 对刀实训

对刀的目的是通过刀具或对刀工具确定工件坐标系与机床坐标系之间的空间位置关系，并将对刀数据输入到相应的存储位置。它是数控加工中最重要的操作内容，其准确性将直接影响零件的加工精度，对刀方法一定要与零件的加工精度相适应。

7.2.3.1　X、Y 向对刀实训

X、Y 向对刀方法常采用试切对刀、寻边器对刀、心轴对刀、打表找正对刀等。其中试切对刀和心轴对刀精度较低，寻边器对刀和打表找正对刀容易保证对刀精度，但打表找正对刀所需时间较长，效率较低。

1. 工件坐标系原点（对刀点）为两个相互垂直直线交点时的对刀

工件坐标系原点（对刀点）为两个相互垂直直线交点时的对刀方法如图 7–3 所示。

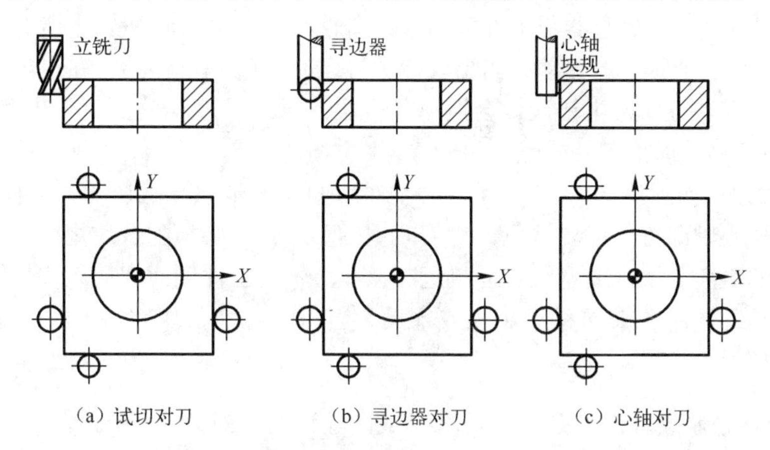

（a）试切对刀　（b）寻边器对刀　（c）心轴对刀

图 7–3　工件坐标系原点（对刀点）为两个相互垂直直线交点时的对刀方法

1）试切对刀　如图 7–3（a）所示，其操作步骤如下所述。

（1）开机回参考零点后，将工件通过夹具装在机床工作台上。装夹时，工件的 4 个侧面都应留出对刀位置。

（2）将所用铣刀装入机床主轴，通过 MDI 方式使主轴中速正转。

（3）快速移动工作台和主轴，让刀具靠近工件的左侧。

（4）改用手轮操作，让刀具慢慢接触到工件左侧，直到铣刀周刃轻微接触到工件左侧表面，即听到刀刃与工件的摩擦声但没有切屑。

（5）将机床相对坐标 X、Y、Z 置零或记录下此时机床机械坐标中的 X 坐标值，如 –335.670。

（6）将铣刀沿 +Z 向退离至工件上表面之上，快速移动工作台和主轴，让刀具靠近工件右侧（最好保持 Y、Z 坐标与上次试切一样，即 Y、Z 相对坐标为零）。

（7）改用手轮操作，让刀具慢慢接触到工件右侧，直到铣刀周刃轻微接触到工件右侧表面，即听到刀刃与工件的摩擦声但没有切屑。

（8）记录下此时机床相对坐标的 X 坐标值，如 120.020，或者机床机械坐标中的 X 坐标值，如 –215.650。

（9）根据前面记录的机床机械坐标中的 X 坐标值 –335.670 和 –215.650，可得工件坐标系原点在机床坐标系中的 X 坐标值为$(-335.670+(-215.650))/2=-275.660$；或者将铣刀沿 +Z 向退离至工件上表面之上，移动工作台和主轴，使机床相对坐标的 X 坐标值为 120.020 的 1/2，即 $120.020/2=60.01$，此时机床机械坐标中的 X 坐标值即为工件坐标系原点在机床坐标系中的 X 坐标值。

（10）同理可测得工件坐标系原点在机械坐标系中的 Y 坐标值。

2）寻边器对刀 寻边器主要用于确定工件坐标系原点在机床坐标系中的 X、Y 值，也可以测量工件的简单尺寸。寻边器有偏心式和光电式等类型，其中以光电式较为常用。光电式寻边器的测头一般为10mm的钢球，用弹簧拉紧在光电式寻边器的测杆上，碰到工件时可以退让，并将电路导通，发出光信号。

如图7-3（b）所示，寻边器对刀的操作步骤与试切对刀的操作步骤相似，只要将刀具换成寻边器即可。但要注意，使用光电式寻边器时，主轴可以不旋转，若旋转，转速应为低速（可取50～100r/min）；使用偏心式寻边器，主轴必须旋转，且主轴旋转不易过高（可取300～400r/min）。当寻边器与工件侧面的距离较小时，手摇脉冲发生器的倍率旋钮应选择×10或×1，且逐个脉冲地移动，当出现指示灯亮时，应停止移动。在退出时，应注意其移动方向，如果移动方向发生错误，会损坏寻边器，导致寻边器歪斜而无法继续准确使用。一般可以先沿+Z 移动退离工件，然后再做 X、Y 方向的移动。

3）心轴对刀 如图7-3（c）所示，心轴对刀的操作步骤与试切对刀的操作步骤相似，只要将刀具换成心轴即可。但要注意，对刀时主轴不旋转，必须配合块规或塞尺完成。当心轴与工件侧面的距离与块规或塞尺尺寸接近时，在心轴与工件侧面间放入块规或塞尺，在移动工作台和主轴的同时，来回移动块规或塞尺，当出现心轴与块规或塞尺接触时，应停止移动。

2. 工件坐标系原点（对刀点）为圆孔（或圆柱）时的对刀

工件坐标系原点（对刀点）为圆孔（或圆柱）时的对刀方法如图7-4所示。

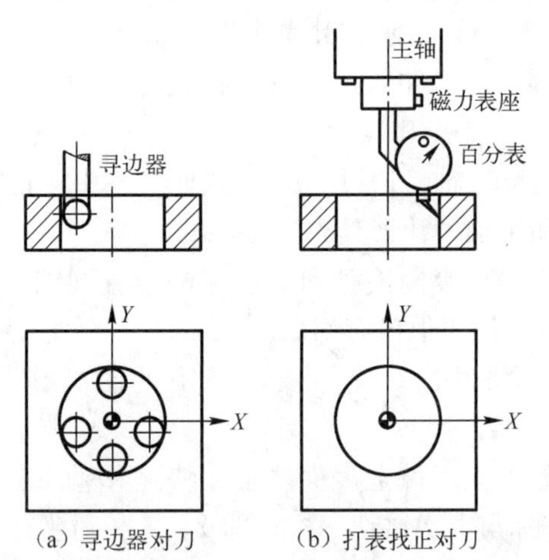

图7-4 工件坐标系原点（对刀点）为圆孔（或圆柱）时的对刀方法

1）寻边器对刀 如图7-4（a）所示，寻边器对刀的操作步骤如下所述。

（1）将所用寻边器装入机床主轴。

（2）依 X、Y、Z 的顺序快速移动工作台和主轴，将寻边器测头靠近被测孔，其大致位置在孔的中心上方。

（3）改用手轮操作，让寻边器下降至测头球心超过被测孔上表面的位置。

（4）沿 $+X$ 方向缓慢移动测头，直到测头接触到孔壁，指示灯亮，反向移动至指示灯灭。

（5）通过手摇脉冲发生器的倍率旋钮，逐级降低手轮倍率，移动测头至指示灯亮，再反向移动至指示灯灭，最后使指示灯稳定发亮。

（6）将机床相对坐标 *X* 置零。

（7）使用手轮操作将测头沿 -*X* 方向移向另一侧孔壁，直到测头接触到孔壁，指示灯亮，反向移动至指示灯灭。

（8）重复步骤（5）的操作，记录下此时机床相对坐标的 *X* 坐标值。

（9）将测头沿 +*X* 向移动至前一步记录的 *X* 相对坐标值的 1/2，此时机床机械坐标中的 *X* 坐标值即为被测孔中心在机床坐标系中的 *X* 坐标值。

（10）沿 *Y* 方向，同步骤（4）至步骤（9）的操作，可测得为被测孔中心在机床坐标系中的 *Y* 坐标值。

2）打表找正对刀　如图 7-4（b）所示，打表找正对刀的操作步骤如下所述。

（1）快速移动工作台和主轴，使机床主轴轴线大致与被测孔（或圆柱）的轴线重合（为方便调整，可在机床主轴上装入中心钻）。

（2）调整 *Z* 坐标（若机床主轴上有刀具，取下刀具），用磁力表座将杠杆百分表吸附在机床主轴端面。

（3）改用手轮操作，移动 *Z* 轴，使表头压住被测孔（或圆柱）壁。

（4）手动转动主轴，在 +*X* 与 -*X* 方向和 +*Y* 与 -*Y* 方向，分别读出表的差值，同时判断需移动的坐标方向，移动 *X*、*Y* 坐标为 +*X* 与 -*X* 方向和 +*Y* 与 -*Y* 方向各自表差值的 1/2。

（5）通过手摇脉冲发生器的倍率旋钮，逐级降低手轮倍率，重复步骤（4）的操作，使表头旋转一周时，其指针的跳动量在允许的对刀误差内。

（6）此时机床机械坐标中的 *X*、*Y* 坐标值即为被测孔（圆柱）中心在机床坐标系中的 *X*、*Y* 坐标值。

7.2.3.2　*Z* 向对刀实训

1. 工件坐标系原点 *Z* 的设定方法

工件坐标系原点 *Z* 的设定一般采用以下两种方法。

☺ 工件坐标系原点 *Z* 设定在工件与机床 *XY* 平面平行的平面上。采用此方法，必须选择一把刀具为基准刀具（通常选择加工 *Z* 轴方向尺寸要求比较高的刀具为基准刀具），基准刀具测量的工件坐标系原点 *Z*0 值输入到 G54 中的 *Z* 坐标，其他刀具根据与基准刀具的长度差值，通过刀具长度补偿的方法来设定编程时的工件坐标系原点 *Z*0，该长度补偿的方法一般称为相对长度补偿。

☺ 工件坐标系原点 *Z* 设定在机床坐标系的 *Z*0 处（设置 G54 等时，*Z* 后面为 0）。此方法没有基准刀具，每把刀具通过刀具长度补偿的方法来设定编程时的工件坐标系原点 *Z*0，该长度补偿的方法一般称为绝对长度补偿。

Z 向对刀时，通常使用 *Z* 轴设定器对刀、试切对刀和机外对刀仪对刀等。

2. *Z* 轴设定器对刀

Z 轴设定器主要用于确定工件坐标系原点在机床坐标系的 *Z* 轴坐标，或者说是确定刀

具在机床坐标系中的高度。

Z轴设定器有光电式和指针式等类型，通过光电指示或指针判断刀具与对刀器是否接触，对刀精度一般可达0.005mm。Z轴设定器带有磁性表座，可以牢固地附着在工件或夹具上，其高度一般为50mm或100mm。

Z轴设定器对刀如图7-5所示，其详细步骤如下所述。

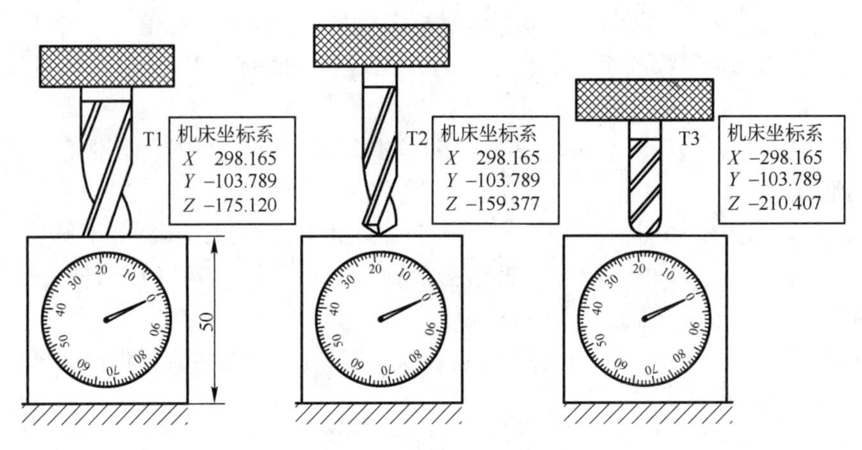

图7-5　Z轴设定器对刀

（1）将所用刀具T1装入主轴。

（2）将Z轴设定器放置在工件编程的Z0平面上。

（3）快速移动主轴，让刀具端面靠近Z轴设定器上表面。

（4）改用手动操作，让刀具端面慢慢接触到Z轴设定器上表面，使指针指到调整好的"0"位。

（5）记录下此时机床坐标系中的Z值，如－175.120。

（6）卸下刀具T1，将刀具T2装入主轴，重复步骤（3）和步骤（4）的操作，记录下此时机床坐标系中的Z值，如－159.377。

（7）卸下刀具T2，将刀具T3装入主轴，重复步骤（3）和步骤（4）的操作，记录下此时机床坐标系中的Z值，如－210.407。

（8）工件坐标系原点Z的计算见表7-2（T1为基准刀具，且长度补偿使用G43）。

表7-2　工件坐标系原点Z的计算

Z0设定方法	G54的值	T1长度补偿量	T2长度补偿量	T3长度补偿量
相对长度补偿	－175.120－50 ＝－225.120	0	－159.377－（－175.120） ＝15.743	－210.407－（－175.120） ＝－35.387
绝对长度补偿	0	－175.120－50 ＝－225.120	－159.377－50＝ －209.377	－210.407－50＝－260.407

3. 试切对刀

试切对刀的操作步骤与Z轴设定器对刀的操作步骤相似，只是将刀具直接试切工件编程的Z0平面上即可。

4. 机外对刀仪对刀

对刀仪的基本结构如图 7-6 所示。对刀仪平台 7 上装有刀柄夹持轴 2，用于安装被测刀具。通过快速移动单键按钮 4 和微调旋钮 5 或 6，可以调整刀柄夹持轴 2 在对刀仪平台 7 上的位置。当光源发射器 8 发光，将刀具刀刃放大投影到显示屏幕 1 上时，即可测得刀具在 X（径向尺寸）、Z（刀柄基准面到刀尖的长度）方向的尺寸。

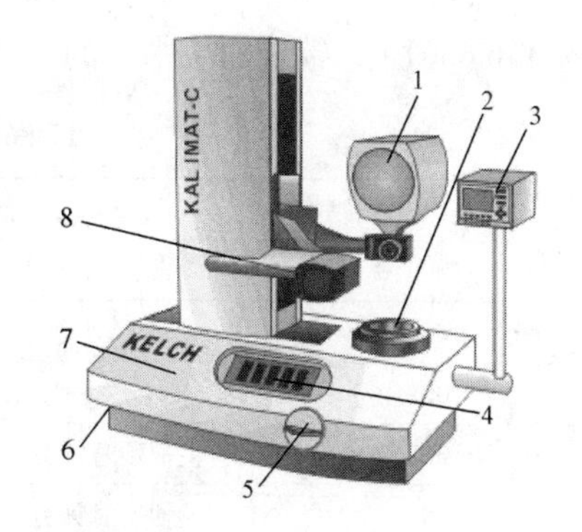

图 7-6　对刀仪的基本结构

1—显示屏幕；2—刀柄夹持轴；3—操作屏；4—快速移动单键按钮；5、6—微调旋钮；7—对刀仪平台；8—光源发射器

使用对刀仪对刀时，可以测量刀具的半径值与刀具长度补偿量。当测量刀具长度补偿量时，一般需要在机床上通过 Z 轴设定器对刀方法或试切对刀方法来设定基准刀具的长度量。为了方便说明，现仍使用 Z 轴设定器对刀时 T1 刀具的对刀值，且 T1 为基准刀具。其操作过程如下所述。

（1）将刀具 T1 的刀柄插入对刀仪上的刀柄夹持轴 2，并紧固。

（2）打开光源发射器 8，观察刀刃在显示屏幕 1 上的投影。

（3）通过快速移动单键按钮 4 和微调旋钮 5 或 6，可以调整刀刃在显示屏幕 1 上的投影位置，使刀具的刀尖对准显示屏幕 1 上的十字线中心的水平线。

（4）当使用相对长度补偿时，通过操作屏 3，将轴向尺寸修改为 0，当使用绝对长度补偿时，通过操作屏 3，将轴向尺寸修改为 -225.120。

（5）取出刀具 T1，将刀具 T2 的刀柄插入对刀仪上的刀柄夹持轴 2，同第（3）步操作，此时在操作屏 3 上显示的轴向尺寸即为该刀具的长度补偿量。

（6）同步骤（5），可测量其他刀具的长度补偿量。

【注意】 在对刀操作过程中需注意以下问题。

☺ 根据加工要求采用正确的对刀工具，控制对刀误差；

☺ 在对刀过程中，可以通过改变微调进给量来提高对刀精度；

☺ 对刀时需小心谨慎操作，尤其要注意移动方向，避免发生碰撞危险；

☺ 对刀数据一定要存入与程序对应的存储地址，防止因调用错误而产生严重后果。

7.3　基础指令、子程序及矩形槽实训

7.3.1　基础指令

1. M 功能指令

M 功能指令格式是用字母 M 及其后的数值来表示的。CNC 处理时向机床送出代码信号和选通信号，用于接通/断开机床的强电功能。一个程序段中，虽然最多可以指定 3 个 M 代

码（当3404号参数的第7位设为1时），但在实际使用时，通常一个程序段中只有一个M代码。M代码与功能之间的对应关系由机床制造商决定。

TH5650立式镗铣加工中心的主要M代码见表7-3。

表7-3　TH5650立式镗铣加工中心的主要M代码

代　码	功　能	代　码	功　能
M00	程序停止	M07	2号冷却液开
M01	计划停止	M08	1号冷却液开
M02	主程序结束	M09	冷却液关
M03	主轴顺时针方向（正转）	M19	主轴准停
M04	主轴逆时针方向（反转）	M30	主程序结束
M05	主轴停止	M98	调用子程序
M06	换刀	M99	子程序结束

2. 平面选择指令G17、G18、G19

平面选择指令G17、G18、G19用于指定程序段中刀具的插补平面和刀具半径补偿平面。G17用于选择*XY*平面；G18用于选择*ZX*平面；G19用于选择*YZ*平面。系统开机后默认G17指令生效。

3. 英制和公制输入指令G20、G21

G20表示英制输入，G21表示公制输入，机床一般设定为G21状态。G20和G21是两个可以互相代替的代码。使用时，根据零件图纸尺寸标注的单位，可以在程序开始使用该指令中的一个设定后面程序段坐标地址符后数据的单位。当电源开时，CNC的状态与电源关前一样。

4. 绝对值、增量值编程指令G90、G91

G90表示绝对值编程，此时刀具运动的位置坐标是从工件原点算起的。G91表示增量值编程，此时编程的坐标值表示刀具从所在点出发所移动的数值，正、负号表示从所在点移动的方向。

5. 进给速度单位设定指令G94、G95

G94表示进给速度，单位是mm/min（或in/min）。G95表示进给量，单位是mm/r（或in/r）。两者都是模态指令。对于加工中心机床，开机后默认G94指令生效。

进给速度、进给量用地址符F加上数字表示。当G94指令有效时，程序中出现F100表示进给速度为100mm/min；当G95指令有效时，程序中出现F1.5，表示进给量为1.5mm/r。

6. 主轴转速

主轴转速用地址符S加上数字表示，如主轴转速为1000r/min，则可写为S1000。编程时一般可与M03或M04配对使用。

7. 快速定位指令 G00

G00 指令为快速定位指令，使刀具以数控系统预先设定的最大进给速度快速移动到程序段所指定的下一个定位点。在准备功能中，G00 是最基本、最常用的指令之一。正确使用该指令是评定编制程序好坏的标准之一。

指令格式如下：

```
G00 X_Y_Z_
```

其中，(X，Y，Z) 为目标点坐标。

【说明】

☺ 不运动的坐标可以省略，省略的坐标轴不做任何运动。

☺ 若给出两个或三个坐标时，该指令控制坐标轴先以 1:1 的位移长度联动运行，然后再以某坐标轴方向未完成的要求位移值运行。

☺ 目标点的坐标值可以用绝对值，也可以用增量值。

☺ G00 功能起作用时，其移动速度为系统设定的最高速度，可以通过快速运动倍率按钮来调节。

8. 直线插补指令 G01

G01 指令为直线插补指令，可以使刀具以程序段所指定的进给速度移动到指定的坐标点。

指令格式如下：

```
G01 X_Y_Z_F_
```

其中，(X，Y，Z) 为目标点坐标；F 为进给速度。

9. 切削进给速度控制指令 G09、G61、G62、G63 和 G64

切削进给速度的控制见表 7-4。

表 7-4　切削进给速度控制

G 代码	功　能　名	G 代码的有效性	说　　明
G09	准确停止	该功能只对指定的程序段有效	刀具在程序段的终点减速，执行到位检查，然后执行下一个程序段
G61	停止方式	一旦指定，直到指定 G62、G63 或 G64 前，该功能一直有效	刀具在程序段的终点减速，执行到位检查，然后执行下一个程序段
G64	切削方式	一旦指定，直到指定 G61、G62 或 G63 前，该功能一直有效	刀具在程序段的终点不减速，而执行下一个程序段
G63	攻丝方式	一旦指定，直到指定 G61、G62 或 G64 前，该功能一直有效	刀具在程序段的终点不减速，而执行下一个程序段。当指定 G63 时，进给速度倍率和进给暂停均无效
G62	内拐角自动倍率	一旦指定，直到指定 G61、G63 或 G64 前，该功能一直有效	在刀具半径补偿期间，当刀具沿着内拐角移动时，对切削进给速度实施倍率可以减小单位时间内的切削量，因此可以加工出好的表面精度

10. 暂停指令 G04

G04 指令可使刀具暂时停止进给，经过指定的暂停时间，再继续执行下一个程序段。另外，在切削方式（G64 方式）中，为了进行准确停止检查，可以指定停刀。当 P 或 X 都不指定时，执行准确停止。

指令格式如下：

G04 X_ 或 G04 P_

字符 X 或 P 用于表示不同的暂停时间表达方式。其中，字符 X 后可以是带小数点的数值，单位为 s；字符 P 后不允许用小数点输入，只能用整数，单位为 ms。

11. 自动返回参考点 G28

指令格式如下：

G28 X_Y_Z_

其中，(X，Y，Z) 为指定的中间点位置。

【说明】

☺ 执行 G28 指令时，各轴先以 G00 的速度快速移动到程序指令的中间点位置，然后自动返回参考点，如图 7-7 所示。

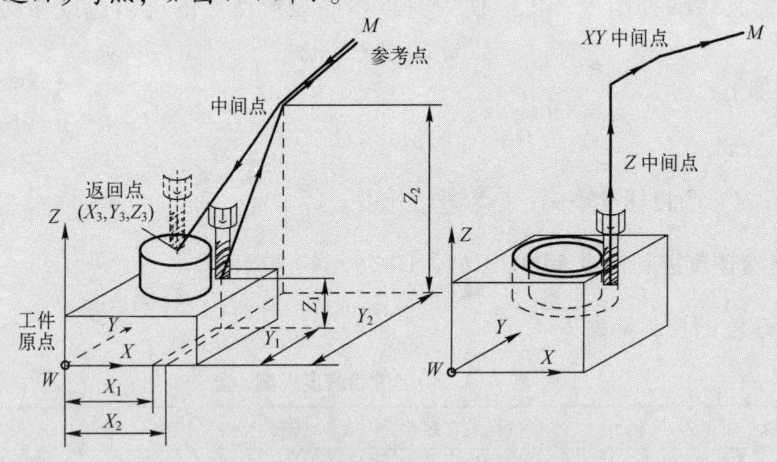

图 7-7　G28 与 G29 指令运动示意图

☺ 在使用上，经常将 *XY* 和 *Z* 分开来用。先用 G28 Z_提刀并回 *Z* 轴参考点位置，然后再用 G28 X_Y_回到 *XY* 方向的参考点。

☺ 在 G90 指令有效时，指定在工件坐标系中的坐标；在 G91 指令有效时，指定相对于起点的位移量。

☺ 执行 G28 指令前，要求机床在通电后必须（手动）返回过一次参考点。

☺ 为了安全，在执行该指令前，应该清除刀具半径补偿和刀具长度补偿。

☺ 中间点的坐标值存储在 CNC 中。

☺ G28 为非模态指令。

12. 自动从参考点返回 G29

指令格式如下：

G29 X_Y_Z_

其中，（X，Y，Z）为指定从参考点返回的目标点位置。

【说明】

☺ 在一般情况下，在执行 G28 指令后，应立即执行从参考点返回指令。

☺ 各轴先以 G00 指令指定的速度快速移动到 G28 指令指定的中间点位置，然后运动到 G29 指令指定的目标点位置。

☺ 对增量值编程，指令值指定离开中间点的增量值。

☺ 当由 G28 指令使得刀具经中间点到达参考点后，工件坐标系改变时，中间点的坐标值也变为新坐标系中的坐标值。此时若执行 G29 指令，则刀具经新坐标系的中间点移动到指令位置。

☺ G29 为非模态指令。

7.3.2　子程序 M98、M99

M98 指令用于调用子程序，格式如下：

M98　P×××（重复调用次数）　××××（子程序号）

M99 指令出现在子程序的结尾，用做子程序结束标志，子程序格式如下：

O××××（子程序号）
⋮
M99

【说明】

☺ 字符 P 后的子程序被重复调用的次数，最多为 999 次，当不指定重复次数时，子程序只调用一次。

☺ M99 指令为子程序结束标志，并返回主程序。

☺ 被调用的子程序也可以调用另一个子程序。当主程序调用子程序时，它被认为是一级子程序。

☺ 在 M98 程序段中，不得有其他指令出现。

7.3.3　矩形槽实训

如图 7-8 所示，已知毛坯尺寸为 150mm×120mm×32mm，材料为 45# 钢，要求编制数控加工程序并完成零件的加工。

1. 加工方案的确定

根据毛坯的尺寸，上表面有 2mm 裕量，粗糙度要求 *R*a1.6，选择粗铣→精铣加工，精铣裕量为 0.5mm。矩形槽宽度为 12mm，加工时选用 ϕ12 的立铣刀，按刀具中心线编程，由刀具保证槽宽。

2. 编程零点及装夹方案的确定

编程零点如图7-8所示。装夹方案采用平口钳进行装夹，以底面及尺寸150对应的一个侧面定位，此时固定钳口要保证与机床X坐标平行。

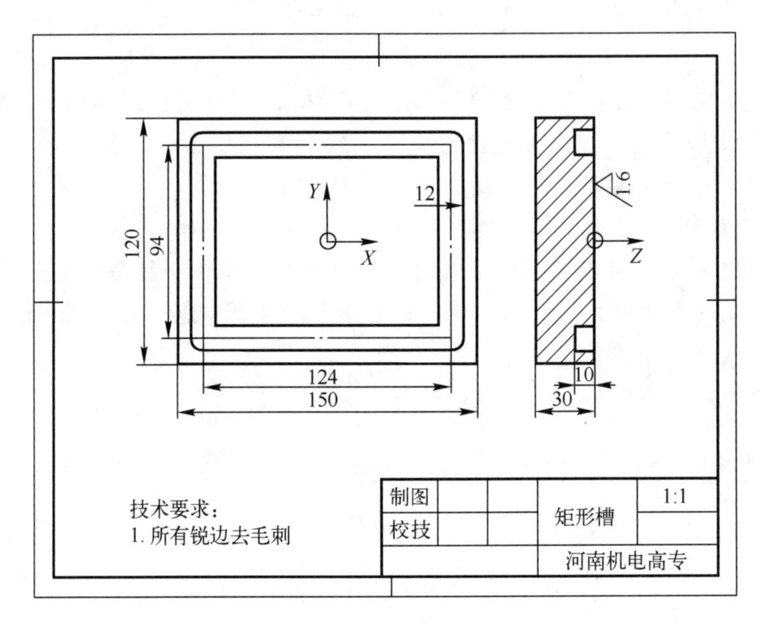

图7-8 矩形槽实训

3. 加工刀具的选择

上表面铣削选用某公司高速八角面铣刀，规格为SKM—63，刃数为5，选配刀片规格为ODMT040408EN—41，该刀片底材为超硬合金，表面有TiAIN镀层，可在干式切削场合使用；矩形槽铣削选用ϕ12高速钢立铣刀。

4. 进给路线的确定

上表面与矩形槽的铣削在深度上都需要分层加工，每层进给路线可以一样，此时可以通过子程序编程来简化程序。铣削上表面进给路线如图7-9所示，铣削矩形槽进给路线如图7-10所示。由于立铣刀不能直接沿$-Z$方向切削，因此在铣削矩形槽时选用了斜线下刀切入方式。

5. 切削参数的确定

查刀具样本可知，面铣刀刀片加工合金钢时，推荐切削速度$v_c=150\sim300$m/min，每刃进给$f_z=0.08\sim0.35$mm/rev，切深$A_p=1\sim2$mm。高速钢立铣刀推荐切削速度$v_c=12\sim36$m/min，每刃进给$f_z=0.1\sim0.15$mm/rev。

对于切削参数的确定，在刚使用时可以按照推荐范围的中间值选取，加工时通过数控机床手动操作面板上的主轴和进给倍率开关调整。

接下来选取切削速度和进给量，面铣粗加工切削速度$v_c=150$m/min，每刃进给$f_z=$

0.2mm/rev，切深 $A_p=1.5$mm；精加工切削速度 $v_c=200$m/min，每刃进给 $f_z=0.15$mm/rev，切深 $A_p=0.5$mm；立铣刀切削速度 $v_c=20$m/min，每刃进给 $f_z=0.1$mm/rev，切深 $A_p=2$mm。然后算出主轴转速和进给速度，见表7-5。

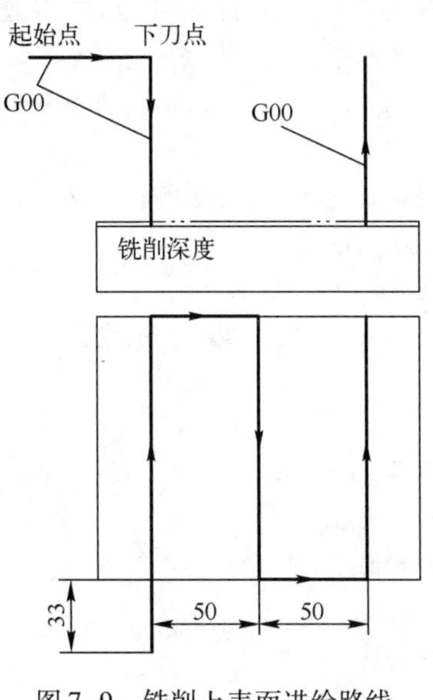

图7-9　铣削上表面进给路线

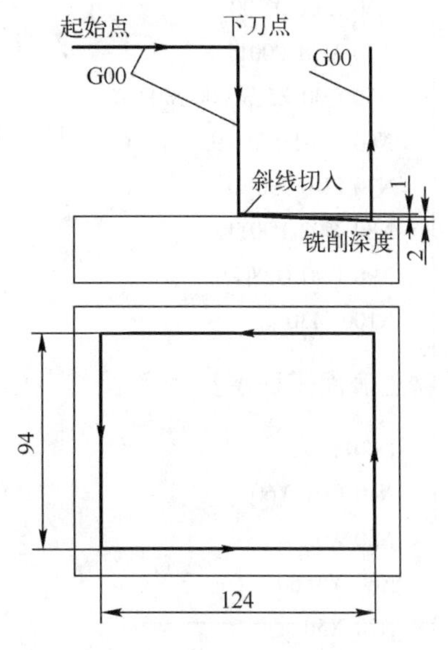

图7-10　铣削矩形槽进给路线

6. 完成加工工序卡片

根据上述分析，填写表7-5中的矩形槽数控加工工序卡片。

表7-5　矩形槽数控加工工序卡

工序号		程序编号		夹具名称	使用设备	车间	
		O0010～O0013		平口钳	XH5650		
工步号	工步内容	刀具号	刀具规格	主轴转速/(r/min)	进给速度/(mm/min)	背吃刀量/mm	备注
1	粗铣上表面	T01	ϕ63	700	700	1.5	
2	精铣上表面	T01	ϕ63	1000	750	0.5	
3	铣矩形槽	T02	ϕ12	500	150	2	

7. 编写数控加工程序

为了调试程序方便，将铣削上表面程序与铣削矩形槽程序分开编写。铣削上表面程序使用工件坐标系设定指令G54，铣削矩形槽程序使用工件坐标系设定指令G55，G54与G55中的X、Y值一样。

【铣削上表面主程序】

O0010	程序号
N05 G94 G21 G17	编程尺寸与进给速度设定，坐标平面选择（系统开机默认）

N10 T1 M6	将1号刀交换到主轴
N20 G00 G54 G90 X－50 Y－93 S700 M03	建立工件坐标，绝对坐标快速定位到下刀点，同时启动主轴正转
N30 Z0.5 F700	快速定位到粗铣削高度，粗铣进给速度
N40 M98 P0011	调用子程序
N50 G00 Z5 S1000 M03	快速抬刀，离开工件上表面，精铣转速，主轴正转
N60 X－50 Y－93	快速定位到精铣削下刀点
N70 Z0 F750	快速定位到精铣削高度，精铣进给速度
N80 M98 P0011	调用子程序
N90 G90 G28 Z0	Z坐标返回参考零点
N100 M30	主程序结束，返回程序起始位置

【铣上表面子程序】

O0011	程序号
N40 G01 Y60	直线切削
N50 X0	直线切削
N60 Y－60	直线切削
N70 X50	直线切削
N80 Y60	直线切削
N100 M99	子程序结束

【铣削矩形槽主程序】

O0012	程序号
N10 T2 M6	将2号刀交换到主轴
N20 G00 G55 G90 X0 Y－47 S500 M03	建立工件坐标，绝对坐标快速定位到下刀点，同时启动主轴正转
N30 Z15	快速下刀
N80 M98 P50013	调用子程序，调用5次
N90 G90 G28 Z0	Z坐标返回参考零点
N100 M30	主程序结束，返回程序起始位置

【铣削矩形槽子程序】

O0013	程序号
N20 G00 G90 X0 Y－47	快速定位到下刀点，保证每层下刀点相同
N30 G91 Z－14	相对坐标，快速下刀到每层切入斜线起点
N40 G01 X62 Z－3 F50	斜线切入到每层铣削深度
N50 G90 Y47 F150	直线切削
N60 X－62	直线切削
N70 Y－47	直线切削
N80 X62	直线切削
N90 G00 G91 Z15	快速抬刀，为下一层铣削快速定位到下刀点做准备
N100 M99	子程序结束

7.4　圆弧插补及圆弧槽实训

7.4.1　圆弧插补指令 G02、G03

用 G02、G03 指令指定圆弧进给，其中 G02 为顺时针方向，G03 为逆时针方向。圆弧插补指令格式见表 7-6。

表 7-6　圆弧插补指令格式

平　　面	格　　式
XY 平面	$G17\begin{Bmatrix}G02\\G03\end{Bmatrix}X\_Y\_\begin{Bmatrix}I\_J\_\\R\_\end{Bmatrix}F\_$
ZX 平面	$G18\begin{Bmatrix}G02\\G03\end{Bmatrix}X\_Z\_\begin{Bmatrix}I\_K\_\\R\_\end{Bmatrix}F\_$
YZ 平面	$G19\begin{Bmatrix}G02\\G03\end{Bmatrix}Y\_Z\_\begin{Bmatrix}J\_K\_\\R\_\end{Bmatrix}F\_$

（1）使用圆弧插补指令首先要确定圆弧所在的平面，如图 7-11 所示，G17 表示插补平面为 *XY* 两轴所形成的平面，G18 为 *XZ* 平面，G19 为 *YZ* 平面。

（2）顺、逆时针的判断如图 7-11 所示，当从非插补轴的正方向向负方向看时，刀具沿顺时针方向运动为 G02，反之为 G03。

（3）（X，Y，Z）为圆弧终点坐标值，可以在 G90 指令下用绝对坐标，也可以在 G91 指令下用增量坐标。在增量方式下，圆弧终点坐标是相对于圆弧起点的增量值。

（4）（I，J，K）表示圆弧圆心的坐标，它是圆心相对圆弧起点在 *X*、*Y*、*Z* 轴方向上的增量值，也可以理解为圆弧起点到圆心的矢量（矢量方向指向圆心）在 *X*、*Y*、*Z* 轴上的投影，与 G90 或 G91 无关。（I，J，K）为零时可以省略。

（5）*R* 是圆弧半径。在已知圆弧的起点和终点的情况下，用半径编程，按几何作图会出现两段圆弧，当圆弧始点到终点所移动的角度不大于 180°时，半径 *R* 用正值表示；当从圆弧始点到终点所移动的角度超过 180°时，半径 *R* 用负值表示；正好为 180°时，正负均可。

（6）还应注意，整圆编程时不可以使用 *R*，只能用（I，J，K）。

（7）*F* 为沿圆弧切向的进给速度。

1. 案例 1

如图 7-12 所示，刀具起始点为 *A* 点，加工路线为 *A*－*B*－*C*－*A*。

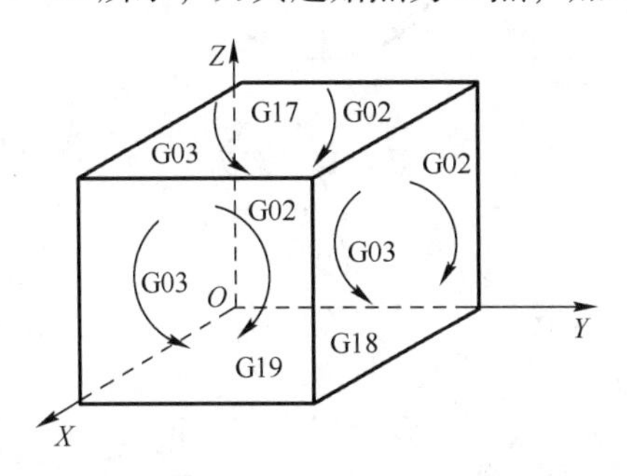

图 7-11　插补平面及顺、逆时针的判断

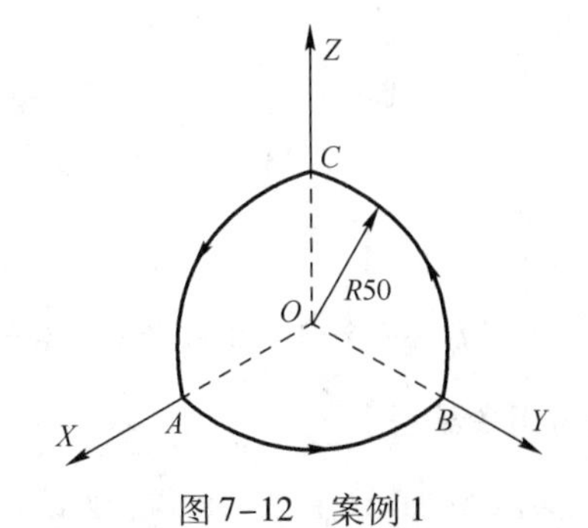

图 7-12　案例 1

【半径 R 编程】

G17 G91 G03 X－50 Y50 R50 F70
G19 G03 Y－50 Z50 R50
G18 G03 X50 Z－50 R50

【I、J、K 编程】

G17 G90 G03 X0 Y50 I－50 J0 F70
G19 G03 Y0 Z50 J－50 K0
G18 G03 X50 Z0 I0 K－50

2. 案例2

如图7–13所示，刀具起始点为 *A* 点，每段圆弧可用4个程序段表示。

【大圆弧 $\overset{\frown}{AB}$ 编程】

G17 G90 G03 X0 Y25 R－25 F80
G17 G90 G03 X0 Y25 I0 J25 F80
G91 G03 X－25 Y25 R－25 F80
G91 G03 X－25 Y25 I0 J25 F80

【小圆弧 $\overset{\frown}{AB}$ 编程】

G17 G90 G03 X0 Y25 R25 F80
G17 G90 G03 X0 Y25 I－25 J0 F80
G91 G03 X－25 Y25 R25 F80
G91 G03 X－25 Y25 I－25 J0 F80

3. 案例3

如图7–14所示，刀具起始点为 *A* 点，加工整圆。

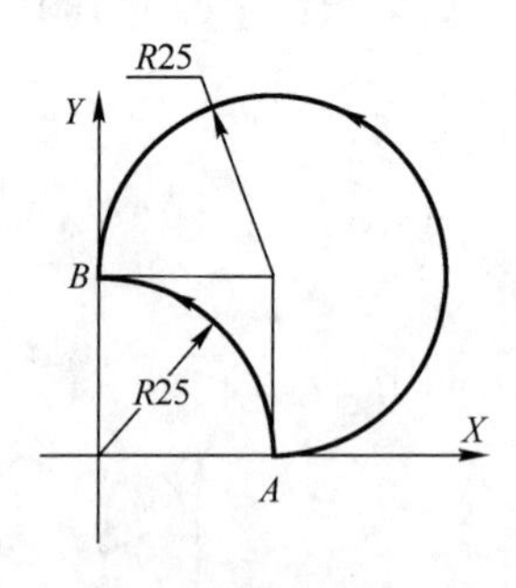

图7–13 案例2

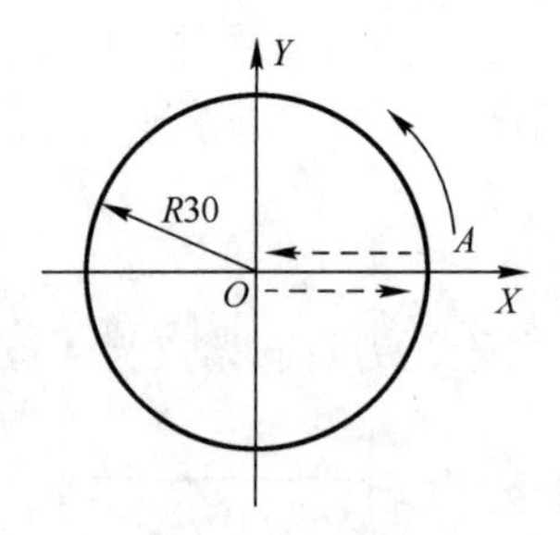

图7–14 案例3

【绝对指令编程】

G90 G03 X30 Y0 I－30 J0 F80（或 G03 I－30 F80）

【相对指令编程】

G91 G03 X0 Y0 I－30 F80（或 G03 I－30 F80）

7.4.2　用G02、G03指令实现空间螺旋线进给

在原G02、G03指令格式程序段后部再增加一个与加工平面相垂直的第3轴移动指令，这样在进行圆弧进给的同时还进行第3轴方向的进给，其合成轨迹就是一个空间螺旋线。其格式如下：

```
G17　G02(G03)X_ Y_ R_ Z_ F_
G18　G02(G03)X_ Z_ R_ Y_ F_
G19　G02(G03)Y_ Z_ R_ X_ F_
```

其中，第3轴坐标是与选定平面垂直的轴终点，另外两个坐标为在选定平面内投影圆弧的终点。

例如，对于如图7-15所示的螺旋线，其程序如下：

```
G91 G17 G03 X-30.0 Y30.0 R 30.0 Z10.0 F60
```

或

```
G90 G17 G03 X0 Y 30.0 R 30.0 Z 10.0 F60
```

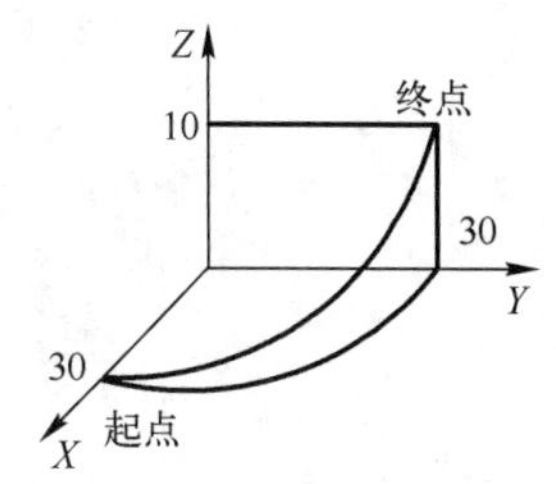

图7-15　螺旋线进给

7.4.3　圆弧槽实训

如图7-16所示，毛坯为上节矩形槽铣削后形状与尺寸，要求编制数控加工程序并完成零件的加工。

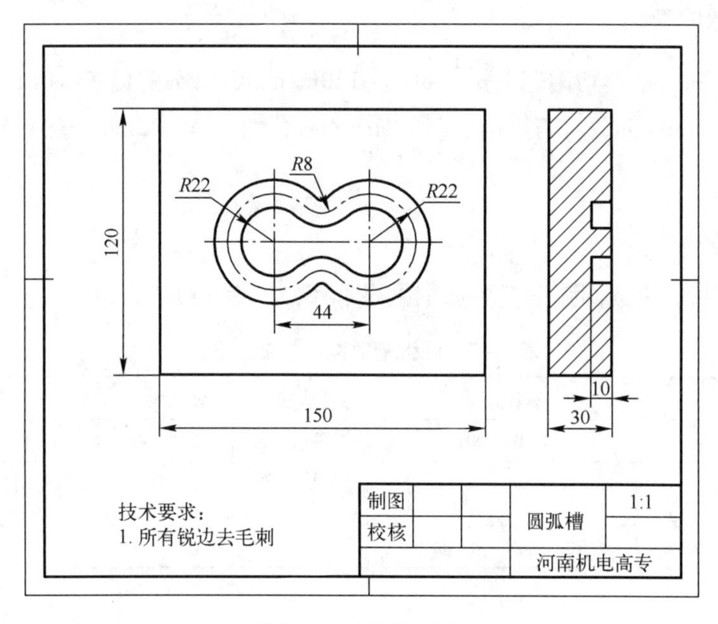

图7-16　圆弧槽实训

1. 工艺分析

圆弧槽宽度为12mm，加工时选用$\phi 12$的硬质合金立铣刀，按刀具中心线编程，由刀具保证槽宽。编程原点及装夹方案同矩形槽铣削。

2. 数学处理

在加工坐标系中，其中中线圆弧间相切的一个点坐标为（5.867，14.957），根据图形的对称性可得出其余相切点的坐标值。

3. 进给路线的确定

在深度上需分层加工，每层进给路线取一样，利用子程序编程。铣削圆弧槽进给路线如图7-17所示，由于立铣刀不能直接沿 $-Z$ 方向切削，选用了螺旋下刀切入方式。

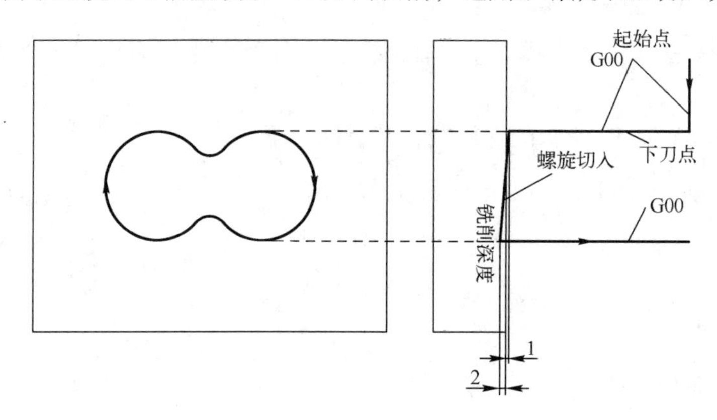

图7-17　铣削圆弧槽进给路线

4. 切削参数的确定

硬质合金立铣刀推荐切削速度 $v_c = 80 \sim 120$m/min，每刃进给 $f_z = 0.1 \sim 0.15$mm/rev。取切削速度 $v_c = 80$m/min，每刃进给 $f_z = 0.1$mm/rev，切深 $A_p = 2$mm。然后算出主轴转速和进给速度，见表7-7。

5. 完成加工工序卡片

根据上述分析，完成圆弧槽数控加工工序卡片，见表7-7。

表7-7　圆弧槽数控加工工序卡片

工　序　号		程序编号		夹具名称	使用设备	车　　间	
		O0014－0015		平口钳	XH5650		
工步号	工步内容	刀具号	刀具规格	主轴转速/(r/min)	进给速度/(mm/min)	背吃刀量/mm	备注
1	铣圆弧槽	T03	ϕ12	2200	650	2	

6. 编写数控加工程序

利用圆弧槽加工程序自动加工后，要求将圆弧槽与矩形槽之间的材料加工掉。使用T03刀具，切削参数同圆弧槽铣削，第一层加工利用手动操作排料，每加工一步，利用系统显示的坐标，将排料子程序编出。第一层加工完后，编出排料程序，后面的排料则利用程序自动加工。圆弧槽加工程序如下所述。

【铣削圆弧槽主程序】

O0014	程序号
N10 T3 M6	将 3 号刀交换到主轴
N20 G00 G54 G90 X22 Y22 S2200 M03	建立工件坐标，绝对坐标快速定位到下刀点，同时启动主轴正转
N30 Z15	快速下刀
N40 M98 P50015	调用子程序，调用 5 次
N50 G90 G28 Z0	Z 坐标返回参考零点
N60 M30	主程序结束，返回程序起始位置

【铣削圆弧槽子程序】

O0015	程序号
N20 G00 G90 X22 Y22	快速定位到下刀点
N30 G91 Z－14	相对坐标，快速下刀到每层切入斜线起点
N40 G02 X0 Y－44 R22 Z－3　F50	螺旋切入到每层铣削深度
N50 G90 G02 X5.867 Y－14.957 R22 F650	圆弧切削
N60 G03 X－5.867 Y－14.957 R8	圆弧切削
N80 G02 Y14.957 I－16.133 J14.957	圆弧切削
N90 G03 X5.867 Y14.957 R8	圆弧切削
N100 G02 X22 Y－22 I16.133 J－14.957	圆弧切削
N110 G00 G91 Z15	快速抬刀，为下一层铣削快速定位到下刀点作准备
N120 M99	子程序结束

7.5　刀具半径补偿及轮廓实训

7.5.1　刀具半径补偿

在铣削轮廓时，由于刀具半径的存在，会导致刀具中心轨迹与工件轮廓不重合。人工计算刀具中心轨迹编程，计算相当复杂，且刀具直径发生变化时，必须重新计算并修改程序。当数控系统具备刀具半径补偿功能时，数控编程只需按工件轮廓进行，数控系统自动计算刀具中心轨迹，使刀具偏离工件轮廓一个半径值，即进行刀具半径补偿。这样更换刀具或刀具破损后，只需改变刀具半径补偿值，仍可用原来的程序进行加工。补偿量可以在补偿量存储器中设定，地址为 D。

1. 刀具半径补偿指令

刀具半径补偿指令的格式如下：

G01/G00 G41/G42 α_β_F_

【说明】

☺ G41指令为刀具左侧补偿，G42指令为刀具右侧补偿。如图7-18所示，根据刀具走刀的方向，当刀具在轮廓的左侧时为左侧补偿，当刀具在轮廓的右侧时为右侧补偿。

☺ 执行刀具半径补偿指令G41/G42时，事先一定要将刀具半径值存入参数表中，补偿只能在所选定的插补平面内（G17、G18、G19）进行。

☺ 刀具半径补偿指令G41/G42编写在G01/G00程序段中，不能写在G02/G03程序段中。

☺ 刀具半径补偿用D代码来指定偏置量，D代码是模态值，一经指定后长期有效，必须由另一个D代码来取代，或者使用G40或D00来取消（D00中的偏置量永远为0）。

☺ D代码的数据有正负符号，在G41/G42方式中，其关系见表7-8。

表7-8　D代码的数据正负符号关系

	+	−
G41	往前进左方偏置	往前进右方偏置
G42	往前进右方偏置	往前进左方偏置

由此可见，由于D代码数据正负符号的变化，G41与G42的功能可以互换。

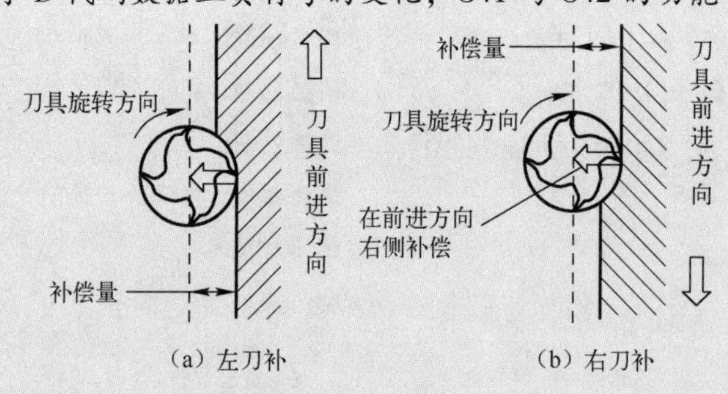

图7-18　刀具补偿方向

☺ 在更换刀具时，应取消原来的偏置量。如果在原偏置状态下改变偏置量，会得到错误的轨迹。

☺ 加工小于刀具偏置量的内角，或者小于刀具偏置量的沟槽，要产生过切，连续进给时在发生过切的程序段刚开始处会停止，数控装置同时报警。如果运行单程序段，则在过切发生处报警。

2. 取消刀具半径补偿指令

取消刀具半径补偿指令的格式如下：

G01/G00　G40 α_ β_ F_

【说明】

☺ 系统刚上电时，半径补偿均处于取消状态。

☺ 一个程序中，在程序结束前，必须用 G40 指令来取消刀具半径补偿方式，否则在程序结束后，刀具将偏离编程终点一个向量值的距离。

☺ 当执行偏置取消时，圆弧指令（G02 和 G03）无效。如果指定圆弧指令，将会产生 P/S 报警（No. 034），并且刀具停止移动。

3. 刀具半径补偿的使用过程

刀具半径补偿的使用过程如图 7-19 所示。为保证刀具从无刀具半径补偿运动到所希望的刀具半径补偿开始点，应提前建立刀具半径补偿。与建立刀补类似，在最后一段刀补轨迹加工完成后，应走一段直线后再撤销刀补。该过程分为如下 3 步。

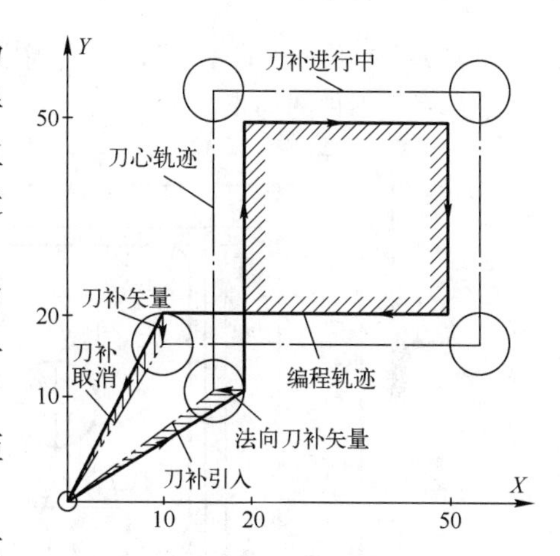

图 7-19　刀具半径补偿的使用过程

（1）刀补的建立：刀具从起点接近工件时，刀心轨迹从与编程轨迹重合过渡到与编程轨迹偏离一个偏置量的过程。

（2）刀补进行：刀具中心始终与编程轨迹相距一个偏置量，直到刀补取消。

（3）刀补取消：刀具离开工件，刀心轨迹要过渡到与编程轨迹重合的过程。

使用 G41 或 G42 指令，当刀具接近工件轮廓时，数控装置认为是从刀具中心坐标转变为刀具外圆与轮廓相切点为坐标值。而使用 G40 指令使刀具退出时则相反。在刀具引进工件和退出工件时，要注意上述特点，防止刀具与工件干涉而过切或碰撞。

4. 刀具半径补偿的其他用途

如果人为地让刀具中心与工件轮廓相距不是一个刀具半径，则可以用来处理粗、精加工问题。对于刀具补偿值的输入，在粗加工时输入刀具半径加精加工裕量，而精加工时只输入刀具半径，这样粗、精加工就可以使用同一程序。

7.5.2　用程序输入补偿值指令 G10

H 的几何补偿值编程格式：

```
G10 L10 P_ R_
```

H 的磨损补偿值编程格式：

```
G10 L11 P_ R_
```

D 的几何补偿值编程格式：

```
G10 L12 P_ R_
```

D 的磨损补偿值编程格式：

```
G10 L13 P_ R_
```

【说明】

☺ P为刀具补偿号，对应在程序中使用H或D地址指定的代码。

☺ R为刀具补偿量，是使用绝对值指令（G90）方式时的刀具补偿值。使用增量值指令（G91）方式时的刀具补偿值为该值与指定的刀具补偿号的值相加之和。

7.5.3 轮廓实训

如图7-20所示，毛坯为7.4.3节中圆弧槽铣削且排料后形状与尺寸，要求编制数控加工程序并完成零件的加工。

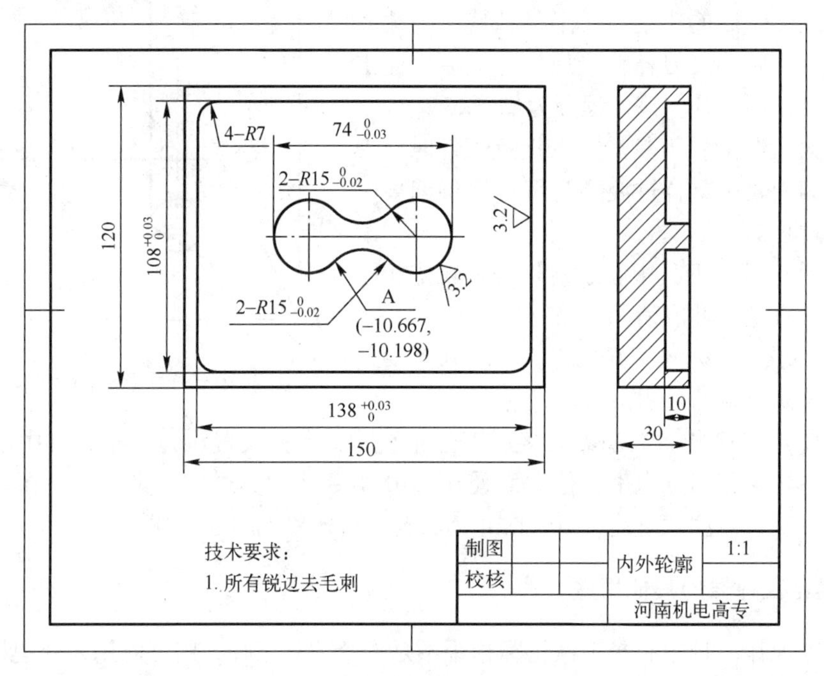

图7-20 轮廓实训

1. 工艺分析

如图7-20所示的零件外轮廓由4条直线及过渡圆弧组成，过渡凹圆弧 *R*7 的内轮廓由4条圆弧相切组成。组成轮廓的各几何元素关系清楚，条件充分。尺寸精度较高，粗糙度要求 *R*a3.2，选择粗铣→精铣加工，精铣裕量为0.2mm。材料为45#钢，切削工艺性较好。

加工时选用 $\phi12$ 的硬质合金立铣刀，按轮廓线编程。编程原点及装夹方案同矩形槽铣削。

2. 进给路线的确定

内轮廓与外轮廓铣削时，在 *X*、*Y* 方向的裕量均为1mm，每个轮廓选择在整个深度上粗铣→精铣两次加工完成，采用顺铣方式，粗铣→精铣两次进给路线取一样，使用圆弧切向切入切出，切入点选择在坐标计算方便的位置。内外轮廓铣削进给路线如图7-21所示。

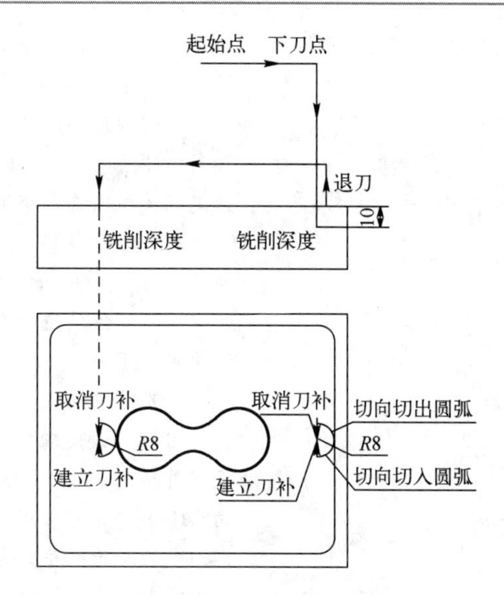

图 7-21　轮廓铣削进给路线

3. 切削参数的确定

硬质合金立铣刀推荐切削速度 $v_c=80\sim120$m/min，每刃进给 $f_z=0.1\sim0.15$mm/rev。切削速度取 $v_c=80$m/min，每刃进给取 $f_z=0.1$mm/rev，切深取 $A_p=10$mm。然后算出主轴转速和进给速度。

4. 完成加工工序卡片

根据上述分析，完成圆弧槽数控加工工序卡片，见表 7-9。

表 7-9　圆弧槽数控加工工序卡片

工　序　号		程序编号		夹具名称	使用设备	车　　间	
		O0015 - 0017		平口钳	XH5650		
工步号	工步内容	刀具号	刀具规格	主轴转速 /(r/min)	进给速度 /(mm/min)	背吃刀量/mm	备注
1	粗、精铣内/外轮廓	T03	ϕ12	2200	650	2	

5. 编写数控加工程序

编写内/外轮廓粗精铣程序时，使用刀具半径补偿，按轮廓编程。利用子程序，将刀具半径补偿与取消刀补程序段编入子程序，调用子程序前指定刀补值，内轮廓刀补值由刀补地址给定，外轮廓的利用 G10 指令指定。粗铣刀补值取 6.2，精铣刀补值的确定要根据实际加工而定。

给出的程序比较适合批量加工，实训时可以在主程序中调用内/外轮廓子程序一次，粗加工后，通过测量实际尺寸去修改刀补值，重新运行程序实现精加工，这样调试程序比较方便一些。

【内/外轮廓主程序】

```
O0015              程序号
N10 T3 M6          将3号刀交换到主轴
```

```
N20 G00 G54 G90 X61 Y0 S2200 M03      快速定位到铣内轮廓下刀点，同时起动主轴正转
N30 G00 Z-8                           快速定位下刀
N40 G01 Z-10 F100 D01                 直线下刀到铣削深度，设定粗铣内轮廓刀补值
N50 M98 P0016                         调用内轮廓子程序，粗铣内轮廓
N60 D02                               设定精铣内轮廓刀补值
N70 M98 P0016                         调用内轮廓子程序，精铣内轮廓
N80 G00 Z5                            快速抬刀，为铣外轮廓定位下刀点作准备
N90 X-45 Y0                           快速定位到铣外轮廓下刀点
N100 G00 Z-8                          快速定位下刀
N110 G01 Z-10 F100                    直线下刀到铣削深度
N120 G10 L12 P03 R6.2                 由G10指令设定粗铣外轮廓刀补值
N120 M98 P0017                        调用外轮廓子程序，粗铣外轮廓
N130 G10 L12 P03 R6                   由G10指令设定精铣外轮廓刀补值（理论值）
N140 M98 P0017                        调用外轮廓子程序，精铣外轮廓
N150 G90 G28 Z0                       Z坐标返回参考零点
N160 M30                              主程序结束
```

【内轮廓子程序】

```
O0016                                 程序号
N10 G00 G41 Y-8                       建立刀补
N20 G03 X69 Y0 R8 F650                圆弧切向切入
N30 G01 Y47                           直线切削
N40 G03 X62 Y54 R7                    圆弧切削
N50 G01 X-62                          直线切削
N60 G03 X-69 Y47 R7                   圆弧切削
N70 G01 Y-47                          直线切削
N80 G03 X-62 Y-54 R7                  圆弧切削
N90 G01 X62                           直线切削
N100 G03 X69 Y-47 R7                  圆弧切削
N110 G01 Y0                           直线切削
N120 G03 X61 Y8 R8                    圆弧切向切出
N130 G00 G40 Y0                       取消刀补
N140 M99                              子程序结束
```

【外轮廓子程序】

```
O0017                                 程序号
N10 G00 G41 Y-8 D03                   建立刀补
N20 G03 X-37 Y0 R8 F650               圆弧切向切入
N30 G02 X-10.667 Y10.198 R15 F650     圆弧切削
N40 G03 X10.667 R15                   圆弧切削
N50 G02 Y-10.198 R-15                 圆弧切削
N60 G03 X-10.667 R15                  圆弧切削
N70 G02 X-37 Y0 R15                   圆弧切削
N80 G03 X-45 Y8 R8                    圆弧切向切出
```

N90 G00 G40 Y0	取消刀补
N100 M99	子程序结束

7.6　刀具长度补偿、钻孔循环及实训

7.6.1　刀具长度补偿

刀具长度补偿功能用于 Z 轴方向的刀具补偿，它可以使刀具在 Z 轴方向的实际位移量大于或小于程序给定值。

有了刀具长度补偿功能，可以在不知道刀具长度的情况下，按假定的标准刀具长度编程，即编程不必考虑刀具的长度，实际用刀长度与标准刀长不同时，可用长度补偿功能进行补偿。同样，当加工中刀具因磨损、重磨、换新刀而使长度发生变化时，也不必修改程序中的坐标值，只要修改刀具参数库中的长度补偿值即可。

另外，若加工一个零件需用多个刀具，各刀的长短不一，编程时也不必考虑刀具长短对坐标值的影响，只要把其中一把刀设为标准刀，其余各个刀具相对标准刀设置长度补偿值即可。

G43 指令用于建立刀具长度正补偿；G44 指令用于建立刀具长度负补偿；G49 指令用于取消刀具长度补偿，其格式如下：

```
G43    Z_ H_
G44    Z_H_
G49    Z_
```

【说明】

☺ Z 为补偿轴的终点坐标，H 为长度补偿偏置号。

☺ 当指定 G43 时，用 H 代码指定的刀具长度偏置值（存储在偏置存储器中）加到在程序中由指令指定的终点位置坐标值上。当指定 G44 时，从终点位置减去补偿值。补偿后的坐标值表示补偿后的终点位置，而不管选择的是绝对值还是增量值。

☺ 如果不指定轴的移动，系统假定指定了不引起移动的移动指令。当用 G43 对刀具长度偏置指定一个正值时，刀具按照正向移动。当用 G44 指定正值时，刀具按照负向移动；当指定负值时，刀具在相反方向移动。

☺ G43 和 G44 为模态指令，机床通电后，其自然状态为取消长度补偿。

7.6.2　固定循环

1. 固定循环指令分类

【钻孔类】一般钻孔与钻深孔（L/D >3）。

【攻螺纹类】右旋攻螺纹与左旋攻螺纹。

【镗孔类】粗镗孔、精镗孔与反镗孔。

2. 固定循环的动作组成

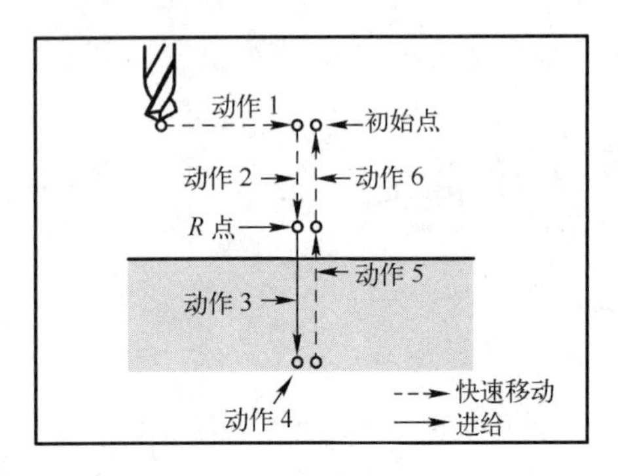

图7-22 固定循环动作的组成

如图7-22所示，固定循环一般由下述6个动作组成。

【**动作1**】*X*轴和*Y*轴的定位。

【**动作2**】快速移动到*R*点。

【**动作3**】孔加工。

【**动作4**】在孔底的动作。

【**动作5**】返回到*R*点。

【**动作6**】快速移动到初始点。

固定循环只能使用在*X*－*Y*平面上，*Z*坐标仅作孔加工的进给。图7-22中的实线表示切削进给，虚线表示快速运动。*R*点为在孔口时，快速运动与进给运动的转换位置平面。

3. 固定循环的代码组成

组成一个固定循环，要用到以下3组G代码。

【**数据格式代码**】G90/G91。

【**返回点代码**】G98（返回初始点）、G99（返回*R*点）。

【**孔加工方式代码**】G73、G74、G81～G89。

在使用固定循环编程时，一定要在前面的程序段中指定M03（或M04），使主轴启动。

4. 固定循环指令组的书写格式

固定循环指令组的格式如下：

G×× X_ Y_ Z_ R_ Q_ P_ F_ K_

【**说明**】

☺G××是指G73、G74、G81～G89。

☺X、Y指定孔在*X*－*Y*平面的坐标位置（增量或绝对值）。

☺Z指定孔底坐标值。在增量方式时，Z是R点到孔底的距离；在绝对值方式时，Z是孔底的Z坐标值。

☺R在增量方式中是初始点到R点的距离；而在绝对值方式中则是R点的*Z*坐标值。

☺Q在G73、G83中用于指定每次进给的深度；在G76、G87中指定刀具的位移量。

☺P指定暂停的时间，最小单位为1ms。

☺F为切削进给的进给率。

☺K指定固定循环的重复次数。如果不指定K，则只进行一次；K=0时机床不动作。

☺G73、G74、G81～G89是模态指令，因此多孔加工时，该指令只需指定一次，以后的程序段只给出孔的位置即可。

☺固定循环中的参数（Z、R、Q、P、F）是模态的，当变更固定循环方式时，可用的参数可以继续使用，不需要重设。但如果中间有G80，则参数均被取消。

7.6.3　钻孔类循环控制指令

1. 钻孔循环指令 G81

如图 7-23 所示，主轴正转，刀具以进给速度向下运动钻孔，到达孔底位置后，快速退回（无孔底动作）。钻孔式循环指令的格式如下：

G81　X_ Y_ Z_ R_ F_ K_

【说明】

☺ X，Y 为孔的位置。

☺ Z 为孔底位置。

☺ F 为进给速度（mm/min）。

☺ R 为参考平面位置。

☺ K 为重复次数（如果需要的话）。

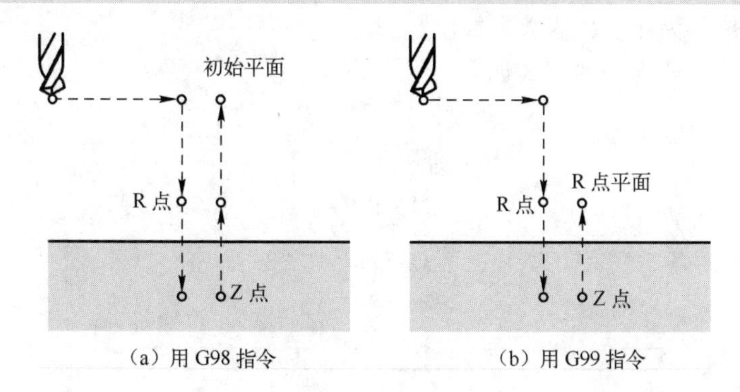

图 7-23　G81 钻孔加工循环

2. 钻孔循环指令 G82

与 G81 指令的格式类似，唯一的区别是 G82 指令在孔底加进给暂停动作，即当钻头加工到孔底位置时，刀具不做进给运动，并保持旋转状态，使孔的表面更光滑。该指令一般用于扩孔和沉头孔加工。其格式如下：

G82　X_ Y_ Z_ R_ P_ F_ K_

P 为在孔底位置的暂停时间，单位为 ms。

3. 深孔钻孔循环指令 G83

如图 7-24 所示，使用 G83 指令时，刀具沿着 *Z* 轴执行间歇进给，切屑容易从孔中排出。每次进给深度为 *Q*，刀具回退到 R 点平面，当重复进给时，刀具快速下降到 *D* 规定的距离时转为切削进给，直到孔底位置为止。*D* 值由参数设定。

深孔钻孔循环指令的格式如下：

G83　X_ Y_ Z_ R_ Q_ F_ K_

其中，Q 为每次进给的深度，为正值。

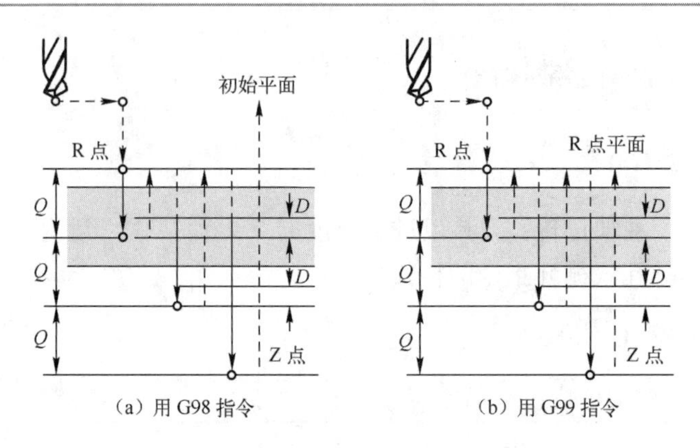

（a）用G98指令　　（b）用G99指令

图7-24　G83深孔钻孔加工循环

4. 高速深孔钻孔循环指令G73

如图7-25所示，使用G73指令时，刀具沿着 Z 轴执行间歇进给，切屑容易从孔中排出，并且能够设定较小的回退值。每次进给深度为 Q，刀具沿 $+Z$ 相对回退 D，重复进给与回退，直到孔底位置为止。D 值由参数设定。

高速深孔钻孔循环指令的格式如下：

G73　X_ Y_ Z_ R_ Q_ F_ K_

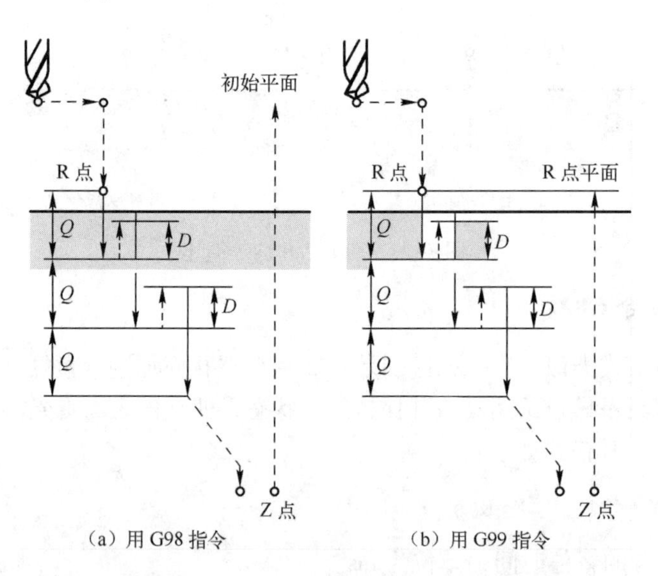

（a）用G98指令　　（b）用G99指令

图7-25　G73高速深孔钻孔加工循环

7.6.4 钻孔实训

如图7-26所示，毛坯为7.5.3节内/外轮廓铣削后形状与尺寸，要求使用刀具长度补偿功能和固定循环功能编制数控加工程序并完成零件的加工。

1. 选择加工方法

如图7-26所示的零件孔系加工中有通孔和盲孔，需要钻、铰和镗加工。所有的孔都是

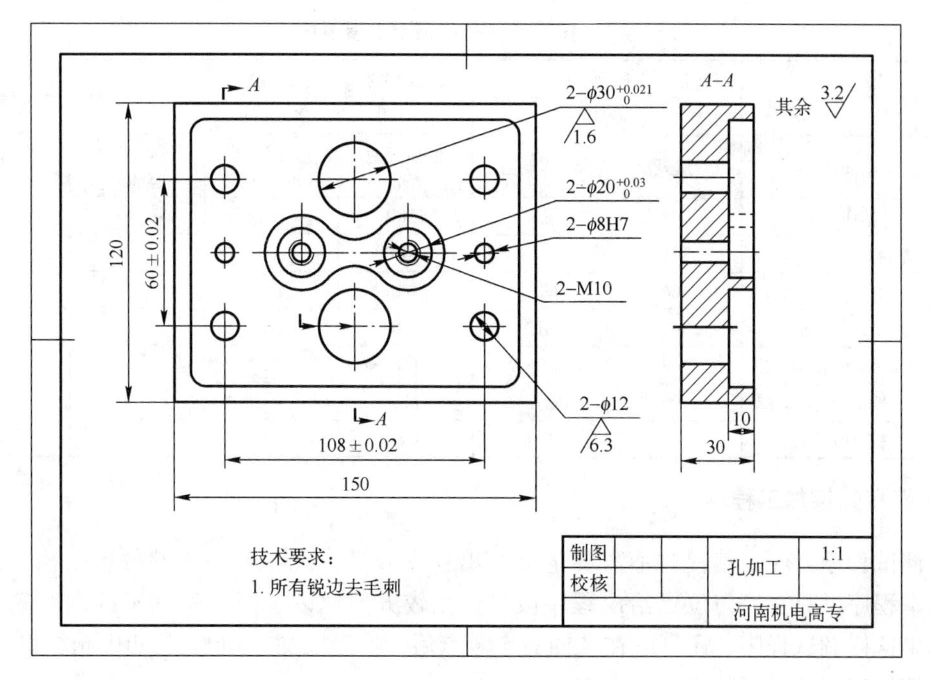

图7-26 孔加工实训

在实体上加工，为防钻偏，均先用中心钻钻引正孔，然后再钻孔。各加工表面选择的加工方案如下所述。

☺ ϕ30mm 孔：钻中心孔→钻孔→扩孔→粗镗→精镗。

☺ ϕ8H7 孔：钻中心孔→钻孔→铰孔。

☺ ϕ12mm 孔：钻中心孔→钻孔。

☺ M10 螺纹孔：钻中心孔→底孔→孔端倒角→攻螺纹。

☺ ϕ20mm 孔：粗铣→精铣。

2. 确定加工内容与加工顺序

本实训只对以上孔进行钻、扩、铰加工，粗镗、精镗、攻螺纹、铣孔为7.7节实训内容。具体的加工顺序见表7-10。

3. 选择刀具

各工步刀具直径根据加工裕量和孔径来确定，详见表7-10。

4. 数学处理

在多孔加工时，为了简化程序，采用固定循环指令。这时的数学处理主要是按固定循环指令格式的要求，确定孔位坐标、快进尺寸和工作进给尺寸值等。固定循环中的开始平面为 $Z=20$，R点平面定为零件孔口表面 $+Z$ 向3mm处。

5. 完成加工工序卡片

根据上述分析，完成钻孔数控加工工序卡片，见表7-10。

表7-10　钻孔数控加工工序卡片

工序号		程序编号		夹具名称	使用设备	车间	
		O0018		平口钳	XH5650		
工步号	工步内容	刀具号	刀具规格	主轴转速 /(r/min)	进给速度 /(mm/min)	背吃刀量 /mm	备注
1	钻中心孔	T04	$\phi5$	1500	100		
2	钻 $\phi8H7$ 孔至 $\phi7.8$	T05	$\phi7.8$	400	80		
3	钻M10底孔至 $\phi8.4$	T06	$\phi8.4$	400	80		
4	钻 $\phi12$mm至尺寸	T07	$\phi12$	300	60		
5	钻 $\phi30$mm孔至 $\phi25$	T08	$\phi25$	150	50		
6	扩 $\phi30$mm孔至 $\phi29.7$	T09	$\phi29.7$	120	40		
7	铰 $\phi8H7$ 孔	T10	$\phi8H7$	150	30		

6. 编写数控加工程序

为调试程序方便，编程时不需要全部给出程序段号，只在一些关键位置给出，便于查找。如本程序，只在换刀位置给出程序段号，比较方便地以一把刀所加工的内容来调试程序，如果这样调试程序，还可以在Z回参考零点后，换刀前加入M00或M01指令。

数控加工程序如下所述。

程序	说明
O0018	主程序名
G94 G21 G17G80 G40	编程尺寸与进给速度设定，坐标平面选择，取消固定循环，取消刀补
N40 T04 M6	将4号刀交换到主轴
G00 G54 G90 X-54 Y-30 S1500 M03	工件坐标系建立，快速定位，绝对坐标，同时启动主轴正转
G43 Z20 H04 M08	建立刀具长度补偿，快速定位到钻孔起始平面，切削液开
G99 G81 Z-13 R-7 F100	钻孔循环，返回参考平面
Y0	点坐标，钻孔循环
Y30	点坐标，钻孔循环
X0	点坐标，钻孔循环
X54	点坐标，钻孔循环
Y0	点坐标，钻孔循环
Y-30	点坐标，钻孔循环
G98 X0	点坐标，钻孔循环，返回初始平面
G99 X22 Y0 Z-3 R3	点坐标，设定钻孔深度与参考平面，钻孔循环，返回参考平面
X-22	点坐标，钻孔循环
G80 M09	钻孔循环取消，切削液关
G91 G28 Z0 M5	Z坐标返回参考零点，主轴停转
N50 T05 M6	将5号刀交换到主轴
G00 G54 G90 X-54 Y0 S400 M03	工件坐标系建立，快速定位，绝对坐标，同时启动主轴正转
G43 Z20 H05 M08	建立刀具长度补偿，快速定位到钻孔起始平面，切

	削液开
G98 G81 Z－35 R－7 F80	钻孔循环，返回初始平面
X54	点坐标，钻孔循环
G80 M09	钻孔循环取消，切削液关
G91 G28 Z0 M5	Z 坐标返回参考零点，主轴停转
N60 T06 M6	将 6 号刀交换到主轴
G00 G54 G90 X－22 Y0 S400 M03	工件坐标系建立，快速定位，绝对坐标，同时启动主轴正转
G43 Z20 H06 M08	建立刀具长度补偿，快速定位到钻孔起始平面，切削液开
G99 G73 Z－35 R3 Q3F80	钻孔循环，返回参考平面
X22	点坐标，钻孔循环
G80 M09	钻孔循环取消，切削液关
G91 G28 Z0 M5	Z 坐标返回参考零点，主轴停转
N70 T07 M6	将 7 号刀交换到主轴
G00 G54 G90 X－54 Y－30 S300 M03	工件坐标系建立，快速定位，绝对坐标，同时启动主轴正转
G43 Z20 H07 M08	建立刀具长度补偿，快速定位到钻孔起始平面，切削液开
G99 G81 Z－36 R－7 F60	钻孔循环，返回参考平面
Y30	点坐标，钻孔循环
X54	点坐标，钻孔循环
Y－30	点坐标，钻孔循环
G80 M09	钻孔循环取消，切削液关
G91 G28 Z0 M5	Z 坐标返回参考零点，主轴停转
N80 T08 M6	将 8 号刀交换到主轴
G00 G54 G90 X0 Y30 S150 M03	工件坐标系建立，快速定位，绝对坐标，同时启动主轴正转
G43 Z20 H08 M08	建立刀具长度补偿，快速定位到钻孔起始平面，切削液开
G98 G81 Z－40 R－7 F50	钻孔循环，返回初始平面
Y－30	点坐标，钻孔循环
G80 M09	钻孔循环取消，切削液关
G91 G28 Z0 M5	Z 坐标返回参考零点，主轴停转
N90 T09 M6	将 9 号刀交换到主轴
G00 G54 G90 X0 Y30 S120 M03	工件坐标系建立，快速定位，绝对坐标，同时启动主轴正转
G43 Z20 H09 M08	建立刀具长度补偿，快速定位到钻孔起始平面，切削液开
G98 G81 Z－36 R－7 F40	钻孔循环，返回初始平面
Y－30	点坐标，钻孔循环
G80 M09	钻孔循环取消，切削液关
G91 G28 Z0 M5	Z 坐标返回参考零点，主轴停转
N100 T10 M6	将 10 号刀交换到主轴

G00 G54 G90 X－54 Y0 S150 M03	工件坐标系建立，快速定位，绝对坐标，同时启动主轴正转
G43 Z20 H10 M08	建立刀具长度补偿，快速定位到钻孔起始平面，切削液开
G98 G82 Z－35 P1000 R－7 F30	钻孔循环，返回初始平面
X54	点坐标，钻孔循环
G80 M09	钻孔循环取消，切削液关
G91 G28 Z0 M5	Z 坐标返回参考零点，主轴停转
M30	程序结束

7.7 攻螺纹、镗孔循环及实训

7.7.1 攻螺纹、镗孔循环

1. 攻螺纹循环指令 G84

G84 攻螺纹循环过程如图 7-27 所示，其格式如下：

G84 X_ Y_ Z_ R_ P_ F_ K_

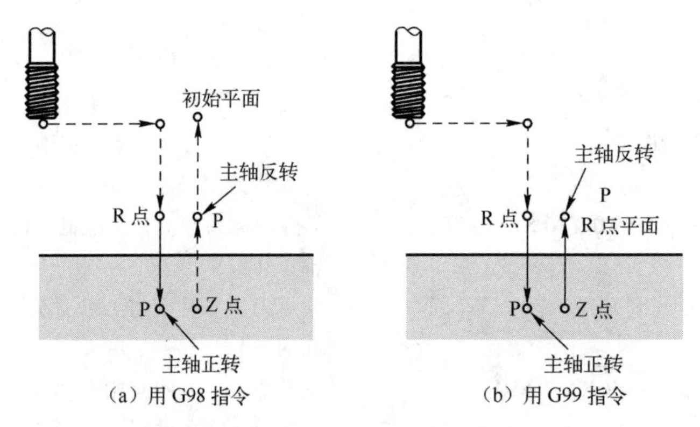

图 7-27　G84 攻螺纹循环过程

【说明】

☺ 主轴顺时针旋转执行攻螺纹。当到达孔底时，为了回退，主轴以相反方向旋转。

☺ 在攻螺纹期间，进给倍率被忽略。进给暂停不会停止机床运行，直到返回动作完成。

☺ 攻螺纹过程要求主轴转速与进给速度成严格的比例关系，因此编程时要求根据主轴转速计算进给速度。该指令执行前，用辅助功能使主轴旋转。

2. 攻左旋螺纹循环指令 G74

G74 指令与 G84 指令的区别是，进给时为反转，退出时为正转。其格式如下：

G74　X_ Y_ Z_ R_ P_ F_ K_

3. 镗孔循环指令 G85

G85 镗孔循环过程如图 7-28 所示。主轴正转，刀具以进给速度向下运动镗孔，到达孔底位置后，以进给速度退出，其格式如下：

G85　X_ Y_ Z_ R_ F_ K_

4. 镗孔循环指令 G86

G86 镗孔循环过程如图 7-29 所示。主轴正转，刀具以进给速度向下运动镗孔，到达孔底位置后，主轴停止，并快速退出，其格式如下：

G86　X_ Y_ Z_ R_ F_ K_

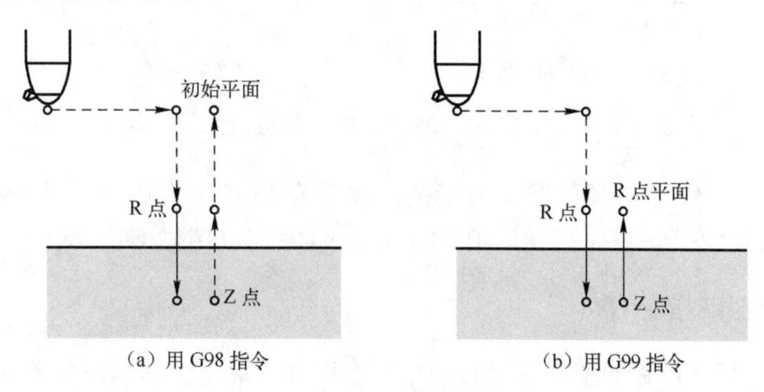

（a）用 G98 指令　（b）用 G99 指令

图 7-28　G85 镗孔循环过程

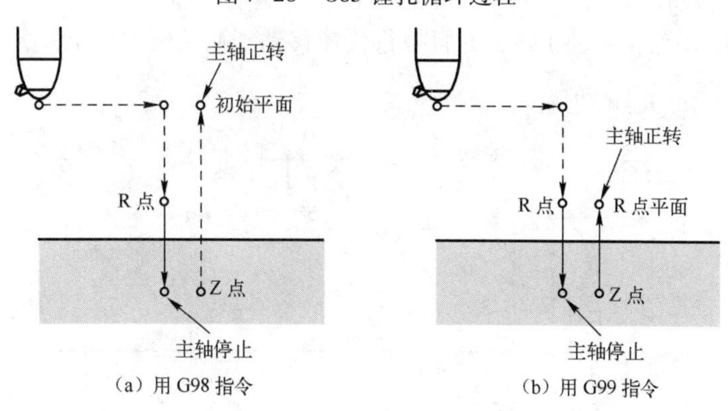

（a）用 G98 指令　（b）用 G99 指令

图 7-29　G86 镗孔循环过程

5. 镗孔循环指令 G89

G89 指令与 G85 指令类似，唯一的区别是 G89 在孔底加进给暂停动作，其格式如下：

G89 X_ Y_ Z_ R_ P_ F_ K_

6. 背镗孔循环指令 G87

G89 背镗孔循环过程如图 7-30 所示。沿着 *X* 和 *Y* 轴定位后，主轴在固定的旋转位置上停止。刀具在刀尖的相反方向移动并在孔底（R 点）定位（快速移动）。然后，刀具在刀尖的方向上移动并且使主轴正转。沿 *Z* 轴的正向镗孔直到 Z 点。在 Z 点，进给暂停，主轴再次停在固定的旋转位置，刀具在刀尖的相反方向移动，然后刀具返回到初始位置，主轴正转，执行下个程序段的加工。G87 指令的格式如下：

G87 X_ Y_ Z_ R_ Q_ P_ F_ K_

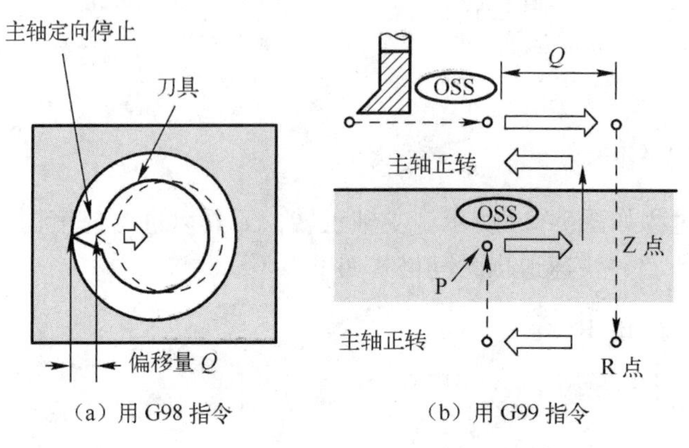

图 7-30　G87 背镗孔循环过程

Q（在孔底的偏移量）必须指定为正值。如果 Q 被指定为负值，符号将被忽略。它是在固定循环中保持的模态值，指定时必须小心，因为它也用做 G73 和 G83 的切削深度。

7. 手动镗孔循环指令 G88

G88 手动镗孔循环过程如图 7-31 所示。沿着 *X* 和 *Y* 轴定位后，快速移动到 R 点。然后，从 R 点到 Z 点执行镗孔。当镗孔完成后，进给暂停，然后主轴停止。刀具从孔底（Z 点）手动返回到 R 点。在 R 点，主轴正转，并且执行快速移动到初始位置。G88 指令的格式如下：

G88　X_Y_ Z_ R_ P_F_ K_

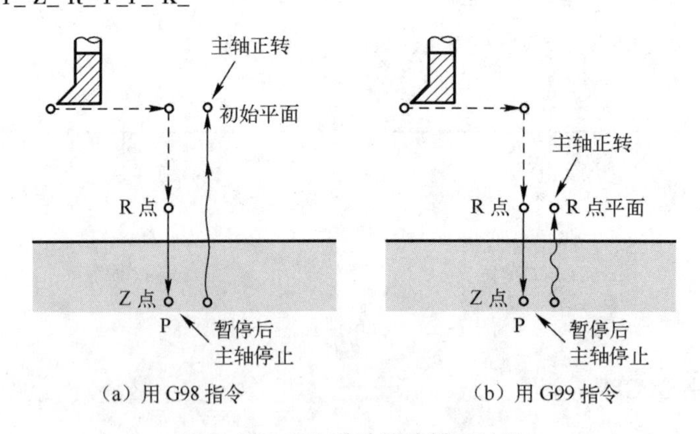

图 7-31　G88 手动镗孔循环过程

8. 精镗孔循环指令 G76

G76 精镗孔循环过程如图 7-32 所示。当到达孔底时，进给暂停，主轴停在固定的旋转位置，刀具在刀尖的相反方向移动，然后刀具返回到初始位置，主轴正转，执行下个程序段的加工。该循环能保证加工面不被破坏，从而实现精密和有效的镗削加工。

G76 指令的格式如下：

G76 X_ Y_ Z_ R_ Q_ P_ F_ K_

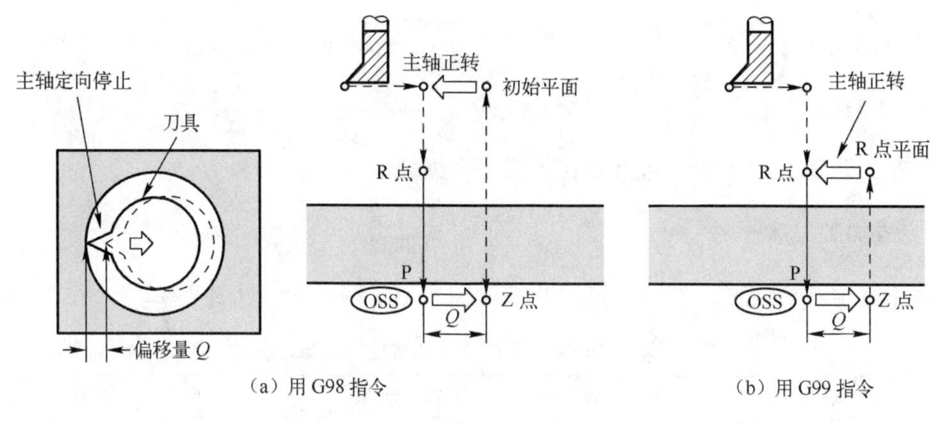

（a）用 G98 指令　（b）用 G99 指令

图 7-32　G76 精镗孔循环过程

7.7.2 固定循环指令表

固定循环指令见表 7-11。

表 7-11　固定循环指令

G 代码	钻削（-Z）	孔底动作	回退（+Z）	应　用
G73	间歇进给	—	快速进给	高速深孔钻孔循环
G74	切削进给	停刀、主轴正转	切削进给	攻左螺纹循环
G76	切削进给	主轴定向、刀具移位	快速进给	精镗孔循环
G80	—	—	—	取消循环
G81	切削进给	—	快速进给	钻孔循环
G82	切削进给	停刀	快速进给	钻孔循环
G83	间歇进给	—	快速进给	深孔钻孔循环
G84	切削进给	停刀、主轴反转	切削进给	攻螺纹循环
G85	切削进给	—	切削进给	镗孔循环
G86	切削进给	主轴停止	快速进给	镗孔循环
G87	切削进给	刀具移位、主轴正传	快速进给	背镗孔循环
G88	切削进给	停刀、主轴停止	手动进给	手动镗孔循环
G89	切削进给	停刀	切削进给	镗削循环

7.7.3 攻螺纹、镗孔及铣孔实训

如图 7-26 所示，毛坯为 7.6.4 节钻孔加工后的形状与尺寸，要求使用刀具长度补偿功能和固定循环功能编制数控加工程序并完成零件的加工。

1. 选择加工方法

☺ ϕ20mm 孔：粗铣→精铣。
☺ M10 螺纹孔：孔端倒角→攻螺纹。
☺ ϕ30mm 孔：粗镗→精镗。

2. 确定加工顺序

具体的加工顺序见表7-12。

3. 选择刀具

各工步刀具直径根据加工裕量和孔径确定，见表7-12。

4. 完成加工工序卡

根据上述分析，完成攻螺纹、镗孔及铣孔控加工工序卡片，见表7-12。

表7-12 攻螺纹、镗孔及铣孔数控加工工序卡片

工 序 号		程序编号		夹具名称	使用设备	车 间	
		O0019～O0026		平口钳	XH5650		
工步号	工步内容	刀具号	刀具规格	主轴转速 /(r/min)	进给速度 /(mm/min)	背吃刀量 /mm	备注
1	粗铣—精铣 ϕ20mm 孔	T03	ϕ12	2200	650	2	
2	M10 螺纹孔孔端倒角	T11	ϕ16 钻	300	60		
3	攻 M10 螺纹	T12	ϕ10	50	50		
4	粗镗 ϕ30mm 孔至 ϕ29.9	T13	ϕ29.9	300	45		
5	精镗 ϕ30mm 孔至尺寸	T14	ϕ30	300	30		

5. 编写数控加工程序

为调试程序方便，编程时将每步加工的程序单独编写。调试完成后，通过主程序调用每步加工的程序，实现全部加工。

【主程序】

```
O0019                          程序号
M98 P0020                      调用铣孔程序
M98 P0023                      调用孔端倒角子程序
M98 P0024                      调用攻 M10 螺纹子程序
M98 P0025                      调用粗镗 φ30mm 孔子程序
M98 P0026                      调用精镗 φ30mm 孔子程序
M30                            主程序结束
```

【铣孔1级子程序】

```
O0020                          程序号
T3 M6                          将3号刀交换到主轴
G00 G54 G90 X22 Y0 S2200 M03   快速定位到右边孔下刀点，同时启动主轴正转
G43 Z3 H3                      快速定位下刀
G01 Z0  F50 D01                直线下刀到铣削深度，设定粗铣刀补值
```

```
M98 P50021                      调用铣孔 2 级子程序
D02                             设定精铣刀补值
M98 P0022                       调用铣孔 3 级子程序
G00 G90 Z3                      快速抬刀，为快速定位到左边孔下刀点做准备
X-22 Y0                         快速定位到左边孔下刀点
G01 Z0  F50 D01                 直线下刀到铣削深度，设定粗铣刀补值
M98 P50021                      调用铣孔 2 级子程序
D02                             设定精铣刀补值
M98 P0022                       调用铣孔 3 级子程序
G90 G28 Z0 M05                  Z 坐标返回参考零点，主轴停转
M99                             子程序结束
```

【铣孔 2 级子程序】

```
O0021                           程序号
G01 G91 Z-2                     相对坐标，快速下刀到每层切削深度
M98 P0022                       调用铣孔 3 级子程序，调用 5 次
M99                             子程序结束
```

【铣孔 3 级子程序】

```
O0022                           程序号
G01 G41 X2 Y-8 F650             建立刀补
G03 X8 Y8 R8                    圆弧切向切入
G03 I-10                        圆弧切削
G03 X-8 Y8 R8                   圆弧切向切出
G00 G40 X-2 Y-8                 取消刀补
M99                             子程序结束
```

【孔端倒角子程序】

```
O0023                           程序号
T11 M6                          将 11 号刀交换到主轴
G00 G54 G90 X-22 Y0 S300 M03    工件坐标系建立，快速定位，绝对坐标，同时启动主
                                轴正转
G43 Z20 H11 M08                 建立刀具长度补偿，快速定位到钻孔起始平面，切
                                削液开
G99 G82 Z-14 R-7 P1000 F60      钻孔循环，返回参考平面
X22                             点坐标，钻孔循环
G80 M09                         循环取消，切削液关
G91 G28 Z0 M5                   Z 坐标返回参考零点，主轴停转
M99                             子程序结束
```

【攻 M10 螺纹子程序】

```
O0024                           程序号
T12 M6                          将 12 号刀交换到主轴
G00 G54 G90 X22 Y0 S50 M03      工件坐标系建立，快速定位，绝对坐标，同时启动主
```

	轴正转
G43 Z20 H12 M08	建立刀具长度补偿，快速定位到攻螺纹起始平面，切削液开
G99 G84 Z-35 R-3 F50	攻螺纹循环，返回参考平面
X-22	点坐标，攻螺纹循环
G80 M09	循环取消，切削液关
G91 G28 Z0 M5	Z坐标返回参考零点，主轴停转
M99	子程序结束

【粗镗 ϕ30mm 孔子程序】

O0025	程序号
T13 M6	将13号刀交换到主轴
G00 G54 G90 X0 Y30 S300 M03	工件坐标系建立，快速定位，绝对坐标，同时启动主轴正转
G43 Z20 H13 M08	建立刀具长度补偿，快速定位到镗孔起始平面，切削液开
G98 G86 Z-31 R-7 F45	镗孔循环，返回初始平面
Y-30	点坐标，镗孔循环
G80 M09	循环取消，切削液关
G91 G28 Z0 M5	Z坐标返回参考零点，主轴停转
M99	子程序结束

【精镗 ϕ30mm 孔子程序】

O0026	程序号
T14 M6	将14号刀交换到主轴
G00 G54 G90 X0 Y30 S300 M03	工件坐标系建立，快速定位，绝对坐标，同时启动主轴正转
G43 Z20 H14 M08	建立刀具长度补偿，快速定位到镗孔起始平面，切削液开
G98 G76 Z-31 R-7 Q1 F30	镗孔循环，返回初始平面
Y-30	点坐标，镗孔循环
G80 M09	循环取消，切削液关
G91 G28 Z0 M5	Z坐标返回参考零点，主轴停转
M99	子程序结束

7.8 简化编程指令及实训

7.8.1 比例缩放指令 G50、G51

利用G51指令可以对编程的形状放大和缩小（比例缩放），如图7-33所示。

1. 沿所有轴以相同的比例缩放

指令格式如下：

G51 X_ Y_ Z_ P_

其中，（X，Y，Z）为比例缩放中心的绝对坐标值（即图 7-33 中的 P_0点）；P 为缩放比例。

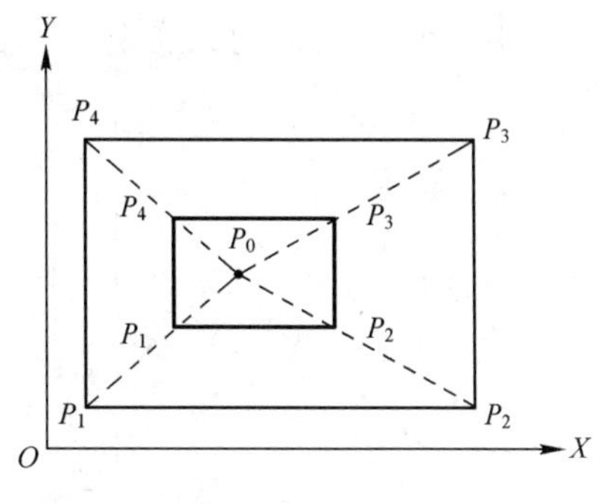

图 7-33　比例缩放

2. 沿各轴以不同的比例缩放

指令格式如下：

G51 X_ Y_ Z_ I_ J_ K_

其中，（I，J，K）为 X、Y、Z 轴对应的缩放比例。

【说明】

☺ 以上两种格式均用 G50 指令取消缩放。

☺ 比例缩放对刀具半径补偿值、刀具长度补偿值和刀具偏置值无效。

☺ 比例缩放的最小输入增量单位是 0.001 或 0.00001，取决于参数 SCR（No. 5400#7）的设定。

☺ 用参数 SCLX（No. 5401#0）设定执行缩放的坐标轴。

☺ 如果比例 P 未在程序段（G51 X_ Y_ Z_ P_ ;）中指定，则使用参数（No. 5411）设定的比例。

☺ 如果省略 X、Y 和 Z，则将 G51 指令的刀具位置作为缩放中心。

7.8.2　坐标系旋转指令 G68、G69

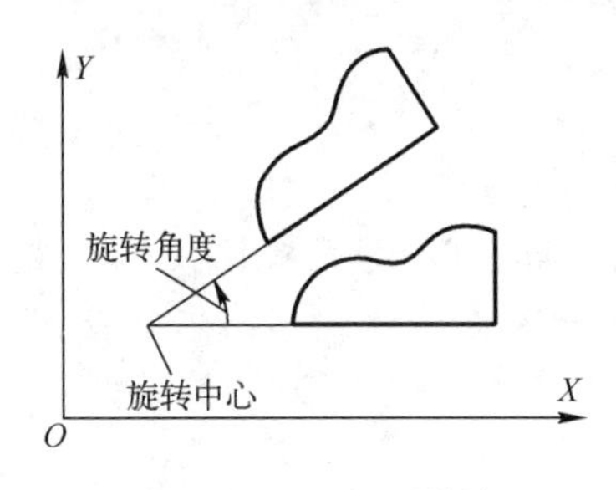

图 7-34　坐标系旋转

利用 G68 指令可以将工件旋转某一指定的角度，如图 7-34所示。另外，如果工件的形状由许多相同的图形组成，则可将图形单元编成子程序，然后用主程序的旋转指令调用。这样可简化编程，既省时又省存储空间。

G68 的指令格式如下：

G68 X_ Y_ R_

其中，（X，Y）为旋转中心的绝对坐标值；R 为旋转角度，“+”表示逆时针旋转，“-”表示顺时针旋转。

【说明】

☺ 取消坐标系旋转用 G69 指令。

☺ 在坐标系旋转后，执行刀具半径补偿、刀具长度补偿、刀具偏置和其他补偿操作。

☺ 若程序中未编制 R 值，则参数 5410 中的值被认为是旋转角度值。

☺ 在执行 G69 指令后的第一个移动指令必须用绝对值编程，如果用增量值编程，将不执行正确的移动。

7.8.3 可编程镜像指令 G50.1、G51.1

利用 G51.1 指令可以实现坐标轴的对称加工，如图 7-35 所示。

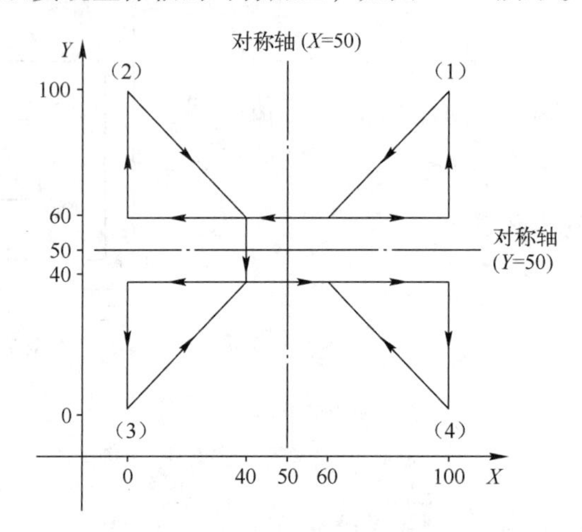

图 7-35　可编程镜像

G51.1 指令的格式如下：

```
G51.1 X_ Y_
```

其中，（X，Y）为对称轴的位置。

【说明】

☺ 用 G50.1 X_ Y_来取消可编程镜像。

☺ 在指定平面内对某个轴镜像时，使下列指令发生变化。

- ✧ 圆弧指令：G02 和 G03 被互换；
- ✧ 刀具半径补偿：G41 和 G42 被互换；
- ✧ 坐标旋转：CW 和 CCW（旋转方向）被互换。

【注意】在同时使用镜像、缩放及旋转时，数控系统的数据处理顺序是镜像→比例缩放→坐标系旋转；取消时，按相反顺序。在比例缩放或坐标系旋转方式下，不能使用 G50.1 或 G51.1。

7.8.4 简化编程实训

如图 7-36 所示，毛坯为 7.7.3 节实训后工件的背面，要求使用本节所讲的简化编程指令编制数控加工程序并完成零件的加工。

1. 工艺方案

图 7-36 所示的零件由一个矩形槽、两个扇形槽和 3 个台阶组成。当以工件毛坯上表面中心为工件坐标系原点时，扇形槽是以工件坐标系 Y 轴对称的；当其中一个槽确定后，另外一个槽也可以以工件坐标系原点旋转得到。所以扇形槽的加工可以使用镜像加工，也可以使用旋转加工。当使用镜像加工时，旋转方向被互换，实际上加工时的顺铣与逆铣也发生了变

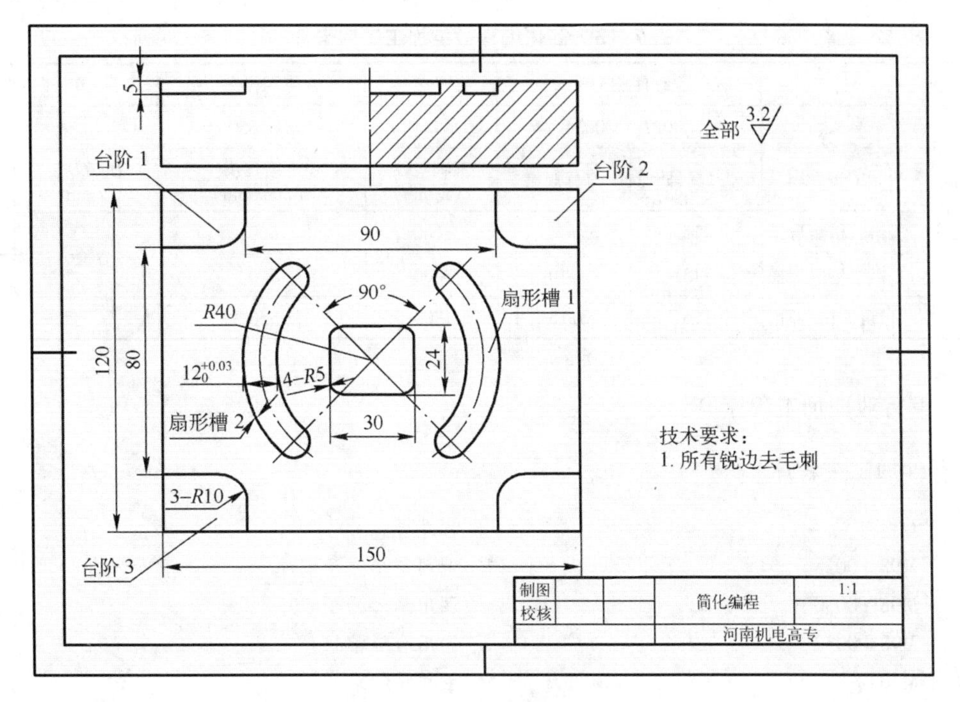

图 7–36　简化编程实训

化。因此对于扇形槽的加工，采用旋转加工较镜像加工更合理，如果将图 7–37 所示的扇形槽作为基本形状来编程，可以达到简化计算编程坐标的目的。3 个台阶加工以台阶 1 作为基本形状，台阶 2、3 由镜像得到。矩形槽加工以 10 × 7 的矩形为基本形状，通过比例放缩加工，如图 7–38 所示。

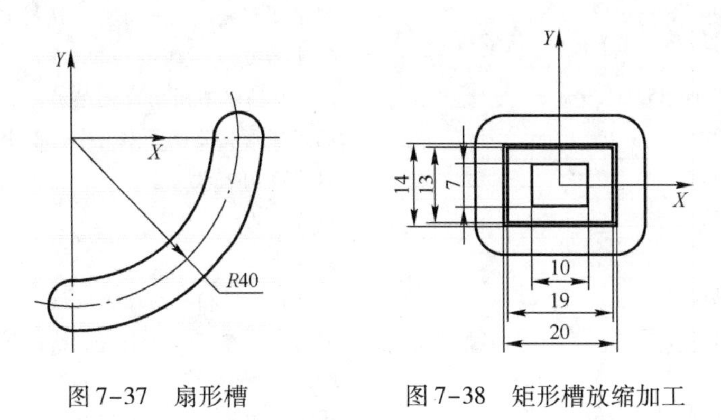

图 7–37　扇形槽　　　　图 7–38　矩形槽放缩加工

加工顺序为用 $\phi10$ 的键槽铣刀粗、精加工矩形槽→粗、精铣扇形槽→用 $\phi16$ 的立铣刀粗、精铣台阶。

刀具材料为硬质合金，硬质合金铣刀推荐切削速度 v_c = 80 ～ 120m/min，每刃进给 f_z = 0.1 ～ 0.15mm/rev。切削速度 v_c 取 100m/min，每刃进给 f_z 取 0.1mm/rev，粗加工切深 A_p 取 1mm，精加工切深 A_p 取 5mm。然后算出主轴转速和进给速度，见表 7–13。

2. 完成加工工序卡片

根据上述分析，完成简化编程数控加工工序卡片，见表 7–13。

表 7-13　简化编程数控加工工序卡片

工　序　号		程序编号		夹具名称	使用设备	车　　间	
		O0027～O0034		平口钳	XH5650		
工步号	工步内容	刀具号	刀具规格	主轴转速 /(r/min)	进给速度 /(mm/min)	背吃刀量 /mm	备注
1	粗、精矩形槽	T15	$\phi10$	3000	600		
2	粗、精扇形槽	T15	$\phi10$	3000	600		
2	粗、精台阶	T16	$\phi16$	1800	550		

3. 编写数控加工程序

【零件加工主程序】

```
O0027                              程序号
M98 P0028                          调用矩形槽子程序
M98 P0030                          调用扇形槽子程序
M98 P0032                          调用台阶子程序
M30                                主程序结束
```

【矩形槽子程序】

```
O0028                              程序号
T15 M6                             将15号刀交换到主轴
G00 G54 G90 X0 Y0 S3000 M03        快速定位到放缩中心，同时启动主轴正转
G43 Z2 H3                          快速定位下刀，建立长度补偿
M98 P50029                         调用矩形槽2级子程序，铣削10×7的矩形槽
G00 G90 Z2                         快速抬刀
G51 X0 Y0 I1.857 J1.9              沿XY轴以不同的比例缩放
M98 P50029                         调用矩形槽2级子程序，铣削19×13的矩形槽
G50                                取消比例缩放
G00 G90 Z2                         快速抬刀
G01 Z-2 F30                        直线下刀
G51  X0 Y0 P2                      沿XY轴以相同的比例缩放
M98 P0029                          调用矩形槽2级子程序，精铣削矩形槽
G50                                取消比例缩放
G00 G90 Z20                        快速退刀，为铣扇形槽做准备
M99                                子程序结束
```

【矩形槽2级子程序（铣削10×7的矩形槽）】

```
O0029                              程序号
G00 G90 X-5 Y-3.5                  绝对坐标，快速定位到下刀点
G91 G01 Z-3 F30                    相对坐标，下刀到每层铣削深度
G90 X5 F600                        直线切削
Y3.5                               直线切削
X-5                                直线切削
```

Y-3.5	直线切削
G00 G91 Z2	快速抬刀，为下一层铣削快速定位到下刀点做准备
M99	子程序结束

【扇形槽子程序】

O0030	程序号
G00 G90 X0 Y0	快速定位到旋转中心（单独调试程序时，应启动主轴）
G00 Z2	快速下刀
G10 L12 P15 R5.2	由 G10 指令设定粗铣扇形槽刀补值
G68 X0 Y0 R45	以工件坐标原点旋转 45°
M98 P50031	调用粗、精扇形槽 2 级子程序，粗铣扇形槽 1
G01 G90 Z-5	下刀至精铣铣扇形槽 1 的深度
G10 L12 P15 R5	由 G10 指令设定精铣外轮廓刀补值（理论值）
M98 P0031	调用粗、精扇形槽 2 级子程序，精铣扇形槽 1
G69	取消旋转
G00 Z2	快速抬刀，为铣扇形槽 2 做准备
G10 L12 P15 R5.2	由 G10 指令设定粗铣扇形槽刀补值
G68 X0 Y0 R225	以工件坐标原点旋转 225°
M98 P50031	调用扇形槽 2 级子程序，粗铣扇形槽 2
G01 G90 Z-5	下刀至精铣铣扇形槽 1 的深度
G10 L12 P15 R5	由 G10 指令设定精铣外轮廓刀补值（理论值）
M98 P0031	调用扇形槽 2 级子程序，精铣扇形槽 2
G69	取消旋转
G91 G28 Z0	Z 坐标返回参考零点
M99	子程序结束

【扇形槽 2 级子程序（图 7-37 所示的扇形槽）】

O0031	程序号
G00 G90 X40 Y0	快速定位到下刀点
G91 G01 Z-3 F30	相对坐标，下刀到每层铣削深度
G90 G01 G41 X40.5 Y-5.5 D15 F600	建立刀补
G03 X46 Y0 R5.5	圆弧切向切入
G03 X34 R6	圆弧切削
G02 X0 Y-34 R34	圆弧切削
G03 Y-46 R6	圆弧切削
G03 X46 Y0 R46	圆弧切削
G03 X40.5 Y5.5 R5.5	圆弧切向切出
G01 G40 X40 Y0	取消刀补
G00 G91 Z2	快速抬刀，为下一层铣削快速定位到下刀点做准备
M99	子程序结束

【台阶子程序】

O0032	程序号

T16 M6	将15号刀交换到主轴
G00 G54 G90 X0 Y0 S1800 M03	快速定位到放缩中心，同时起动主轴正转
G43 Z2 H3	快速定位下刀，建立长度补偿
M98 P0033	调用铣台阶1子程序
G51.1 X0	以Y轴镜像
M98 P0033	调用铣台阶1子程序，粗、精台阶2
G50.1 X0	取消镜像
G51.1 Y0	以X轴镜像
M98 P0033	调用铣台阶1子程序，粗、精台阶3
G50.1 Y0	取消镜像
G91 G28 Z0	Z坐标返回参考零点
M99	子程序结束

【铣台阶1子程序】

O0033	程序号
G10 L12 P16 R8.2	由G10指令设定粗铣扇形槽刀补值
M98 P50034	调用精铣台阶1子程序，粗铣台阶1
G01 G90 Z-5	下刀至精铣台阶1的深度
G10 L12 P16 R8	由G10指令设定精铣外轮廓刀补值（理论值）
M98 P0034	调用精铣台阶1子程序，精铣台阶1
G00 G90 Z2	快速抬刀，为下一层铣削快速定位到下刀点做准备
M99	子程序结束

【精铣台阶1子程序】

O0034	程序号
G90 G00 X-83 Y61	快速定位到下刀点
G91 G01 Z-3 F30	相对坐标，下刀到每层铣削深度
G90 G01 G41 X-45 D16 F550	建立刀补
Y50	直线切削
G02 X-55 Y40 R10	圆弧切削
G01 X-83	直线切削
G00 G40 Y61	取消刀补
G00 G91 Z2	快速抬刀，为下一层铣削快速定位到下刀点做准备
M99	子程序结束

7.9 综合实训

7.9.1 综合实训一

零件如图7-39所示，已知毛坯尺寸为150mm×120mm×30mm，材料为45#钢，要求编制数控加工程序并完成零件的加工。

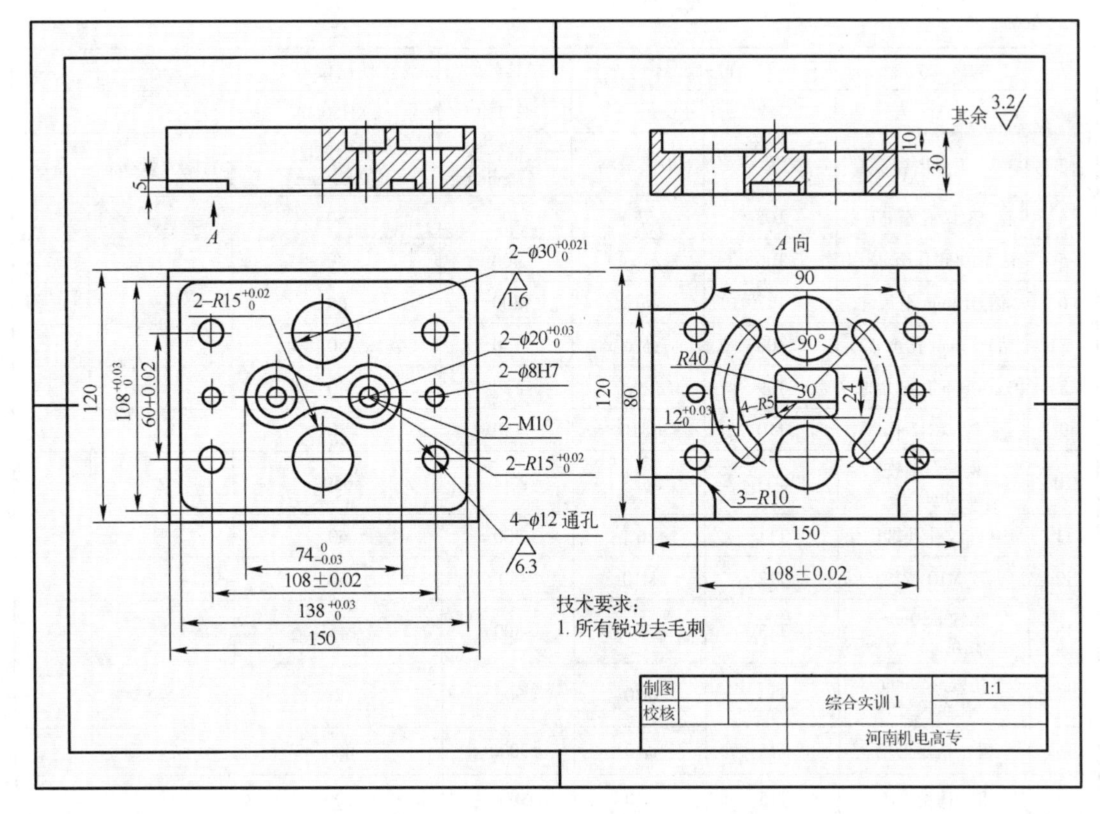

图 7–39　综合实训一

1. 工艺方案

该零件是本章 7.5 ～ 7.8 节实训内容的综合，对该零件加工不再做详细的说明。加工时，需要在本章 7.5 节实训的下刀位置先做出工艺孔，工艺孔的加工使用 $\phi14$ 的高速钢键槽铣刀，采用钻孔方式加工。当然，考虑工艺孔加工的方便性，最好选择在 $\phi30_{0}^{+0.021}$ 孔的位置，采用 $\phi13$ 钻加工，此时铣内/外轮廓的起始点选在离工艺孔比较近的地方，以减少加工进给路线。待内外轮廓加工完成后，利用本章 7.4 节实训时编出的排料程序，完成圆弧槽与矩形槽之间的材料加工。后面可以完全按照本章 7.6 ～ 7.8 节实训内容进行加工。

2. 加工工序卡片

根据上述分析，参照本章 7.5 ～ 7.8 节实训内容，制作出该零件数控加工工序卡片，见表 7–14。

表 7–14　综合实训 1 数控加工工序卡片

工　序　号		程序编号		夹具名称	使用设备	车　　间	
				平口钳	XH5650		
工步号	工步内容	刀具号	刀具规格	主轴转速 /(r/min)	进给速度 /(mm/min)	背吃刀量/mm	备注
1	工艺孔	T02	$\phi14$	300	40		
2	粗、精铣内/外轮廓	T03	$\phi12$	2200	650	2	
3	钻中心孔	T04	$\phi5$	1500	100		

续表

工序号		程序编号		夹具名称	使用设备	车间	
				平口钳	XH5650		
工步号	工步内容	刀具号	刀具规格	主轴转速/(r/min)	进给速度/(mm/min)	背吃刀量/mm	备注
4	钻 ϕ8H7 孔至 ϕ7.8	T05	ϕ7.8	400	80		
5	钻 M10 底孔至 ϕ8.4	T06	ϕ8.4	400	80		
6	钻 ϕ12mm 至尺寸	T07	ϕ12	300	60		
7	钻 ϕ30mm 孔至 ϕ25	T08	ϕ25	150	50		
8	扩 ϕ30mm 孔至 ϕ29.7	T09	ϕ29.7	120	40		
9	铰 ϕ8H7 孔	T10	ϕ8H7	150	30		
10	粗铣→精铣 ϕ20mm 孔	T03	ϕ12	2200	650	2	
11	M10 螺纹孔孔端倒角	T11	ϕ16 钻	300	60		
12	攻 M10 螺纹	T12	M10	50	50		
13	粗镗 ϕ30mm 孔至 ϕ29.9	T13	ϕ29.9	300	45		
14	精镗 ϕ30mm 孔至尺寸	T14	ϕ30	300	30		
15	粗、精矩形槽	T15	ϕ10	3000	600		
16	粗、精扇形槽	T15	ϕ10	3000	600		
17	粗、精台阶	T16	ϕ16	1800	550		

3. 编写数控加工程序

工艺孔加工程序比较简单，不再给出其加工程序代码，其他加工程序请参照本章7.5 ～ 7.8节实训内容的数控加工程序。

7.9.2 综合实训二

零件如图7-40所示，已知毛坯尺寸为150mm×100mm×30mm，材料为45#钢，锻件，退火处理，要求编制数控加工程序并完成零件的加工。

1. 工艺分析

该零件毛坯材料为45#钢，尺寸为150mm×100mm×30mm。由图7-40可知，主要的加工内容为台阶，槽、孔和螺纹都集中在上表面，其中最高加工精度为IT7级。加工时，选用立式加工中心，以底面为主要定位面，通过一次装夹完成全部加工内容。

2. 确定装夹方案

该零件形状简单，尺寸较小，周边及上/下表面已加工，加工面与非加工面之间的位置精度要求不高，故选用通用平口钳装夹，以底面和内侧面定位，以左侧面对刀，确定编程原点。

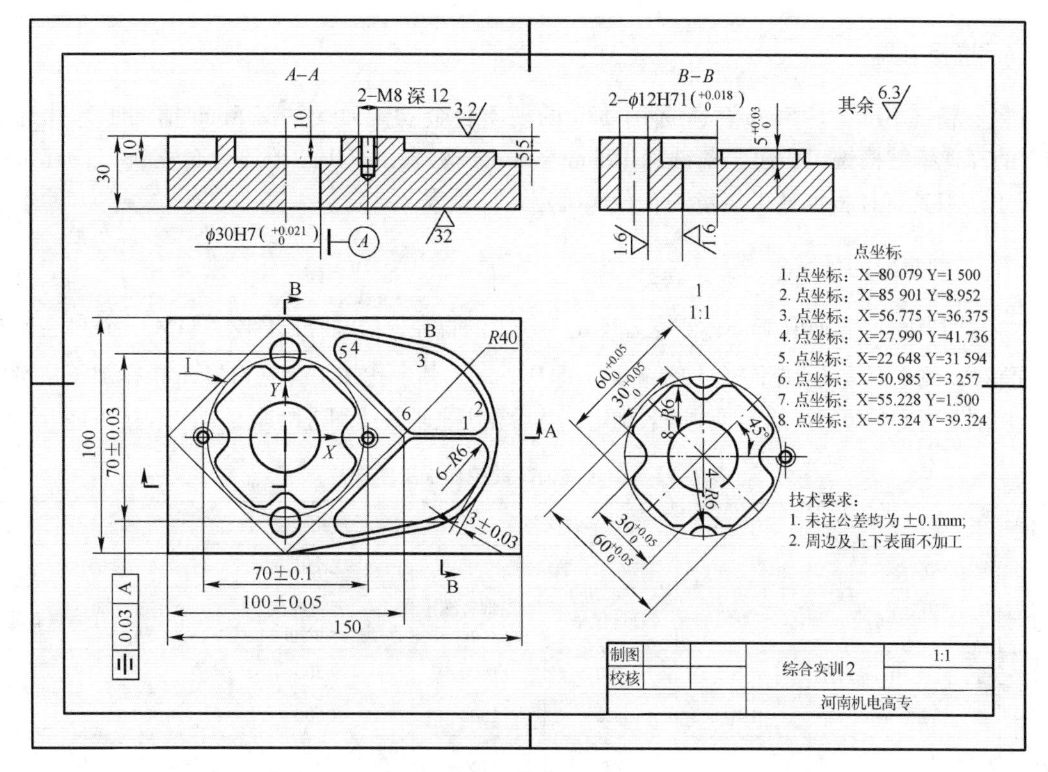

图 7-40　综合实训二

3. 选择加工方法

各加工表面选择的加工方案如下所述。

☺ 10mm 台阶：粗铣→精铣（粗铣沿轮廓加工，剩余量手动排料，最后在整个深度上精铣，下同）。

☺ 5mm 台阶：粗铣→精铣。

☺ 深 10mm 槽：粗铣→精铣。

☺ 深 5mm 槽：粗铣→精铣。

☺ φ30H7 孔：钻中心孔→钻孔→扩孔→半精镗→精镗。

☺ 2 – φ12H7 孔：钻中心孔→钻孔→扩孔→铰孔。

☺ 2 – M8 螺纹孔：钻中心孔→钻底孔→孔端倒角→攻螺纹。

4. 确定加工顺序

按先面后孔、先粗后精、减少换刀次数及先加工工艺孔等原则来确定加工顺序。具体加工顺序为粗、精铣 10mm 台阶→粗、精铣 5mm 台阶→钻各光孔和螺纹孔的中心孔→钻 φ30H7 孔→扩 φ30H7 孔→钻深 5mm 槽的工艺孔→粗、精铣深 10mm 槽→粗、精铣深 5mm 槽→钻 2 – φ12H7 孔→扩 2 – φ12H7 孔→铰 2 – φ12H7 孔→钻 2 – M8 螺纹底孔→2 – M8 螺纹孔端倒角→攻 2 – M8 螺纹→半精镗 φ30H7 孔→精镗 φ30H7 孔。

5. 确定加工裕量

粗铣裕量为 0.2mm；φ30H7、2 – φ12H7 的孔及 2 – M8 螺纹孔加工裕量的确定见表 7-15。

6. 选择刀具

粗、精铣10mm与5mm台阶选用ϕ20的硬质合金立铣刀；钻深5mm槽的工艺孔选用ϕ12的高速钢键槽铣刀；粗、精铣深10mm与5mm槽选用ϕ10的硬质合金立铣刀；其余孔加工工步刀具直径根据加工裕量和孔径来确定，详见表7-15。

7. 切削参数的确定

粗铣时背吃刀量A_p取1mm，侧吃刀量A_e为铣刀的直径；精铣时，背吃刀量A_p为铣削台阶与槽的深度，侧吃刀量A_e为粗铣后加工裕量，即0.2mm。其余孔加工背吃刀量A_p根据加工裕量确定。切削速度v_c与每刃进给f_z通过查表确定，然后算出主轴转速和进给速度，详见表7-15。

表7-15 综合实训2数控加工工序卡片

工序号		程序编号	夹具名称		使用设备	车间	
			平口钳		XH5650		
工步号	工步内容	刀具号	刀具规格	主轴转速/(r/min)	进给速度/(mm/min)	背吃刀量/mm	备注
1	粗、精铣10mm台阶	T01	ϕ20	1800	500		
2	粗、精铣5mm台阶	T01	ϕ20	1800	500		
3	钻各光孔和螺纹孔的中心孔	T02	ϕ5	1200	60		
4	钻ϕ30H7孔至ϕ25	T03	ϕ25	150	50		
5	扩ϕ30H7孔至ϕ29.7	T04	ϕ29.7	120	40		
6	钻深5mm槽的工艺孔	T05	ϕ12	400	30		
7	粗、精铣深10mm槽	T06	ϕ10	3500	1000		
8	粗、精铣深5mm槽	T06	ϕ10	3500	1000		
9	钻2-ϕ12H7孔至ϕ11	T07	ϕ11	400	80		
10	扩2-ϕ12H7孔至ϕ11.9	T08	ϕ11.9	400	80		
11	铰2-ϕ12H7孔	T09	ϕ12	200	40		
12	钻2-M8螺纹底孔至ϕ6.5	T10	ϕ6.5	600	90		
13	2-M8螺纹孔端倒角	T11	ϕ16	300	60		
14	攻2-M8螺纹	T12	M8	100	100		
15	半精镗ϕ30H7孔至ϕ29.9	T13	ϕ29.9	300	45		
16	精镗ϕ30H7孔	T14	ϕ30	300	30		

8. 编写数控加工程序

【粗、精铣10mm台阶】

```
O0100;（主程序）
T01 M6;
```

```
O0101;（子程序）
G00 G91 Z-1;
```

```
G00 G54 G90 X-62 Y10 S1800 M03;
G43 H01 Z0 M08;
G10 L12 P01 R10.2;
M98 P100101;
G01 G90 Z-9;
G10 L12 P01 R10;
M98 P0101;
G91 G28 Z0 M09;
G49 M05;
M30;
```

```
G01 G90 G41 X-52 Y-2 D01 F500;
X0 Y50;
X57.324 Y39.324;
G02 Y-39.324 R40;
G01 X0 Y-50;
X-58 Y8;
G00 G40 X-62 Y-10;
X-62 Y10;
M99;
```

【粗、精铣 5mm 台阶】

```
O0102;(主程序)
T01 M6;
G00 G54 G90 X10 Y62 S1800 M03;
G43 H02 Z12 M08;
G10 L12 P01 R10.2;
M98 P50103;
G01 G90 Z8;
G10 L12 P01 R10;
M98 P0103;
G91 G28 Z0 M09;
G49 M05;
M30;
```

```
O0103;(子程序)
G00 G91 Z-13;
G01 G90 G41 X-2 Y52 D01 F500;
X50 Y0;
X-8 Y-58;
G00 G40 X10 Y-62;
X10 Y-62;
G91 Z12;
G90 Y62;
M99;
```

【钻各光孔和螺纹孔的中心孔】

```
O0104;
T02 M6;
G00 G54 G90 X35 Y0 S1200 M03;
G43 Z20 H02 M08;
G99 G81 Z-3 R2 F60;
X0 Y35;
X-35 Y0;
X0 Y-35;
Y0;
G80 M09;
G91 G28 Z0 M5;
G49;
M30;
```

【钻 φ30H7 孔至 φ25】

```
O0105;
T03 M6;
G00 G54 G90 X0 Y0 S150 M03;
G43 Z20 H03 M08;
G99 G81 Z-40 R2 F50;
G80 M09;
G91 G28 Z0 M5;
G49;
M30;
```

【扩 φ30H7 孔至 φ29.7】

```
O0106;
T04 M6;
G00 G54 G90 X0 Y0 S120 M03;
G80 M09;
G91 G28 Z0 M5;
```

```
G43 Z20 H04 M08;
G99 G81 Z-36 R2 F40;
G49;
M30;
```

【钻深5mm槽的工艺孔】

```
O0107;
T05 M6;
G00 G54 G90 X70 Y8.5 S400 M03;
G43 Z20 H05 M08;
G99 G81 Z-10 R-3 F30;
Y-8.5;
G80 M09;
G91 G28 Z0 M5;
G49;
M30;
```

【粗、精铣深10mm槽】

```
O0108;(主程序)
T06 M6;
G00 G54 G90 X0 Y0 S3500 M03;
G43 H06 Z0 M08;
G68 X0 Y0 R45;
G10 L12 P06 R5.2;
M98 P100109;
G01 Z-9;
G10 L12 P01 R5;
M98 P0109;
G69;
G91 G28 Z0 M09;
G49 M05;
M30;

O0109;(子程序)
G00 G90 X8 Y0;
G00 G91 Z-1;
G01 G90 G41 X23 Y-7 D06 F1000;
G03 X30 Y0 R7;
G01 Y9;
G03 X24 Y15 R6;
G01 X21;
G02 X15 Y21 R6;
G01 Y24;
G03 X9 Y30 R6;
G01 X-9;
G03 X-15 Y24 R6;
G01 Y21;
G02 X-21 Y15 R6;
G01 X-24;
G03 X-30 Y9 R6;
G01 Y-9;
G03 X-24 Y-15 R6;
G01 X-21;
G02 X-15 Y-21 R6;
G01 Y-24;
G03 X-9 Y-30 R6;
G01 X9;
G03 X15 Y-24 R6;
G01 Y-21;
G02 X21 Y-15 R6;
G01 X24;
G03 X30 Y-9 R6;
G01 Y0;
G03 X23 Y7 R7;
G01 G40 X8 Y0;
M99;
```

【粗、精铣深5mm槽】

```
O0110;(主程序)
T06 M6;
G00 G54 G90 X70 Y8.5 S3500 M03;
G43 Z-5 H06 M08;
G10 L12 P06 R5.2;
M98 P50111;
G10 L12 P06 R5;
G01 G90 Z-9;

O0111;(子程序)
G00 G91 Z-1;
G01 G90 G41 X63 D06 F1000;
G03 X70 Y1.5 R7;
G01 X80.079;
G03 X85.901 Y8.952 R6;
G03 X56.775 Y36.375 R37;
G01 X27.990 Y41.736;
```

```
M98 P0111;
G00 Z2;
G00 X70 Y-8.5;
Z-5;
G51.1 Y0;
G10 L12 P06 R5.2;
M98 P50111;
G01 G90 Z-9;
G10 L12 P06 R5;
M98 P0111;
G50.1 Y0;
G91 G28 Z0 M09;
G49 M05;
M30;
```

```
G03 X22.548 Y31.594 R6;
G01 X50.985 Y3.257;
G03 X55.228 Y1.5 R6;
G01 X70;
G03 X77 Y8.5;
G01 G40 X70;
M99;
```

【钻、扩、铰2-φ12H7孔】

钻2-φ12H7孔：

```
O0112;
T07 M06;
G00 G54 G90 X0 Y35 S400 M03;
G43 Z20 H07 M08;
G99 G81 Z-37 R2 F80;
Y-35;
G91 G28 Z0 M09;
G49 M05;
M30;
```

扩2-φ12H7孔：

```
O0113;
T08 M06;
G00 G54 G90 X0 Y-35 S400 M03;
G43 Z20 H08 M08;
G99 G81 Z-37 R2 F80;
Y35;
G91 G28 Z0 M09;
G49 M05;
M30;
```

铰2-φ12H7孔：

```
O0114;
T09 M06;
G00 G54 G90 X0 Y35 S200 M03;
G43 Z20 H09 M08;
G99 G85 Z-34 R2 F40;
Y-35;
G91 G28 Z0 M09;
G49 M05;
M30;
```

【钻、孔端倒角、攻2-M8螺纹孔】

钻2-M8螺纹底孔：

```
O0115;
T10 M06;
G00 G54 G90 X35 Y0 S600 M03;
G43 Z20 H10 M08;
G99 G81 Z-20 R2 F90;
X-35;
G91 G28 Z0 M09;
G49 M05;
M30;
```

2-M8螺纹孔端倒角：

```
O0116;
T11 M06;
G00 G54 G90 X-35 Y0 S300 M03;
G43 Z20 H11 M08;
G99 G81 Z-5 R2 F60;
X35;
G91 G28 Z0 M09;
G49 M05;
M30;
```

攻2-M8螺纹：

```
O0117;
T12 M06;
G00 G54 G90 X35 Y0 S100 M03;
G43 Z20 H12 M08;
G99 G85 Z-14 R2 F100;
X-35;
G91 G28 Z0 M09;
G49 M05;
M30;
```

【半精镗、精镗φ30H7孔】

半精镗φ30H7孔：

```
O0118;
T13 M06;
G00 G54 G90 X0 Y0 S300 M03;
```

精镗φ30H7孔：

```
O0119;
T14 M06;
G00 G54 G90 X0 Y0 S300 M03;
```

```
G43 Z20 H13 M08;
G99 G81 Z-32 R2 F45;
G91 G28 Z0 M09;
G49 M05;
M30;
```

```
G43 Z20 H14 M08;
G99 G81 Z-32 R2 F30;
G91 G28 Z0 M09;
G49 M05;
M30;
```

习题

（1）加工中心与数控铣床的主要区别是什么？

（2）加工中心上刀库常有哪些种类？各有什么特点？

（3）加工中心常有哪些换刀方式？刀库的容量和换刀的方式对加工有什么影响？

（4）为什么每次启动后都要进行“回参考点”操作？说明机床回原点操作方法及步骤。

（5）请说明数控加工中对刀的作用。加工中心加工零件时，有哪些对刀方式？说明其中一种对刀的方法。

（6）请说明刀具补偿的作用。刀具半径补偿一般在什么情况下使用？如何进行？

（7）孔加工除用固定循环简化程序编制外，还可以采用什么方法？

（8）零件如图7-41所示，已知毛坯尺寸为120mm×100mm×40mm，材料45#钢，要求编制数控加工程序并完成零件的加工。

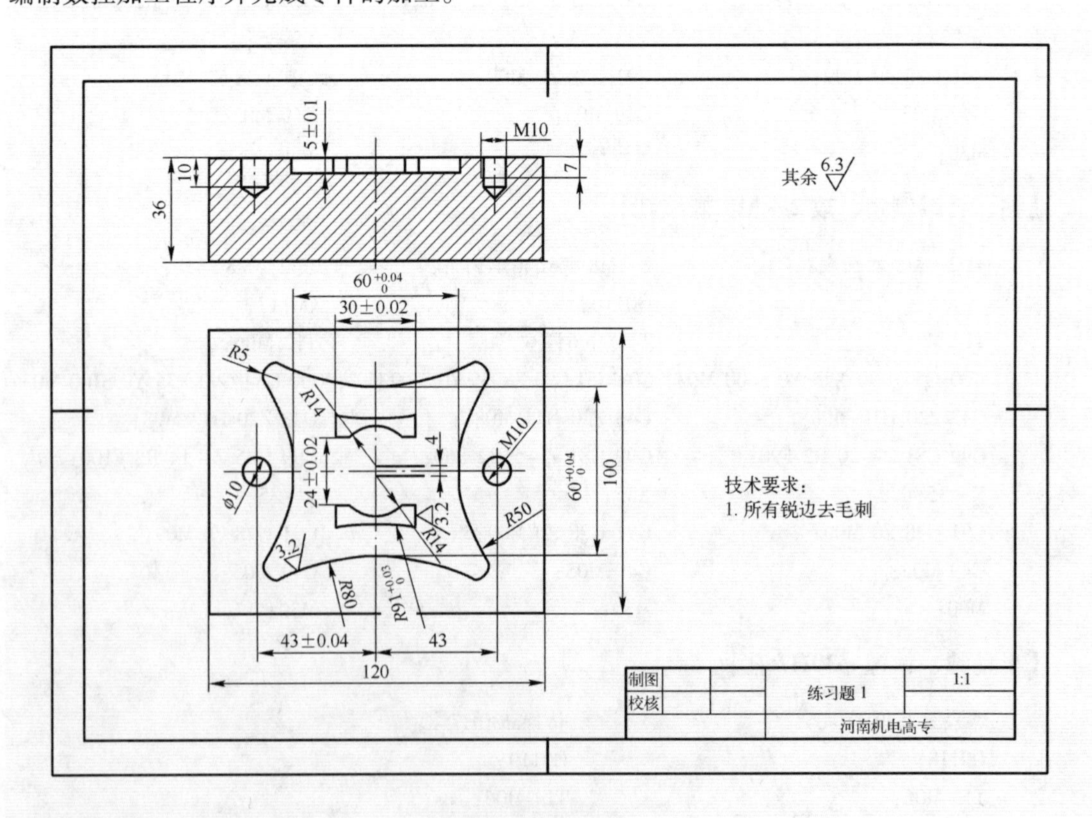

图7-41　习题（8）图

（9）零件如图 7-42 所示，已知毛坯尺寸为 120mm × 100mm × 30mm，材料 45# 钢，要求编制数控加工程序并完成零件的加工。

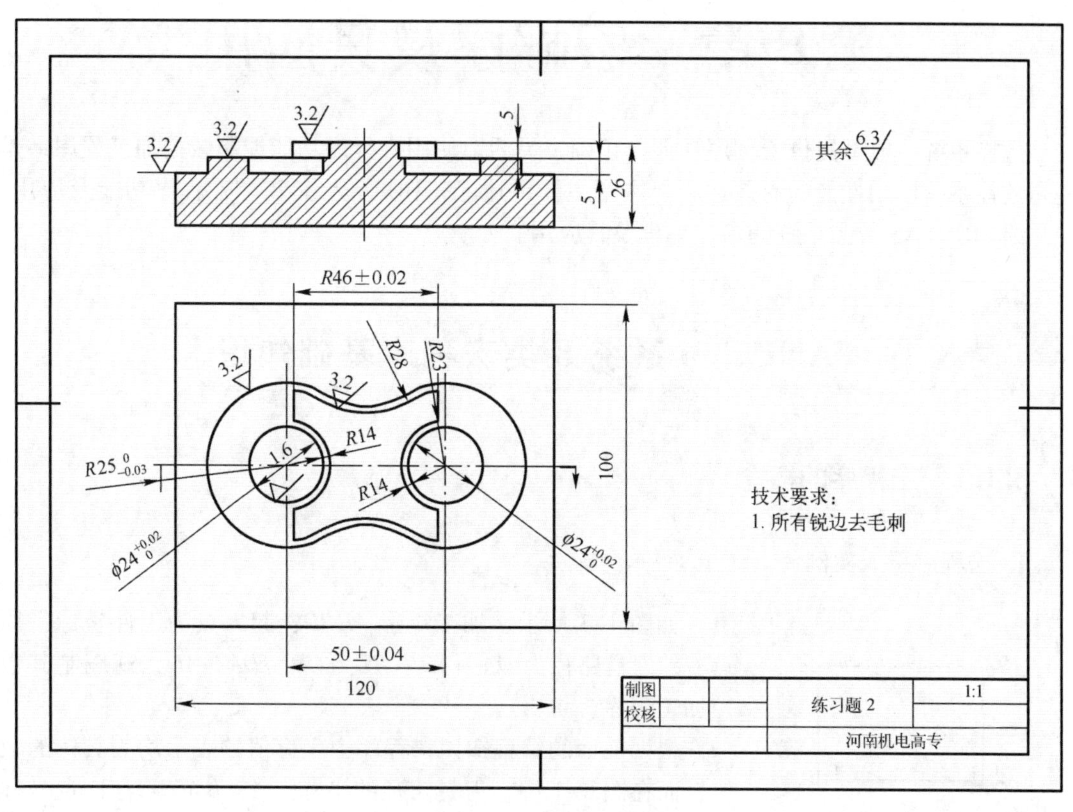

图 7-42　习题（9）图

（10）零件如图 7-43 所示，在其他机床上已把零件的四周与下表面加工好，现在加工中心上进行加工，要求编写加工程序，并完成零件的加工。

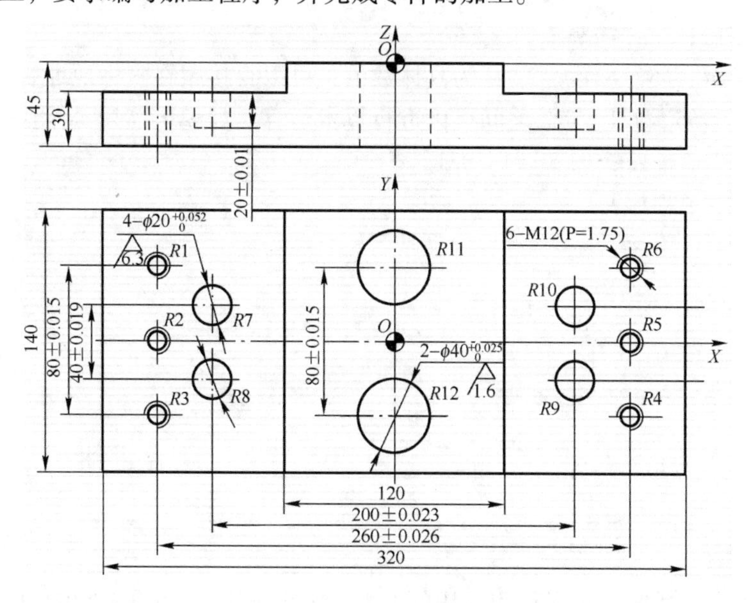

图 7-43　习题（10）图

第 8 章　宏程序及其应用

数控系统一般都提供宏程序功能，正确、灵活地使用宏程序功能编制数控加工程序，是提高数控系统使用性能的有效途径。本章主要讲述 FANUC 0i 系统 B 类宏程序功能及应用，并介绍 SIEMENS 数控系统的参数编程及其应用。

8.1　FANUC 0i 系统 B 类宏程序基础知识

8.1.1　宏程序的概念

1. 宏程序引入实例

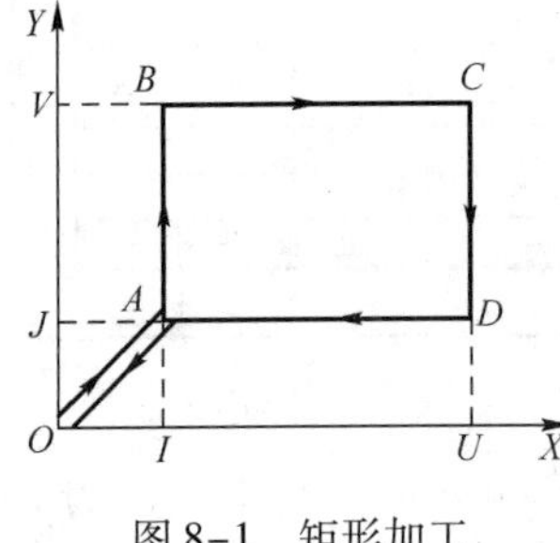

图 8-1　矩形加工

如图 8-1 所示，加工矩形 *ABCD*，起刀点为工件坐标系原点 *O*，刀具路径为 *OA*→*AB*→*BC*→*CD*→*DA*→*AO*，现编制其数控加工程序。

根据前面的编程知识，程序中坐标值的表示均为具体的数值，而在图 8-1 中，刀具路径的坐标点 *A*、*B*、*C*、*D* 四点坐标值给定的是地址（字母），而不是具体的数值。为了编程，先建立以下概念。

（1）地址 *I* = #4，*J* = #5，*U* = #21，*V* = #22，且将#4、#5、#21、#22 称为变量；

（2）将变量#4、#5、#21、#22 认为具体数值，可以直接跟在坐标地址后，如 Y#5；

（3）变量#4、#5、#21、#22 之间可以进行算术运算，如#21 - #4，封闭在[　]内后，也可以直接跟在坐标地址后，如 X[#4 - #21]。

此时编制如下子程序：

```
O9531;
G90 G01 X#4 Y#5;
Y#22;
X#21;
Y#5;
G91 X[#4 - #21];
X - #4 Y - #5;
M99;
```

上面的程序在使用时，可以使用专用的 G 指令进行调用。如果 I = 30，J = 30，U = 120，V = 100，调用程序段为：

```
G65 P9531 I30 J30 U120 V100;
```

调用时，地址后的数值可以根据实际加工尺寸指定，且与变量有一一对应的关系，调用后将变量赋值为具体数值。

2. 宏程序概念和特征

在数控加工程序中，用变量代替某些数值，以及这些变量的运算和赋值过程，称为宏程序主体，简称为宏程序。上述程序段中的程序 O9531 为宏程序。

宏程序可用规定的指令作为代号，以便调用。调用宏程序时，使用的专用指令称为宏调用指令，简称为宏指令。如上述的 G65 指令。

宏程序的主要特征有以下 4 个方面。

☺ 在宏程序中，可以使用变量代替具体数值。

☺ 变量之间可以进行运算。

☺ 可以用宏指令对变量进行赋值。赋值时，地址与变量之间有一一对应的关系。

☺ 编制复杂的数控程序时，在宏程序中可以使用控制语句。

8.1.2　变量

在普通加工程序和子程序中，总是将一个具体的数值赋给一个地址。为了使程序更具通用性、更加灵活，在宏程序中设置了变量，即将变量赋给一个地址。

1. 变量的表示

变量可以用“#”号及其后面的变量号来表示。当用表达式指定变量号时，表达式必须封闭在括号内，如#3、#104、#[#5 + #10 - 6]。

2. 变量的引用

在程序中，地址符后的数值可以使用一个变量来代替，即引用了变量。当用表达式指定变量时，表达式必须封闭在括号内。若改变引用的变量值的符号，可在#的前面加负号（-）。

示例如下：

```
G01 X[#1 + #2 - 20] Z - #20 F#12;
```

【说明】

☺ 地址 O 和 N 不能引用变量，不能用 O#100，N#120 编程；

☺ 变量值可以显示在 CRT 画面上，也可以用 MDI 键给变量设定值。

3. 变量的类型

FANUC 系统的变量分为局部变量、公共变量和系统变量 3 种。

1）局部变量　局部变量在同一程序级中调用时含义相同，若在另一级程序（如子程序）中使用，则意义不同。局部变量的序号为#1 ～#33，主要用于变量之间的相互传递，初始状态下未赋值时为空变量。当电源断电时，局部变量被初始化为空。调用宏程序时，自变量对局部变量赋值。

2）公共变量 公共变量是在主程序及其调用的各个用户宏程序内公用的变量。也就是说，在一个宏指令中的#i与在另一个宏指令中的#i是相同的。

公共变量的序号范围为#100 ～#131 和#500 ～#531。其中，#100 ～#131 公共变量在电源断电时被初始化为空；而#500 ～#531 公共变量即使断电后，它们的值也保持不变。

3）系统变量 系统变量是有固定用途的变量，它的值决定系统的状态。系统变量包括刀具偏置变量、接口的输入/输出信号变量、位置信息变量等。这里仅对与编程相关性较大的部分系统变量进行介绍。

【刀具补偿值】 用系统变量可以读/写刀具补偿值。可以使用的变量数取决于刀补数，是否区分外形补偿和磨损补偿，以及是否区分刀具长度补偿和刀具半径补偿。当偏置组数不大于200时，也可使用#2001 ～#2400。刀具补偿值的系统变量见表8–1。

表8–1 刀具补偿值的系统变量

补 偿 号	刀具长度补偿（H）		刀具半径补偿（D）	
	外形补偿	磨损补偿	外形补偿	磨损补偿
1	#11001（#2201）	#10001（#2001）	#13001	#12001
⋮	⋮	⋮	⋮	⋮
200	#11201（#2400）	#10201（#2200）	⋮	⋮
⋮	⋮	⋮	⋮	⋮
400	#11400	#10400	#13400	#12400

【模态信息】 正在处理的程序段前的模态信息可以读出，模态信息的系统变量见表8–2。

表8–2 模态信息的系统变量

变 量 号	功 能	
#4001	G00，G01，G02，G03，G33，G75，G77，G78，G79	第1组
#4002	G17，G18，G19	第2组
#4003	G90，G91	第3组
#4004	G22，G23	第4组
#4005	G94，G95	第5组
#4006	G20，G21	第6组
#4007	G40，G41，G42	第7组
#4008	G43，G44，G49	第8组
#4009	G73，G74，G76，G80～G89	第9组
#4010	G98，G99	第10组
#4011	G50，G51	第11组
#4012	G66，G67	第12组
#4013	G96，G97	第13组
#4014	G54 – G59	第14组
#4015	G61 – G64	第15组
#4016	G68，G69	第16组
⋮ ⋮	⋮ ⋮	
#4022	G50.1，G51.1	第22组

续表

变　量　号	功　　能
#4102	B 代码
#4107	D 代码
#4109	F 代码
#4111	H 代码
#4113	M 代码
#4114	顺序号
#4115	程序号
#4119	S 代码
#4120	T 代码
#4130	P 代码（当前所选的加工件坐标系）

【当前位置数据】 当前位置数据的系统变量见表 8-3。位置信息不能写，只能读。

表 8-3　当前位置数据的系统变量

<table>
<tr><th>变　量　号</th><th>位置信息</th><th>坐　标　系</th><th>刀具补偿值</th><th>运动时的读操作</th></tr>
<tr><td>#5001～#5004</td><td>程序段终点</td><td>工件坐标系</td><td>不包含</td><td>可能</td></tr>
<tr><td>#5021～#5024</td><td>当前位置</td><td>机床坐标系</td><td rowspan="3">包含</td><td rowspan="2">不可能</td></tr>
<tr><td>#5041～#5044</td><td>当前位置</td><td rowspan="2">工件坐标系</td></tr>
<tr><td>#5061～#5064</td><td>跳转信号位置</td><td>可能</td></tr>
<tr><td>#5081～#5084</td><td>刀具长度补偿值</td><td></td><td></td><td rowspan="2">不可能</td></tr>
<tr><td>#5101～#5104</td><td>伺服位置偏差</td><td></td><td></td></tr>
</table>

注：（1）第 1 位代表轴号（从 1 到 4 分别为 *X*、*Y*、*Z* 与第 4 轴）。

（2）变量#5081～#5084 存储的刀具长度补偿值是当前的执行值，不是后面程序段的处理值。

（3）在 G31（跳转功能）程序段中跳转信号接通时的刀具位置存储在变量#5061～#5064 中。当 G31 程序段中的跳转信号未接通时，这些变量中存储指定程序段的终点值。

（4）运动期间不能读是指由于缓冲（预读）功能的原因，不能读期望值。

【工件零点偏移值】 工件零点偏移值的系统变量见表 8-4。工件零点偏移值可以读和写。

表 8-4　工件零点偏移值的系统变量

变　量　号	功　　能	变　量　号	功　　能
#5201 ⋮ #5204	第 1 轴外部工件零点偏移值 ⋮ 第 4 轴外部工件零点偏移值	#5321 ⋮ #5324	第 1 轴 G59 工件零点偏移值 ⋮ 第 4 轴 G59 工件零点偏移值
#5221 ⋮ #5224	第 1 轴 G54 工件零点偏移值 ⋮ 第 4 轴 G54 工件零点偏移值	#7001 ⋮ #7004	第 1 轴工件零点偏移值（G54. 1 P1） ⋮ 第 4 轴工件零点偏移值（G54. 1 P1）
#5241 ⋮ #5244	第 1 轴 G55 工件零点偏移值 ⋮ 第 4 轴 G55 工件零点偏移值	#7021 ⋮ #7024	第 1 轴工件零点偏移值（G54. 1 P2） ⋮ 第 4 轴工件零点偏移值（G54. 1 P2）
#5261 ⋮ #5264	第 1 轴 G56 工件零点偏移值 ⋮ 第 4 轴 G56 工件零点偏移值	⋮	⋮
#5281 ⋮ #5284	第 1 轴 G57 工件零点偏移值 ⋮ 第 4 轴 G57 工件零点偏移值	#7921 ⋮ #7924	第 1 轴工件零点偏移值（G54. 1 P47） ⋮ 第 4 轴工件零点偏移值（G54. 1 P47）
#5301 ⋮ #5304	第 1 轴 G58 工件零点偏移值 ⋮ 第 4 轴 G58 工件零点偏移值	#7941 ⋮ #7944	第 1 轴工件零点偏移值（G54. 1 P48） ⋮ 第 4 轴工件零点偏移值（G54. 1 P48）

8.1.3 算术和逻辑运算

表8-5中列出的运算可以在变量中执行。表中“=”右边的表达式可以包含常量、函数或运算符组成的变量。表达式中的变量#j和#k可以用常数来替换。左侧的变量也可以用表达式赋值。

表8-5 算术和逻辑运算一览表

<table>
<tr><th colspan="2">功　能</th><th>格　式</th><th colspan="2">备　注</th></tr>
<tr><td colspan="2">定义、置换</td><td>#i = #j</td><td colspan="2"></td></tr>
<tr><td rowspan="4">算术运算</td><td>加法</td><td>#i = #j + #K</td><td colspan="2"></td></tr>
<tr><td>减法</td><td>#i = #j - #K</td><td colspan="2"></td></tr>
<tr><td>乘法</td><td>#i = #j * #K</td><td colspan="2"></td></tr>
<tr><td>除法</td><td>#i = #j/#K</td><td colspan="2">当指定为0的除数时，出现P/S报警No. 112</td></tr>
<tr><td rowspan="6">三角函数</td><td>正弦</td><td>#i = SIN[#j]</td><td></td><td rowspan="6">1. 角度单位是度（°）。如 90° 30′表示为90.5°。
2. 函数ASIN与ACOS中，当#j超出-1～1的范围时，发出P/S报警No. 111</td></tr>
<tr><td>反正弦</td><td>#i = ASIN[#j]</td><td>当参数（No. 6004#0）NAT位设为0时，取值范围为270°～90°；设为1时，取值范围为-90°～90°</td></tr>
<tr><td>余弦</td><td>#i = COS[#j]</td><td></td></tr>
<tr><td>反余弦</td><td>#i = ACOS[#j]</td><td>取值范围为180°～0°</td></tr>
<tr><td>正切</td><td>#i = TAN[#j]</td><td></td></tr>
<tr><td>反正切</td><td>#i = ATAN[#j]</td><td>可指定两个边的长度，并用斜杠（/）分开，如#i = ATAN[#j]/[#k]。当（参数No. 6004，#0）NAT位设为0时，取值范围为0°～360°；设为1时，取值范围为-180°～180°</td></tr>
<tr><td rowspan="7">函数</td><td>平方根</td><td>#i = SQRT[#j]</td><td colspan="2"></td></tr>
<tr><td>绝对值</td><td>#i = ABS[#j]</td><td colspan="2"></td></tr>
<tr><td>舍入</td><td>#i = ROUND[#j]</td><td colspan="2">当算术运算或逻辑运算指令IF或WHILE中包含ROUND函数时，ROUND函数在第1个小数位置四舍五入；当在NC语句地址中使用ROUND函数时，ROUND函数根据地址的最小设定单位将指定值四舍五入</td></tr>
<tr><td>上取整</td><td>#i = FIX[#j]</td><td colspan="2" rowspan="2">CNC处理数值运算时，若操作后产生的整数绝对值大于原数的绝对值，为上取整；若小于原数的绝对值，为下取整。对于负数的处理应小心</td></tr>
<tr><td>下取整</td><td>#i = FUP[#j]</td></tr>
<tr><td>指数函数</td><td>#i = EXP[#j]</td><td colspan="2">当运算结果超过3.65×10^{47}（j约为110）时，出现溢出并发出P/S报警No. 111</td></tr>
<tr><td>自然对数</td><td>#i = LN[#j]</td><td colspan="2">相对误差可能大于10^{-8}。当反对数（#j）为0或小于0时，发出P/S报警No. 111</td></tr>
<tr><td rowspan="3">逻辑运算</td><td>与</td><td>#iAND#j</td><td colspan="2" rowspan="3">逻辑运算逐位地按二进制进行</td></tr>
<tr><td>或</td><td>#iOR#j</td></tr>
<tr><td>异或</td><td>#iXOR#j</td></tr>
<tr><td colspan="2">从BCD转为BIN</td><td>#i = BIN[#j]</td><td colspan="2" rowspan="2">用于与PMC的信号转换</td></tr>
<tr><td colspan="2">从BIN转为BCD</td><td>#i = BCD[#j]</td></tr>
</table>

1）算术与逻辑运算指令的缩写　在程序中，函数名的前两个字符可以用于指定该函数。如ROUND→RO与FIX→FI。

2）运算顺序　算术运算和函数运算可以结合在一起使用，运算的先后顺序是函数运算→

乘/除运算→加/减运算。

3）括号的应用　括号用于改变运算次序。连同函数中使用的括号在内，括号在表达式中最多可用 5 级。当超过 5 级时，出现 P/S 报警 No. 118。

4）运算误差　使用宏程序运算时，必须考虑可能出现的误差。运算中的误差见表 8-6。

表 8-6　运算中的误差

运　算	平均误差	最大误差	误差类型
a = b * c	1.55×10^{-10}	4.66×10^{-10}	相对误差① $\left\|\frac{\varepsilon}{a}\right\|$
a = b/c	4.66×10^{-10}	1.88×10^{-9}	
a = $\sqrt{b}$	1.24×10^{-9}	3.73×10^{-9}	
a = b + c a = b − c	2.33×10^{-10}	5.32×10^{-10}	最小 $\left\|\frac{\varepsilon}{b}\right\|\cdots\left\|\frac{\varepsilon}{c}\right\|$②
a = SIN[b] a = COS[b]	5.0×10^{-9}	1.0×10^{-8}	绝对误差③ $\|\varepsilon\|$ 度
a = ATAN [b] / [c]④	1.8×10^{-6}	3.6×10^{-6}	

注：①相对误差取决于运算结果；②采用两类误差的较小者；③绝对误差是常数，而不管运算结果如何；④函数 TAN 执行 SIN/COS。

【说明】

（1）如果 SIN、COS 或 TAN 函数的运算结果小于 1.0×10^{-8} 或由于运算精度的限制不为 0，设定参数 No. 6004#1 为 1，则运算结果可以归算为 0。

（2）变量值的精度约为 8 位十进制数。当在加/减运算中处理非常大的数时，将得不到期望的结果。例如，当试图把下面的值赋给变量#1 和#2 时：

#1 = 9876543210123. 456　　　　#2 = 9876543277777. 777

变量值实际为

#1 = 9876543200000. 000　　　　#2 = 9876543300000. 000

此时，当编程计算#3 = #2 − #1 时，其结果#3 并不是 67654. 321，而是#3 = 100000. 000。

（3）使用条件表达式 EQ、NE、GE、GT、LE 和 LT 时，可能造成误差。例如，在做条件判断 IF[#1EQ#2]时，由于运算会受#1 和#2 的误差的影响，由此会造成错误的判断。因此，应该改为误差判断来限制比较稳妥，即用 IF[ABS[#1 − #2]LT0. 001]代替。此时，当两个变量的差值未超过允许极限（此处为 0. 001）时，则认为两个变量的值是相等的。

（4）使用下取整指令时应小心。例如，当计算#2 = #1 * 1000，式中#1 = 0. 002 时，变量#2 的结果值不是准确的 2，可能是 1. 99999997。这里，当指定#3 = FIX[#2]时，变量 3 的结果值不是 2，而是 1. 0。此时，可先纠正误差，再执行下取整，如#3 = FIX[#2 + 0. 001]。或者用舍入操作，如#3 = ROUND[#2]，即可得到正确结果。

8. 1. 4　控制语句

1. 无条件转移（GOTO 语句）

无条件转移语句的编程格式如下：

GOTO n;n 为顺序号(1～99999)

示例如下：

GOTO88;——转移到标有 N88 的程序段。

【说明】

☺ 当 n 指定为 1 ～ 99999 以外的顺序号时，出现 P/S 报警 No. 128；

☺ 顺序号 n 可以由变量或表达式替代。

2. 条件转移

条件转移语句编程格式一：

IF [<条件表达式>] GOTO n;

如果指定的条件表达式满足，转移到标有顺序号 n 的程序段；如果指定的条件表达式不满足，则执行下一个程序段。

例如，如果变量#1 的值大于 10，转移到标有顺序号 2 的程序段，其程序格式与执行顺序如下。

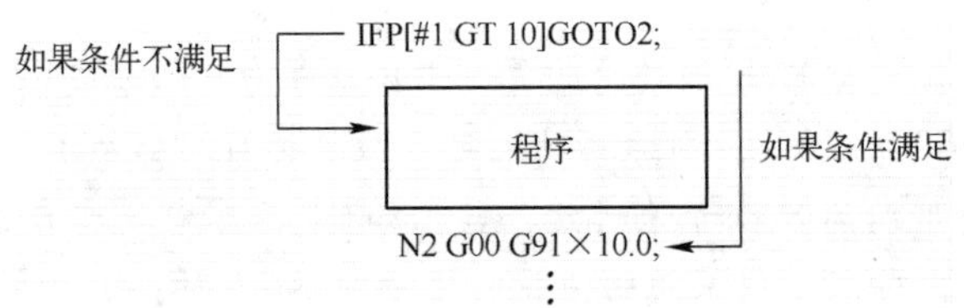

条件转移语句编程格式二：

IF [<条件表达式>] THEN;

示例如下：

IF[#10 EQ #24] THEN #3 = 20;——如果#10 和#24 的值相同,20 赋给#3。

【条件表达式】 条件表达式必须包括运算符。运算符插在两个变量中间或变量与常数中间，并且用括号（[ ]）封闭。表达式可以替代变量。

【运算符】 运算符由两个字母组成，用于两个值的比较，以决定它们是相等还是一个值小于或大于另一个值。运算符见表 8-7。注意：不能使用不等号。

表 8-7 运算符

运 算 符	含 义	运 算 符	含 义
EQ	等于（=）	GE	大于或等于（≥）
NE	不等于（≠）	LT	小于（<）
GT	大于（>）	LE	小于或等于（≤）

3. 循环语句

循环语句编程格式及执行顺序如下：

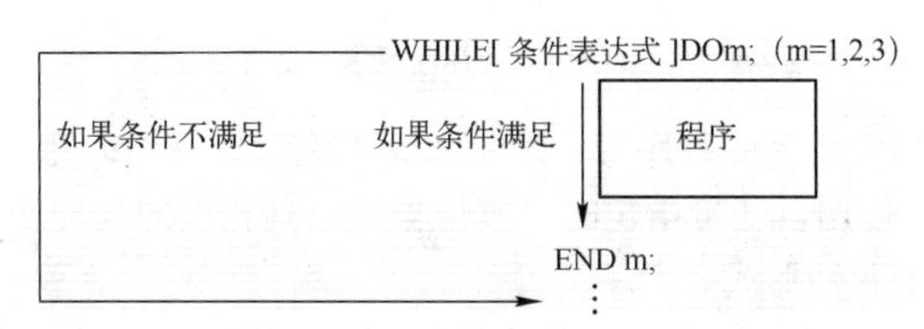

在 WHILE 后指定一个条件表达式，当指定条件满足时，执行从 DO 到 END 之间的程序；否则，转到 END 后的程序段。与 IF 语句的指令格式相同，DO 后的数和 END 后的数为指定程序执行范围的标号，标号值为 1、2、3。若用 1、2、3 以外的值，会产生 P/S 报警 No. 126。

【说明】

☺ 在 DO—END 循环中的标号（1 ～ 3）可根据需要多次使用，如图 8-2（a）所示；
☺ DO 的范围不能有交叉，如图 8-2（b）所示；
☺ DO 循环可以嵌套 3 级，如图 8-2（c）所示；
☺ 条件转移可以转移到循环外面，如图 8-2（d）所示；
☺ 条件转移不能进入到循环里面，如图 8-2（e）所示；

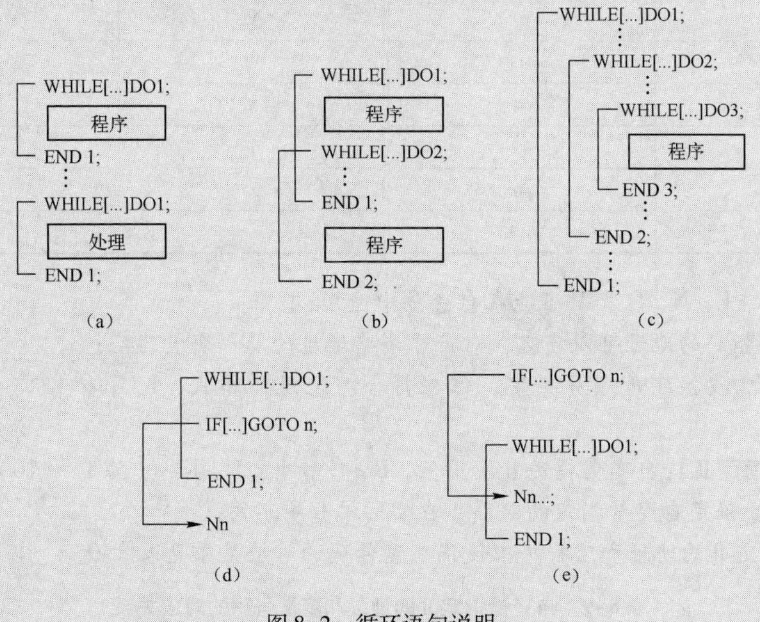

图 8-2　循环语句说明

☺ 当指定 DO 而没有指定 WHILE 语句时，产生从 DO 到 END 的无限循环；
☺ 在处理有标号转移的 GOTO 语句时，进行顺序号检索，反向检索的时间要比正向检索的时间长，用 WHILE 语句实现循环可减少处理时间；
☺ 条件转移与循环语句在一定的程度上可以互相替代。

8.1.5　宏程序调用

调用宏程序的方法有多种，在这里仅介绍非模态调用（G65）与模态调用（G66、G67）。

1. 非模态调用（G65）

编程格式如下：

G65 P××××(宏程序号) L ×××(循环次数) <自变量指定>

其中，地址P指定用户宏程序的程序号；地址L后指定1～9999之间的重复次数，省略L值时，认为L等于1；使用自变量指定时，其值被赋值到相应的局部变量。

自变量指定有以下两种形式。

【自变量指定Ⅰ】 自变量指定Ⅰ使用除G、L、O、N和P外的地址，每个地址指定一次，地址和宏程序内所使用变量号码的对应关系见表8-8。

表8-8 自变量指定Ⅰ的地址和变量号码的对应关系

自变量指定Ⅰ的地址	宏主体中的变量	自变量指定Ⅰ的地址	宏主体中的变量
A	#1	Q	#17
B	#2	R	#18
C	#3	S	#19
D	#7	T	#20
E	#8	U	#21
F	#9	V	#22
H	#11	W	#23
I	#4	X	#24
J	#5	Y	#25
K	#6	Z	#26
M	#13		

☺ 地址G、L、N、O和P不能在自变量中使用；

☺ 不需要指定的地址可以省略，对应于省略地址的局部变量为空；

☺ 地址不需要按字母顺序指定，但应符合字地址的格式，I、J和K需要按字母顺序指定。

【自变量指定Ⅱ】 自变量指定Ⅱ使用A、B、C和I_i、J_i、K_i（i为1～10）地址。I、J、K的下标i用于确定自变量指定的顺序，在实际编程中不写。

自变量指定Ⅱ的地址和宏程序中使用变量号码的对应关系见表8-9。

表8-9 自变量指定Ⅱ的地址和变量号码的对应关系

自变量指定Ⅱ的地址	宏主体中的变量	自变量指定赋值Ⅱ的地址	宏主体中的变量
A	#1	……	……
B	#2	……	……
C	#3	……	……
I_1	#4	……	……
J_1	#5	……	……
K_1	#6	……	……
I_2	#7	I_{10}	#31
J_2	#8	J_{10}	#32
K_2	#9	K_{10}	#33

在自变量指定中，根据使用的字母，CNC 内部自动识别自变量指定Ⅰ和自变量指定Ⅱ。如果自变量指定Ⅰ和自变量指定Ⅱ混合指定，后指定的自变量类型有效。示例如下：

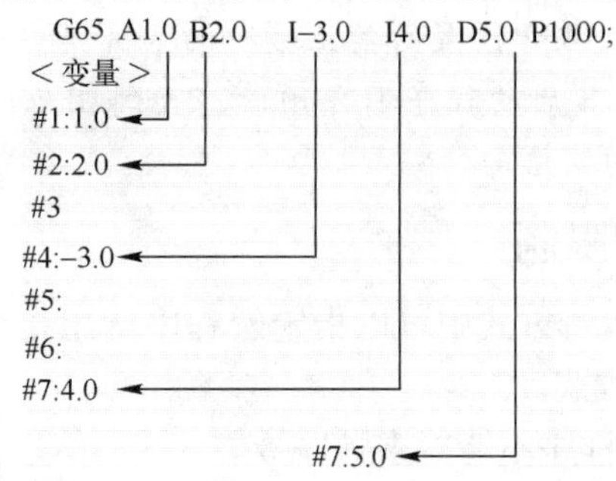

在上例中，对于变量#7，由 I4.0 及 D5.0 这两个自变量指定时，只有后边的 D5.0 有效。

2. 模态调用

编程格式如下：

G66　P××××(宏程序号) L ×××(循环次数)　<自变量指定>

当程序段中有移动指令时，先执行完移动指令，然后再调用宏程序，因此又称为移动调用指令。取消宏程序模态调用用 G67 指令。

示例如下：

宏程序：	主程序：	模态调用说明：
O8500；	O0015；	
：：：；	G66 P8500 A10 B2 J50；	无移动指令，不调用宏程序
#5 = #5 – 1；	G00 X50 Y50；	定位完成后，调用宏程序
G01 X#5F#10；	M01；	只有辅助功能但无移动指令的程序段中不能调用宏程序
：：：；	G67；	取消宏程序模态调用
M99；	G01 X80 Y80；	不再执行模态宏程序调用
	M30；	

【调用嵌套】 宏程序调用可以嵌套 4 级，包括非模态调用（G65）和模态调用（G66），但不包括子程序调用（M98）。

【局部变量的级别】

☺ 局部变量嵌套范围为 0 ～ 4 级。主程序是 0 级。

☺ 宏程序每调用 1 次（用 G65 或 G66），局部变量级别加 1。前一级的局部变量值保存在 CNC 中。

☺ 当宏程序执行 M99 指令时，控制返回到调用程序。此时，局部变量级别减 1，并恢复宏程序调用时保存的局部变量值。

8.1.6　宏程序语句的处理

在运行数控程序时，为了平滑加工，CNC 预读下一段要执行的 NC 语句，这种运行方式称为缓冲。

在刀具半径补偿方式（G41、G42）中，NC 为了找到交点提前预读 2 ～ 3 个程序段的 NC 语句。使用时应注意以下 3 点。

☺ 算术表达式和条件转移的宏程序语句在它们被读进缓冲寄存器后立即被处理。

☺ M00、M01、M02 或 M30 的程序段不预读。

☺ 由参数 No. 3411 ～ No. 3432 设置的禁止缓冲的 M 代码的程序段，以及包含禁止缓冲的 G 代码（如 G53），其后的程序不再预读，直到相应的 M 代码和 G 代码的动作执行完毕，才执行之后的宏语句。

8.1.7 宏程序的使用限制

1）MDI 运行 在 MDI 运行方式中可以指定宏程序调用指令。但是，在自动运行期间，宏程序调用不能切换到 MDI 方式。

2）顺序号检索 用户宏程序不能检索顺序号。

3）单程序段

（1）在单程序段方式下，即使宏程序正在执行，程序段也能被停止。

（2）包含宏程序调用指令（G65、G66 或 G67）的程序段，在单程序段方式时不停止。

（3）当设定 SBM（参数 No. 6000 的第 5 位）为 1 时，包含算术运算指令和控制指令的程序段可以停止。

【注意】 在刀具半径补偿 C 方式中，当宏程序语句中出现单程序段停止时，该语句被认为是不包含移动的程序段，在某些情况下，不能执行正确的补偿（严格地讲，该程序段被当做指定移动距离为 0 的移动）。

4）跳读程序段 在 <表达式> 中间出现的“/”符号（在算术表达式的右边，封闭在括号 [ ] 中）被认为是除法运算符，不作为任选程序段跳过代码。

5）EDIT 方式

（1）设定参数 NE8（参数 No. 3202 的第 0 位）和 NE9（参数 No. 3202 的第 4 位）为 1，可对程序号 8000 ～ 8999 和 9000 ～ 9999 的用户宏程序和子程序进行保护。

（2）当存储器全清时（电源接通时，同时按下【RESET】键和【DELETE】键），存储器的全部内容（包括宏程序）都被清除。

6）复位

（1）复位后，局部变量和#100 ～#199 的公共变量被清除为空值。如果设定 CLV 和 CCV（参数 6001 的第 7 位和第 6 位），它们可以不被清除。

（2）复位操作清除任何用户宏程序和子程序的调用状态及 DO 状态，并返回到主程序。

7）程序再启动的显示 与 M98 指令一样，子程序调用使用的 M、T 代码不显示。

8）进给暂停 在宏程序语句执行期间，进给暂停有效时，宏语句执行后机床停止。当复位或出现报警时，机床也停止。

9）<表达式> 中可以使用的常数值 <表达式> 中可以使用的常数值范围为 +0. 0000001～ +99999999 和 -99999999 ～ -0. 0000001，有效数值是 8 位（十进制），如果超过这个范围，将出现 P/S 报警 No. 003。

8.2 FANUC 0i 系统 B 类宏程序应用

对于某些具有抛物线、椭圆、双曲线等曲线构成轮廓的特殊零件，用数控机床的普通 G 代码指令是难以加工的。对于这种零件，应该使用宏程序进行程序的编制。宏程序指令不仅适合抛物线、椭圆、双曲线等没有插补指令的曲线的编程，还适合于图形一样只是尺寸不同的系列零件的编程，同样适合于工艺路径一样，只是位置数据不同的系列零件的编程。使用宏程序可以极大地提高编程效率，大大简化程序，并且能扩展数控机床的使用范围。

8.2.1　椭圆轮廓的铣削加工

1. 数学模型的建立

1）同心圆法　如图 8-3 所示，当圆心角以每步进角度（如 1°）在 0° ～ 360°范围内变化时，任意一点 B 的坐标：

$$\begin{cases} X = OD = a\cos\alpha \\ Y = AD - AB = a\sin\alpha - (a-b)\sin\alpha = b\sin\alpha \end{cases}$$

2）解析几何法　用解析几何方法得椭圆的方程：

$$X^2/a^2 + Y^2/b^2 = 1$$

当 X 以每个步进距离（如 0.1）在 $-a$ ～ a 之间变化时，任意一点 Y 坐标为 $Y = b/a\ \sqrt{a^2 - X^2}$。

上述两种方法是可以相互转化的，实质上都是通过某一数在一定范围内变化来求椭圆上任意点的坐标的。

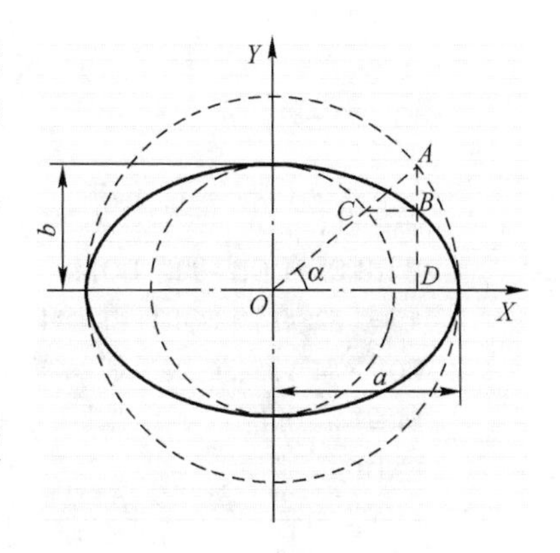

图 8-3　椭圆数学模型

对于已知方程式的曲线，都可以使用解析几何方法建立数学模型，其基本思路是其中一个坐标以每个步进距离（如 0.1）变化，通过方程式表示出另一个坐标。

2. 程序的编制

1）同心圆法建立椭圆数学模型的宏程序　变量说明如下：

```
#1                  椭圆 X 轴半径 a
#2                  椭圆 Y 轴半径 b
#3                  刀具半径
#4                  圆心角变量
```

宏程序代码如下：

```
O0100;                          程序号
#4 =0;                          圆心角变量赋初始值 0
WHILE[#4 LE 360] DO1;           以圆心角变化为条件的循环开始
#5 =[#1 ±#3] * COS[#4];        X 坐标函数表达式，铣削椭圆外形时用“+”号，铣削椭圆槽时用“-”号
#6 =[#2 ±#3] * SIN[#4];        Y 坐标函数表达式，铣削椭圆外形时用“+”号，铣削椭圆槽时用“-”号
G01 X#5 Y#6;                    直线插补
#4 =#4 +1;                      圆心角变量以 1°递增
END1;                           循环结束
M99;                            程序结束
```

2）解析几何方法建立椭圆数学模型的宏程序 变量说明如下：

#1	椭圆 *X* 轴半径 *a*
#2	椭圆 *Y* 轴半径 *b*
#3	刀具半径
#4	*X* 坐标变量

宏程序如下：

```
O0100;                                  程序号
#1 = #1 ±#3;                            刀具中心对应的椭圆 X 轴半径，铣削椭圆外形时用"+"号，
                                        铣削椭圆槽时用" - "号
#2 = #2 ±#3;                            刀具中心对应的椭圆 Y 轴半径，铣削椭圆外形时用"+"号，
                                        铣削椭圆槽时用" - "号
#4 = #1;                                X 坐标初始值为刀具中心对应的椭圆 X 轴半径
WHILE[#4 GE -#1] DO1;                   以 X 坐标变化为条件的循环语句开始
#5 = [#2/#1] * SQRT[#1 * #1 - #4 * #4 ];     Y 坐标函数表达式
G01 X#4 Y#5;                            直线插补
#4 = #4 -0.1;                           X 坐标变量以 0.1 递减
END1;                                   循环语句结束
#4 = -#1;                               X 坐标初始值为负的刀具中心对应的椭圆 X 轴半径
N50 #5 = [#2/#1] * SQRT[#1 * #1 - #4 * #4 ];  Y 坐标函数表达式
G01 X#4 Y# -5;                          直线插补
#4 = #4 +0.1;                           X 坐标变量以 0.1 递增
IF[#4 LE #1] GOTO50;                    以 X 坐标变化为条件转移语句
M99;                                    程序结束
```

3. 椭圆形凸台加工实例

编制加工如图 8-4 所示的椭圆凸台。

1）工艺问题的处理 椭圆轴线与坐标轴不重合，使用 G68 指令进行坐标系旋转。

轮廓进行一次粗加工，一次精加工，利用多次调用宏程序，通过设定不同的刀具半径值实现粗、精加工。

2）椭圆的加工程序 椭圆加工宏程序如前述程序 O0100。

椭圆加工主程序如下：

```
O0001                               程序号
T01 M06;                            选择 1 号刀具（假定刀具直径 φ25）
G00 G54 G90 X0 Y0 S1500 M03;        快速定位到放缩中心，同时启动主轴正转
G68 X0 Y0 R45;                      以工件坐标原点旋转 45°
G00 X45 Y0;                         快速定位到下刀点
G43 Z2 H1;                          快速定位下刀，建立长度补偿
G01 Z -4 F50;                       直线插补下刀到铣削深度
G65 P0100 A30 B20 C12.7;            调用宏程序，变量赋值，留 0.2mm 精加工裕量
G65 P0100 A30 B20 C12.5;            调用宏程序，变量赋值，精加工
G00 Z50;                            快速抬刀
```

G69;	取消旋转
G91 G28 Z0 M05;	Z 坐标返回参考零点，主轴停转
M30;	程序结束

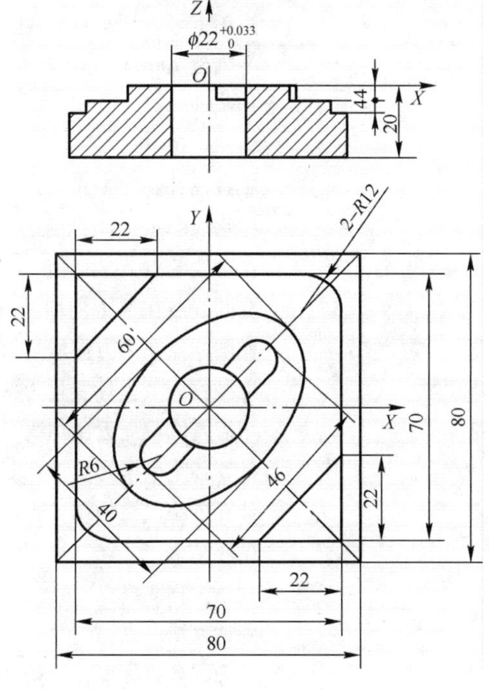

图 8-4　椭圆形凸台

8.2.2　方程曲线轮廓的数控车削精加工

如图 8-5 所示，编制由抛物线、椭圆两种组合构成轮廓的数控车削精加工程序。

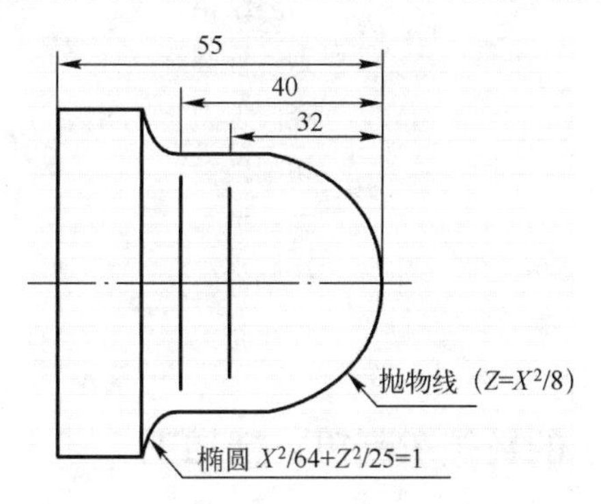

图 8-5　方程曲线轮廓精加工

1. 编程思路

用宏程序编制方程曲线轮廓类零件加工程序的基本思路就是用短的直线段来逼近方程曲线。只要控制好短直线段的间距（一般为 0.1mm），就可以达到加工要求。

2. 加工程序

```
O0005;                              程序号
T0101;                              选用1号刀具及刀补,建立坐标系
S700 M03;                           主轴以700r/min正转
M08;                                切削液开
G00 X0 Z2;                          快速定位
G01 Z0 F0.2;                        直线插补到加工起点
#1 =0;                              抛物线起点X坐标值
#2 =0;                              抛物线起点Z坐标值
#3 =0;                              椭圆起点在X方向增量值
#4 =0;                              椭圆起点在Z方向增量值
WHILE[#2 LE 32] DO1;                以抛物线Z坐标变化为条件的循环开始
G01 X[2*#1] Z-#2;                   用短直线段逼近抛物线
#1 =#1 +0.1;                        计算各小段抛物线X坐标
#2 =#1*#1/8;                        计算各小段抛物线Z坐标
END1;                               循环结束
G01 X32 Z-32;                       到达抛物线终点
Z-40;                               到达直线终点
WHILE[#4 LE 5] DO1;                 以椭圆Z坐标变化为条件的循环开始
#3 =[8/5]*SQRT[25-#4*#4];           以椭圆中心为原点的X坐标函数表达式
#5 =32 +2*[8-#3];                   椭圆X坐标函数表达式
G01 X#5 Z[-40-#4];                  用短直线段逼近椭圆
#4 =#4 +0.1;                        确定椭圆Z轴方向的增量
END1;                               循环结束
G01 X48 Z-45;                       到达椭圆终点
U5;                                 径向退刀
M09;                                切削液关
G00 X100 Z150;                      到换刀点
M05;                                主轴停转
M30;                                程序结束
```

8.2.3 方程曲线轮廓的数控车削粗、精加工

编制能够加工如图8-6所示的部分椭圆轮廓的带参数的通用子程序（宏程序），并通过调用前面编制的子程序，编制能够实现如图8-7所示具体尺寸零件的粗、精加工程序。

1. 编程思路

子程序按轮廓精加工编写，编写时通过宏程序的运算功能，用变量求出椭圆轮廓的起始与终止角度，以及椭圆轮廓与圆柱轮廓的交点，以角度变化为条件，用短直线段来逼近椭圆。通过多次调用精加工子程序，每次偏置不同的 X 坐标值，来实现粗加工。

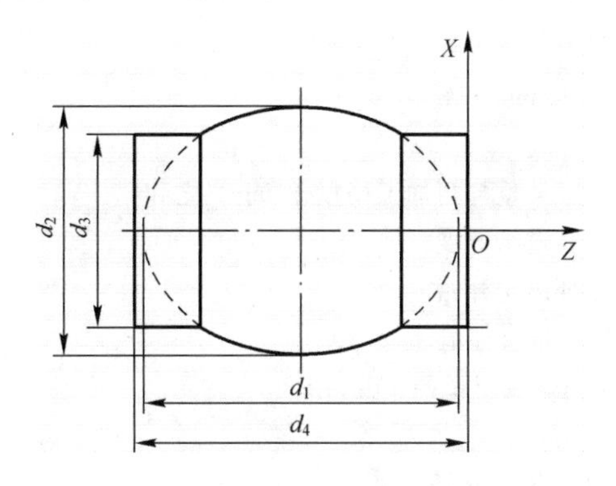

图 8-6　部分椭圆轮廓

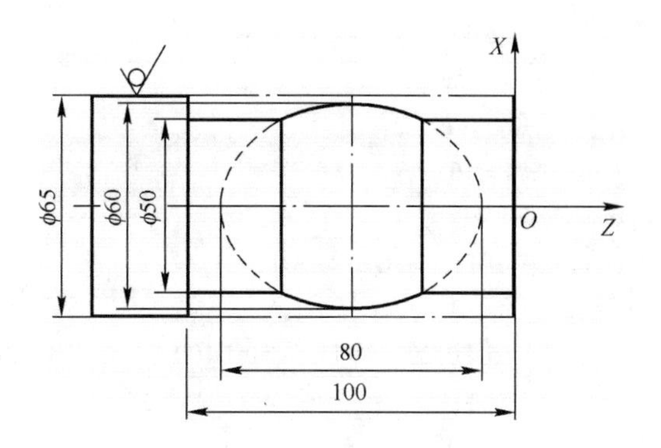

图 8-7　具体尺寸零件

2. 通用子程序（宏程序）

【变量说明】

#1	椭圆 Z 轴尺寸 d_1
#2	椭圆 X 轴尺寸 d_2
#3	工件圆柱面直径 d_3
#7	工件长度 d_4
#8	考虑粗、精加工时 X 向偏置增量直径值

【宏程序】

```
O0120;                                程序号
#18 = SQRT[#2 * #2 - #3 * #3];        间接数值计算
#19 = #1/[2 * #2] * #18;              椭圆起点到椭圆中心的 Z 矢量值
G00 X[#3 + #8];                       定位到起始点
G1 Z[#19 - #7/2];                     转换坐标后的 Z 值
#21 = ACOS[#19/[#1/2]];               计算椭圆起刀点圆弧角度
#23 = 180 - #21;                      计算椭圆终点圆弧角度
#24 = [#23 - #21]/180;                椭圆加工的角度增量
WHILE[#21LE[#23 + #24]]DO1;           循环语句开始
#25 = [#1/2] * COS[#21];              计算椭圆上的 Z 点
#26 = #2 * SIN[#21];                  计算椭圆上的 X 点
G01 X[2 * #26 + #8] Z[#25 - #7/2];    执行偏移后 X、Z 坐标
#21 = [#21 + #24];                    角度开始叠加
END1;                                 循环语句结束
G01 Z - #7;                           直线插补
G0 X[#2 + 5 + #8];                    X 向退刀
Z2;                                   Z 向退刀
M99;                                  程序结束
```

3. 具体尺寸零件的粗、精加工程序

```
O0121;                                程序号
```

```
T0101;                                  选用1号刀具及刀补，建立坐标系
S400 M03;                               主轴以400r/min正转
G00 X70 Z2;                             快速定位
#4 =16;                                 直径上加工裕量与精加工裕量（1mm）之和
F0.3;                                   粗加工每转进给速度
WHILE [#4GE3] DO1;                      粗加工循环语句开始
#4 =#4 -3;                              X向偏置增量直径值递减
G65 P0120 A80 B60 C50 D100 E[#4];       调用宏程序，变量赋值，粗加工
END1;                                   循环语句结束
S600 M03;                               主轴以400r/min正转
F0.2;                                   精加工每转进给速度
G65 P0120 A80 B60 C50 D100 E0;          调用宏程序，变量赋值，精加工
G00 X100 Z100;                          到换刀点
M05;                                    主轴停转
M30;                                    程序结束
```

8.2.4 螺纹铣削加工

编制如图8-8所示螺纹的铣削加工程序。

1. 编程思路

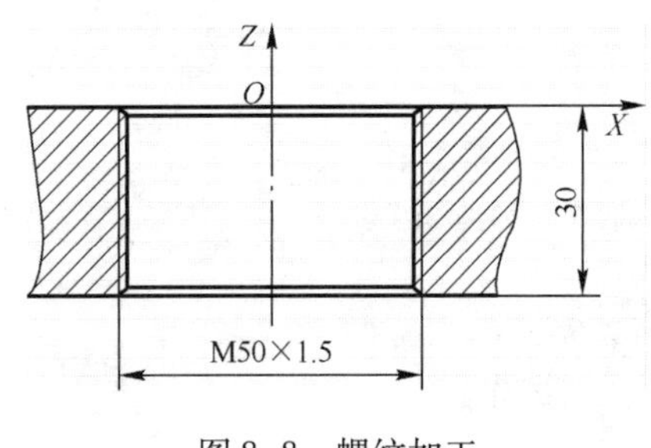

图8-8 螺纹加工

如图8-8所示，螺纹底孔已经预先加工好，螺纹单边加工裕量为0.975mm，分4次进行加工，切深分别为0.4mm、0.25mm、0.2mm和0.125mm，对应的孔半径为24.425mm、24.675mm、24.875mm和25mm。加工时选用单刃螺纹铣刀，其回转半径为15mm，编程时应考虑每次铣削都在初始面以上一定距离开始加工，其值取1mm。为了确保铣削时为整个圆周的螺旋插补，最后铣削的螺纹深度为-30.5mm，此时需经过21次循环才能完成每次加工。

以每加工一个螺距作为一次循环，以整个圆周的螺旋插补的个数作为循环条件编制宏程序。

2. 加工程序

【变量说明】

```
#1                                      螺纹半径
#2                                      螺纹铣刀半径
#3                                      螺纹螺距
#4                                      循环计数
```

【宏程序】

```
O0200;                                  程序号
```

```
#5 = #1 - #2                          刀具中心的回转半径
G00 X#5                               快速定位到每次铣削的螺纹半径
#4 = 1                                循环初始条件
WHILE [#4LE21] DO1;                   循环开始
#6 = 1 - #4 * #3                      螺旋插补 Z 坐标绝对值表达式
G02 I - #5 Z#6 F120                   螺旋铣削至下一层
#4 = #4 + 1;                          循环计数递增
END1;                                 循环结束
G01 G91 X - 5 F500                    向中心回退，以便抬刀
G00 G90 Z1                            快速提刀至螺纹铣削初始 Z 坐标
M99                                   程序结束
```

【主程序】

```
O0201;                                程序号
T01 M06;                              选择 1 号刀具
G00 G54 G90 X0 Y0 S1200 M03;          快速定位到放缩中心，同时启动主轴正转
G43 Z1 H1;                            快速定位下刀，建立长度补偿
G65 P0200 A24.425 B15 C1.5;           调用宏程序，变量赋值，第 1 刀铣削螺纹
G65 P0200 A24.625 B15 C1.5;           调用宏程序，变量赋值，第 2 刀铣削螺纹
G65 P0200 A24.875 B15 C1.5;           调用宏程序，变量赋值，第 3 刀铣削螺纹
G65 P0200 A25 B15 C1.5;               调用宏程序，变量赋值，第 4 刀铣削螺纹
G91 G28 Z0 M05;                       Z 坐标返回参考零点，主轴停转
M30;                                  主程序结束
```

8.2.5　外球面粗、精加工

编制如图 8-9 所示外球面粗加工程序与如图 8-10 所示外球面精加工程序。

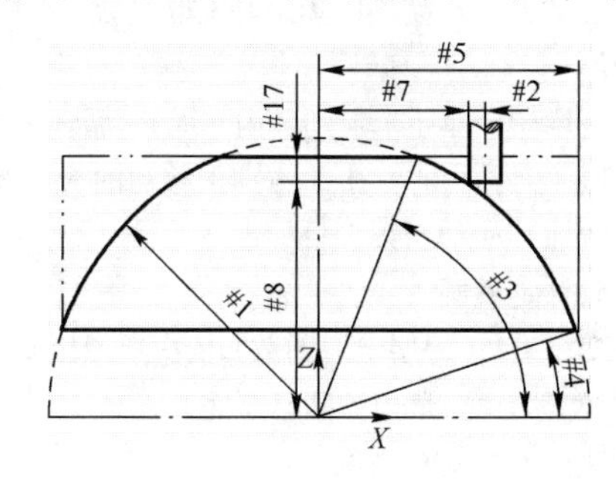

图 8-9　外球面粗加工

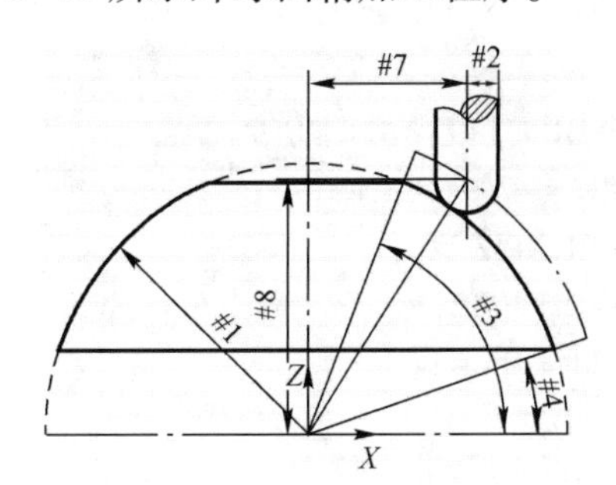

图 8-10　外球面精加工

1. 编程思路

编制外球面粗加工程序时，图 8-9 中双点画线与球面之间的部分为粗加工裕量。加工时使用立铣刀，自上而下以等高方式逐层去除裕量，每层以顺铣方式走刀。在每层加工时，下刀点位置指定在 $+X$ 方向上，如果加工裕量的宽度大于刀具直径，采用由外至内多次走刀方式。

编制外球面精加工程序时，使用球铣刀，自下而上以等角度水平环绕方式进行加工。每

层以顺铣方式走刀，刀具位置指定在 + X 方向上，层间沿球面与 XZ 平面在 + X 方向的交线圆弧进行过渡。

2. 外球面粗加工程序

```
O3000;                              程序号
#1 =50;                             球面圆弧半径
#2 =10;                             立铣刀半径
#3 =90;                             球面初始角度
#4 =0;                              球面终止角度
#6 =0                               任意层步距值，可取刀具直径的80%（经验值）
#8 =0                               任意高度刀尖的Z坐标值，设为自变量
#17 =2;                             Z坐标每层递增量
T01 M06;                            选择刀具
G00 G54 G90 X0 Y0 S1200 M03;        快速定位，启动主轴
G43 Z[#1 +10]H01;                   定位至球面中心上方安全高度
#5 =#1 * COS[#4];                   终止高度上接触点的X坐标值（即毛坯半径）
#6 =1.6 * #2;                       步距设为刀具直径的80%（经验值）
#8 =#1 * SIN[#3];                   任意高度上刀尖的Z坐标值设为自变量，赋初始值
#9 =#1 * SIN[#4];                   终止高度上刀尖的Z坐标值
WHILE [#8 GT #9] DO1;               如果#8 >#9，循环1继续
X[#5 +#2 +2] Y0;                    G00快速移动到毛坯外侧（每层）
Z[#8 +1.];                          G00下降至Z#8以上1处
#18 =#8-#17;                        当前加工深度对应的Z坐标（切削到材料时）
G01 Z#18 F300;                      G01下降至当前加工深度
#7 =SQRT[#1 * #1 -#18 * #18];       任意高度上刀具与球面接触点的X坐标值
#10 =#5 -#7;                        任意高度上被去除部分的宽度
#11 =FIX[#10/#6];                   每层被去除宽度除以步距并上取整数，重置为初
                                    始值
WHILE [#11 GE 0] DO2;               如#11≥0（即还未走到最内一圈），循环2继续
#12 =#7 +#11 * #6 +#2;              每层（刀具中心）在X方向上移动的X坐标目标值
G01 X#12 Y0 ;                       直线插补移动至第1目标点
G02 I -#12;                         顺时针走整圆
#11 =#11 -1;                        自变量#11（每层走刀圈数）依次递减至0
END2;                               循环2结束（最内一圈已走完）
G00 Z[#1 +10];                      快速提刀至安全高度
#8 =#8-#17;                         Z坐标自变量#8递减#17
END1;                               循环1结束
G00 Z[#1 +10];                      快速提刀至安全高度
G91 G28 Z0;                         Z返回参考原点
M30;                                程序结束
```

3. 外球面精加工程序

```
O3001;                              程序号
```

```
#1 =50;                                  球面圆弧半径
#2 =10;                                  球头铣刀半径
#3 =90;                                  球面终止角度
#4 =0;                                   球面初始角度，设为自变量
#5 =1;                                   球面加工裕量
#10 =0.5;                                角度变化递增量
T01 M06;                                 选择刀具
#6 = #1 + #2;                            球刀球心与球面球心间的距离
#7 = #6 * COS[#4];                       初始角度时球刀球心的 X 坐标值
#8 = #6 * SIN[#4];                       初始角度时球刀球心的 Z 坐标值
G00 G54 G90 X[#7 + #5 + 2]Y0 S500 M03;   定位至球面 +X 方向 2mm（应根据实际裕量调整）位置
G43 Z[#1 + 10]H01;                       建立长度补偿，定位至球面 Z 向安全高度
Z#8;                                     下刀至初始角度时球刀球心的 Z 坐标值
G01 X#7 Y0 F200;                         直线插补到加工的起始点
WHILE [#4 LE #3] DO1;                    循环开始
G17 G02 I - #7;                          水平环绕方式加工
#4 = #4 + #10;                           逐层等角度递增
#7 = #6 * COS[#4];                       任意角度时球刀球心的 X 坐标值
#8 = #6 * SIN[#4];                       任意角度时球刀球心的 Z 坐标值
G18 X#7 Z#8 R#6;                         层间圆弧过渡
END1;                                    循环结束
G00 Z[#1 + 10];                          快速提刀至安全高度
G91 G28 Z0;                              Z 返回参考原点
M30;                                     程序结束
```

8.2.6　内椭圆球面粗、精加工

编制如图 8-11 所示的内椭圆球面粗加工程序与精加工程序。

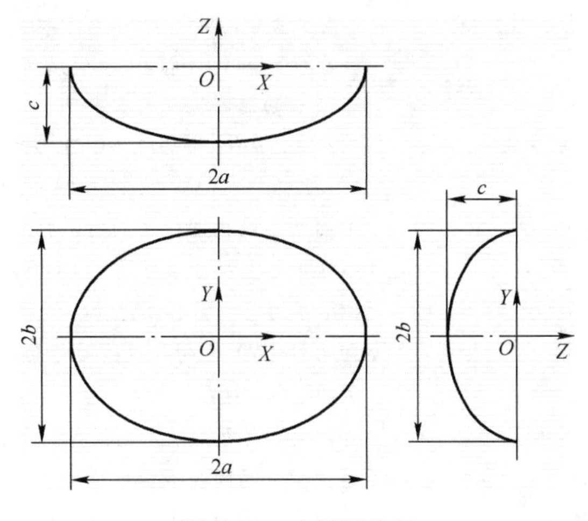

图 8-11　内椭圆球面

1. 编程思路

编制内椭圆球面粗加工程序时，假设待加工的工件为一个实心体。使用平底立铣刀，每次从中心垂直下刀，向 X 正方向走第一段距离。逆时针走椭圆，全部采用顺铣，走完最外圈后提刀返回中心，进给至下一层继续，直至到达预定深度，自上而下以等高方式逐层去除裕量。

编制内椭圆球面精加工程序时，每层都是以逆时针方向走刀（顺铣），由于是内凹曲面，需采用自上而下的加工顺序。同样，为便于描述和对比，每层加工时刀具的开始和结束位置重合，均指定在 ZX 平面内的 $+X$ 方向上。在相邻两层之间刀具的运动按直线插补方式过渡。

2. 内椭圆球面粗加工程序

【变量说明】

#1	椭圆球面在 X 方向上的半轴长 a
#2	椭圆球面在 Y 方向上的半轴长 b
#3	椭圆球面在 Z 方向上的半轴长 c
#4	平底立铣刀半径
#13	Z 坐标设为自变量，赋初始值为 0
#17	Z 坐标每层切深递减量（需确保能被子程序中#7 整除）
#18	水平面内走椭圆时角度每次递减量

【内椭圆球面粗加工子程序】

O5000;	程序号
#8 =1.6 * #4;	步距设为刀具直径的 80%（经验值）
#6 =1 - [#4 * #4]/[#2 * #2];	参见方程 $Y^2/b^2+Z^2/c^2=1$（b = #2, c = #3），此时 Y = #4
#7 = SQRT[#6 * #3 * #3];	立铣刀到达椭球面底部时的 Z 坐标
WHILE [#13 GT #7] DO1;	如果#13 > #7，循环 1 继续
#11 =1 - [#13 * #13]/[#3 * #3];	运算过程表达式
#9 = SQRT[#11 * #1 * #1] - #4;	#13 决定#9，即当 Y = 0 退化为下面方程式推导得出：$X^2/a^2+Z^2/c^2=1$（a = #1，c = #3），#9 即为任意深度水平面上刀心所在的椭圆轨迹的长半轴长
#10 = SQRT[#11 * #2 * #2] - #4;	#13 决定#10，即当 X = 0 退化为下面方程式推导得出：$Y^2/b^2+Z^2/c^2=1$（b = #2，c = #3），#10 即为任意深度水平面上刀心所在的椭圆轨迹的短半轴长
G00 Z[#13 +1];	G00 下刀至深度水平面 Z#13 面以上 1mm 处
G01 Z[#13 - #17] F50;	G01 下刀至当前加工深度
#14 = FIX[#10/#8];	短半轴（Y）方向单边最大移动距离除以步距，并上取整，重置#14 为初始值
WHILE [#14 GE 0] DO2;	如#14≥0（即尚未走到最外一圈），循环 2 继续
#15 = #9 - #14 * #8;	每圈需移动的长半轴目标值
#16 = #10 - #14 * #8;	每圈需移动的短半轴目标值
#5 =0;	重置角度#5 为初始值 0
WHILE [#5 LE 360] DO3;	如#5≤360（即未走完椭圆一圈），循环 3 继续
#19 = #15 * COS[#5];	椭圆上一点的 X 坐标值

```
#20 = #16 * SIN[#5];              椭圆上一点的 Y 坐标值
G01 X#19 Y#20 F600;               直线段逼近椭圆
#5 = #5 + #18;                    角度#5 每次以#18 递增
END3;                             循环 3 结束（完成一圈椭圆）
#14 = #14 - 1;                    自变量#14（每层走刀圈数）依次递减至 0
END2;                             循环 2 结束（最内一圈已走完）
G00 Z1;                           快速提刀至椭球面最高处以上
X0 Y0;                            快速回到 G54 原点，准备下一层加工
#13 = #13 - #17;                  Z 坐标自变量#13 每层切深递减#17
END1;                             循环 1 结束
M99;                              程序结束
```

3. 内椭圆球面精加工程序

【变量说明】

#1	椭圆球面在 X 方向上的半轴长 a
#2	椭圆球面在 Y 方向上的半轴长 b
#3	椭圆球面在 Z 方向上的半轴长 c
#4	球头铣刀半径
#17	水平面（XY 平面）内走椭圆时角度每次递增量
#18	ZX 平面内爬升时角度每次递增量

【内椭圆球面精加工子程序】

```
O5001;                            程序号
#11 = #1 - #4;                    XY 平面上刀心的最大椭圆运动轨迹的长半轴长，也为 ZX
                                  平面上刀心的椭圆运动轨迹的长半轴长
#12 = #2 - #4;                    XY 平面上刀心的最大椭圆运动轨迹的短半轴长，也为 YZ
                                  平面上刀心的椭圆运动轨迹的长半轴长
#13 = #3 - #4;                    ZX 及 YZ 平面上刀心的椭圆运动轨迹的短半轴长
#6 = 0;                           ZX 平面上角度#6 设为自变量，赋初始值 0
WHILE [#6 LE 90] DO1;             如果#6≤90，循环 1 继续
#9 = #11 * COS[#6];               ZX 平面上角度#6 为任意值时刀心的 X 坐标值，即任意高度
                                  水平面刀心的椭圆运动轨迹的长半轴长
#7 = #13 * SIN[#6];               ZX 平面上角度#6 为任意值时刀心的 Z 坐标值
#8 = 1 - [#7 * #7]/[#13 * #13];   运算过程表达式
#10 = SQRT[#8 * #12 * #12];       在 YZ 平面内，#7 决定#10，即当 X = 0 退化为下面方程式推
                                  导得出：Y^2/b^2 + Z^2/c^2 = 1(b = #12, c = #13)，#10 是角度#6
                                  为任意值时刀心的 Y 坐标值，即为任意高度水平面刀具的
                                  椭圆运动轨迹的短半轴长
X[#9 - #4] Y#4;                   快速定位至进刀点
Z[#7-#4];                         快速运动到当前 Z 坐标处
G03 X#9 Y0 R#4 F200;              圆弧进刀
#5 = 0;                           XY 平面上角度自变量#5 赋初始值 0
WHILE [#5 LE 360] DO2;            循环 2 开始
```

```
#15 = #9 * COS[#5];             某高度水平面上刀具椭圆运动轨迹上任意点X坐标值
#16 = - #10 * SIN[#5];          某高度水平面上刀具椭圆运动轨迹上任意点Y坐标值
G01 X#15 Y#16 F600;             以直线段逼近椭圆
#5 = #5 + #17;                  XY平面上角度自变量#5等角度#17递增
END2;                           循环2结束
G03 X[#9 - #4] Y - #4 R#4;      圆弧退刀
G00 Z[#7-#4 + 1];               在当前高度快速提刀1mm
Y#4;                            Y方向快速移动至进刀点
#6 = #6 + #18;                  XZ平面上角度自变量#6等角度#18递增
END1;                           循环1结束
G00 Z[#3 + 10];                 快速提刀至安全高度
M30;                            程序结束
```

8.3 SIEMENS数控系统参数编程与应用

8.3.1 参数R

1. 参数R编程格式

编程时用地址“R”和其后面的数值表示，如R1、R104。可以使用的计算参数为R1～R299，其中，R0～R99可以自由使用；R100～R249为加工循环传递参数（如果程序中没有使用加工循环，这部分参数可自由使用）；R250～R299为加工循环内部计算参数（如果程序中没有使用加工循环，这部分参数可自由使用）。

2. 参数R编程的算术运算

参数R在计算时遵循通常的数学运算规则，圆括号内的运算优先进行。另外，乘法和除法运算优先于加法和减法运算。角度计算单位为度（°）。允许的算术运算地址见表8-10。

表8-10 允许的算术运算地址

地 址	含 义	地 址	含 义	地 址	含 义
( )	括号	,	逗号，分隔符	ATAN2 ( )	反正切2
+	加号，正号	SIN ( )	正弦	SQRT ( )	二次方根
-	减号，负号	ASIN ( )	反正弦	ABS ( )	绝对值
*	乘号	COS ( )	余弦	TRUNC ( )	取整
/	除号，跳跃符	ACOS ( )	反余弦	EX ( )	指数
:	标志符结束	TAN ( )	正切	POT ( )	二次方值

注：(1) 参数R赋值数值范围为（0.000 000 1～99 999 999），正号可以省去，如R0 = 3.567 8，R1 = -37.3，R2 = 2，R3 = -7，R4 = -45 678.123 4。

(2) 在取整数值时，可以去除小数点。

(3) 用指数表示法可以赋值更大的数值范围（10^{-300}～10^{+300}），指数值写在EX符号后，最大符号数为10（包括符号和小数点），如R0 = -0.1EX-5（R0 = -0.000 001）与R1 = 1.874EX8（R1 = 187 400 000）。

(4) 角度计算单位为度（°）。

(5) ATAN2（）是由两个垂直矢量计算得出的，角度范围为-180°～+180°。如R40 = ATAN2（30.5，80.1）（R40：20.8455°）。

编程举例如下：

```
N10  R1 = R1 + 1;                           由原来的 R1 加上 1 后得到新的 R1
N20 R1 = R2 + R3 R4 = R5 - R6 R7 = R8 * R9 R10 = R11/R12
N30  R13 = SIN(25.3);                       R13 等于 Sin25.3°
N40  R14 = R1 * R2 + R3;                    乘法和除法运算优先于加法和减法运算
N50  R15 = SQRT(R1 * R1 + R1 * R1);R15 = 2R1
```

3. 计算参数 R 的引用

在程序中，地址符后的数值可使用一个计算参数 R 来代替，也可以使用一个表达式来代替，如 G00 X = (R1 + 20)/R2 Z = - R10。

☺ 通过给 NC 地址分配计算参数或参数表达式，可以增加 NC 程序的通用性。

☺ 可以用数值、算术表达式或 R 参数对任意 NC 地址赋值，但对地址 N、G 和 L 例外。

☺ 赋值时，在地址符后写入符号“ = ”。

☺ 赋值语句也可以赋值负号。

☺ 给坐标轴地址（运行指令）赋值时，要求有一独立的程序段。

8.3.2　程序跳转

1. 程序跳转标志符

☺ 功能标志符或程序段号用于标志程序中所跳转的目标程序段，用跳转功能可以实现程序运行分支。

☺ 标志符可以自由选取，但必须由 2 ～ 8 个字母或数字组成，其中开头的两个符号必须是字母或下划线。

☺ 跳转目标程序段中标志符后面必须为冒号。

☺ 标志符位于程序段段首，如果程序段有段号，则标志符紧跟着段号。

☺ 在一个程序段中，标志符不能含有其他意义。

程序举例如下：

```
N10 MARKE1:G1 X20;MARKE1             为标志符，跳转目标程序段
…
TR789:G0 X10 Z20;TR789               为标志符，跳转目标程序段没有段号
N100…                                程序段号可以是跳转目标
```

2. 无条件跳转

编程格式如下：

```
GOTOF Label; 向前跳转
GOTOB Label; 向后跳转
```

☺ 程序在运行时可以通过插入程序跳转指令改变执行顺序。

☺ 跳转目标只能是有标志符的程序段，此程序段必须位于该程序内。

☺ 绝对跳转指令必须占用一个独立的程序段。

☺ GOTOF 向程序结束的方向跳转。

☺ GOTOB 向程序开始的方向跳转。

☺ Label 为所选的字符串，用于标志符或程序段号。

3. 有条件跳转

编程格式如下：

```
IF 条件 GOTOF Label;向前跳转
IF 条件 GOTOB Label;向后跳转
```

☺ IF 为跳转条件导入符。

☺ 作为条件的计算参数可以为计算表达式，可使用的比较运算符见表 8-11。

表 8-11 比较运算符

运　算　符	含　　义	运　算　符	含　　义
=	等于	> =	大于或等于
< >	不等于	<	小于
>	大于	< =	小于或等于

☺ 用上述比较运算表示跳转条件，计算表达式也可用于比较运算。

☺ 比较运算的结果有两种，一种为“满足”，另一种为“不满足”，“不满足”时该运算结果值为零。

☺ 如果满足跳转条件（也就是值不等于零），则进行跳转。

编程举例如下：

```
IF R < >1 GOTOF MARKE1; R1 不等于 0 时，跳转到 MARKE1 程序段
IF R1 >1 GOTOF MARKE2; R1 大于 1 时，跳转到 MARKE2 程序段
IF R45 = R7 +1 GOTOB MARKE3; R45 等于 R7 加 1 时，跳转到 MARKE3 程序段
IF R1 =1 GOTOB MA1 IF R1 =2 GOTOF MA2…; 一个程序段中有多个条件跳转时，第一个条件实现后就进行跳转
```

8.3.3 凹球面参数编程应用实例

如图 8-12 所示，内孔已加工，编制加工图纸中凹球面的数控程序。

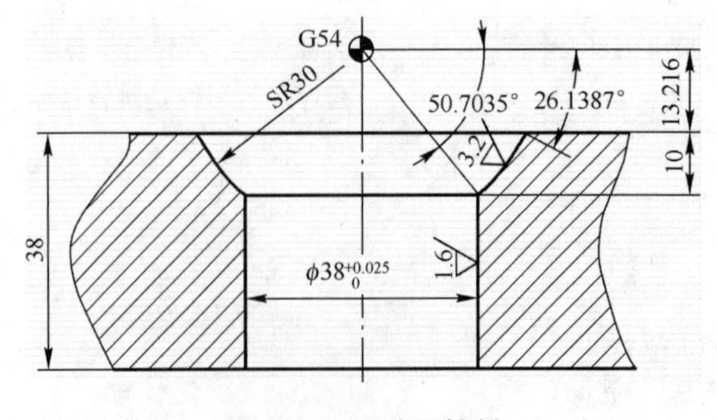

图 8-12 凹球面铣削

1. 编程思路

为方便编程，可将工件坐标系 G54 建立在凹圆球的圆心处。采用以下两种方案进行加工。

☺ 用立铣刀铣内凹球面，所选择刀具为 ϕ16 立铣刀（T1）。

☺ 用球刀铣内凹球面，所选刀具直径为 ϕ10（T2）。

2. 方案一：凹球面程序

```
QM1. MPF                              程序号
N10 G54 G90 G94 G40 G17               机床坐标系，绝对编程，分进给，取消刀补，切削平面
N20 T1 D1                             选 1 号刀(φ16 立铣刀)，加入刀补值
N30 G00 X0 Y0 M03 S2000               主轴正转，转速 2 000r/min
N40 M7                                切削液开
N50 Z-12                              快速进刀
N60 R0 = -13.216                      定义圆球起始点的 Z 值
N70 R1 = -23.216                      定义圆球终止点的 Z 值
N80 ABC:                              跳转目标标志符
N90 R2 = SQRT(30 * 30 - R0 * R0)      圆弧起点 X 轴点的坐标计算
N100 R3 = R2 - 8                      圆球起点 X 轴点的实际坐标值；减去刀具半径
N110 G1 X = R3 F600                   进给到圆球 X 轴的起点
N120 Z = R0 F50                       进给到圆球 Z 轴的起点
N130 G17 G2 I = -R3 F600              整圆铣削加工
N140 R0 = R0 - 0.05                   Z 值每次减少量
N150 IF R0 > R1 GOTOB ABC             判断 Z 值是否已到达终点，不到的话返回标志符处
N160 G0 G90 Z100                      快速回退
N170 Y150                             工作台退至工件装卸位
N180 M9                               切削液关
N190 M5                               主轴转停
N200 M30                              程序结束
```

3. 方案二：凹球面程序（以球铣刀球心设定 G54 中 Z 坐标值）

```
QM2. MPF                              主程序名及传输格式
N10 G54 G90 G94 G40 G17               机床坐标系，绝对编程，分进给，取消刀补，切削平面
N20 T1 D1                             选 1 号刀(φ10 球铣刀)，加入刀补值
N30 G00 X0 Y0 M03 S3000               主轴正转，转速 3 000r/min
N40 M7                                切削液开
N50 Z3                                快速进刀
N60 R0 = 345                          定义圆球的起始点圆弧角
N70 ABC:                              跳转目标标志符
N80 R1 = 25 * COS(R0)                 圆球起点 X 轴点的坐标计算
N90 R2 = 25 * SIN(R0)                 圆球起点 Z 轴点的坐标计算
N100 G01 X = R1 Y0 F1000              进给到圆球 X 轴的起点
```

N110 G01 Z = R2 F50	进给到圆球Z轴的起点
N120 G2 I = -R1 F1000	整圆铣削加工
N130 R0 = R0 - 0.1	圆弧角度值每次减少量
N140 IF R0 > 308 GOTOB ABC	判断圆弧角是否已到达终点，不到的话返回标志符处
N150 G0 G90 Z100	快速回退
N160 Y150	工作台退至工件装卸位
N170 M9	切削液关
N180 M5	主轴转停
N190 M30	程序结束

8.3.4 凹圆柱面参数编程应用实例

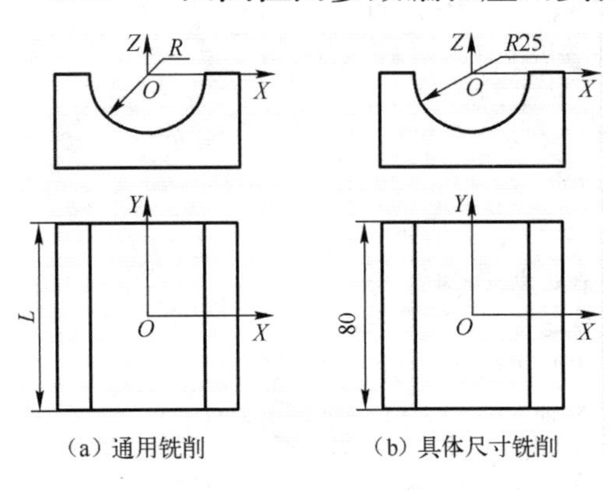

（a）通用铣削　　（b）具体尺寸铣削

图 8-13　凹圆柱面铣削

编制如图8-13（a）所示加工图纸中凹圆柱面的精加工通用子程序，并通过调用前面编制的子程序，编制能够实现如图8-13（b）所示具体尺寸零件的精加工程序。

1. 编程思路

加工时用球铣刀铣削，*XZ*平面走刀方式采用沿圆柱面的圆周上双向往复运动，*Y*轴上的运动选择由 -*Y* 向 +*Y* 单向推进。

2. 凹圆柱面通用精加工子程序

【参数说明】

R0	圆柱的半径 *R*
R1	圆柱的长度 *L*
R2	球铣刀的半径
R3	沿 *Y* 轴方向的行距增量

【通用子程序】

ZM1. MPF	程序号
N10 R4 = R0 - R2	铣削起点的X坐标值，也为铣削圆弧半径
N20 G01 X = R4 Y = -R1/2	直线插补到铣削起点
N30 R5 = -R1/2	跳转条件Y坐标参数初始赋值
N40 ABC:	跳转目标标志符
N50 G18 G03 X = -R4 I = -R4	沿圆柱面的圆周运动
N60 R5 = R5 + R3	跳转条件Y坐标值每次增加量
N70 G01 Y = R5	沿Y坐标推进
N80 G02 X = R4 I = R4	沿圆柱面的圆周运动
N90 R5 = R5 + R3	跳转条件Y坐标值每次增加量
N100 G01 Y = R5	沿Y坐标推进
N110 IF R5 > R1/2 GOTOB ABC	判断Y值是否已到达终点，若未到达，则返回标志符处
N120 M02	程序结束

3. 凹圆柱面精加工程序

ZM2. MPF	程序号
N10 G54 G90 G94 G40 G17	机床坐标系，绝对编程，分进给，取消刀补，切削平面
N20 T1 D1	选 1 号刀（ϕ20 球铣刀），加入刀补值
N30 R0 = 25 R1 = 80 R2 = 10 R3 = 0.5	参数赋值
N40 G00 X10 Y - 40 M03 S2500	主轴正转，转速 2 500r/min
N50 M7	切削液开
N60 Z0	快速进刀
N70 ZM1	调用通用子程序 ZM1
N80 G0 G90 Z100	快速回退
N90 Y100	工作台退至工件装卸位
N100 M9	切削液关
N110 M5	主轴转停
N120 M30	程序结束

8.3.5 过渡斜面参数编程应用实例

编制如图 8-14 所示加工图纸中四边四角矩形周边过渡内斜面精加工程序。

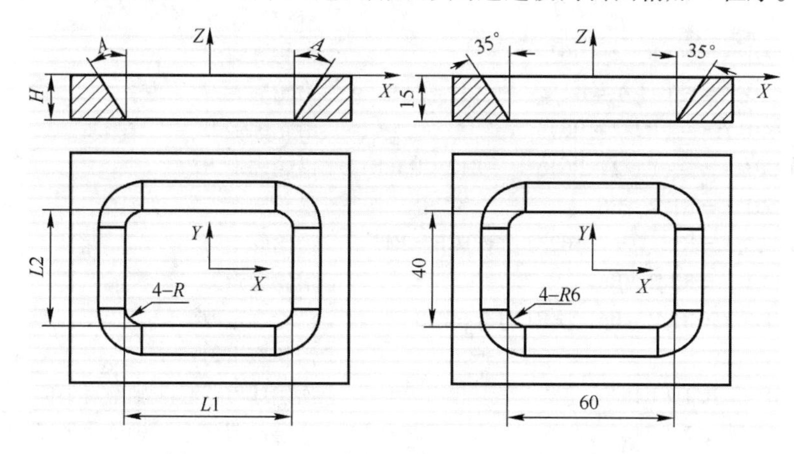

图 8-14 四边四角矩形周边过渡内斜面精加工

1. 编程思路

如图 8-14 所示，矩形上表面中心为工件坐标系原点。假设工件中间已经预加工，可自由下刀，下刀点取内斜面后侧的中央，由下至上逐层铣削，层间采用沿斜面直线过渡，以顺铣方式单向走刀加工。

2. 过渡斜面加工程序

XM1. MPF	程序号
N10 R1 = 60	X 向小端尺寸
N20 R2 = 40	Y 向小端尺寸

N30 R3 = 35	斜面与垂直面夹角
N40 R5 = 15	斜面高度
N50 R6 = 6	矩形小端四周圆角过渡半径
N60 R7 = 6	球铣刀半径 *R*6
N70 R9 = 0.5	沿Z轴方向的每层递增量0.5
N80 T1 D1	选1号刀（ϕ12球铣刀），刀补值加入
N90 G00 X0 Y0 M03 S3000	主轴正转，转速3 000r/min
N100 M7	切削液开
N110 Z10	快速进刀
N120 R10 = R7 * COS(R3)	球刀实际切削半径
N130 R11 = R1/2 - R10	首层球刀球心X轴绝对坐标
N140 R12 = R2/2 - R10	首层球刀球心Y轴绝对坐标
N150 R13 = R6 - R10	首层矩形四周圆角半径
N160 R14 = R7 * SIN(R3)	首层球刀球心到首层Z轴距离
N170 R15 = R14 - R5	首层球刀球心Z轴绝对坐标
N180 Z = R15	快速定位到首层切削深度
N190 Y = R12 - 2	快速定位到斜面后侧的中央距初始点2mm
N200 G01 Y = R12 F600	直线插补到起始点
N210 R16 = R9 * TAN(R3)	层间矩形轮廓等距增量
N220 ABC:	跳转目标标志符
N230 G01 X = -(R1/2 - R6)	沿轮廓走刀
N240 G03 X = -R11 Y = R2/2 - R6 CR = R13	沿轮廓走刀
N250 G01 Y = -(R2/2 - R6)	沿轮廓走刀
N260 G03 X = -(R1/2 - R6) Y = -R12 CR = R13	沿轮廓走刀
N270 G01 X = R1/2 - R6	沿轮廓走刀
N280 G03 X = R11 Y = -(R2/2 - R6) CR = R13	沿轮廓走刀
N290 G01 Y = R2/2 - R6	沿轮廓走刀
N300 G03 X = R1/2 - R6 Y = R12 CR = R13	沿轮廓走刀
N310 G01 X0	沿轮廓走刀
N320 R11 = R11 + R16	次层球刀球心X轴绝对坐标
N330 R12 = R12 + R16	次层球刀球心Y轴绝对坐标
N340 R13 = R13 + R16	次层矩形四周圆角半径
N350 R15 = R15 + R9	次层球刀球心Z轴绝对坐标
N360 Y = R12 Z = R15	直线插补到次层加工起点
N370 IF R15 = < R14 GOTOB ABC	判断Y值是否已到达终点，若未到达，则返回标志符
N380 G0 G90 Z100	快速回退
N390 M9	切削液关
N400 M30	程序结束